失われた獣人UMA「カイン」の謎

飛鳥昭雄・三神たける 著

mu SUPER MYSTERY BOOKS

JN197835

雪男から野人、そしてビッグフットまで!
封印された人類進化の真実を暴く!!

まえがき

人間とは何か。車間に車がないように、人間は人ではない。正しい問いは、人とは何か、である。ヒトと書けば、生物学的な学術用語だが、人には、さまざまな意味がある。比喩的な表現、文学的な表現、そして哲学的な言葉としての人がある。

哲学的な命題としての人について、まだ答えは出ていない。答えがないことは否定されているので、答えはある。あるのだが、まだ出ていない。出ているのだが、まだ一般には認知されていない。学術的にも、答えは出ていないと明言され、中学校の社会科の教科書にも、そう書かれている。

なぜ、答えが出ていないのか。理由がある。根本的に間違っているからだ。人とは何かを問うているのに、みな自己を考えている。人と自己を同一視するがゆえ、堂々巡りを繰り返し、目の前にある解答に気がつかない状態が続いている。

人とは何かを命題とする論文や本を開き、文章の字面を少し見れば、すぐわかる。書き手は何もわかっていない、と。

答えは出ている。少なくとも、今から四半世紀前には出ている。出てはいるが、おそらく理解は得られないと思うので、ここでは触れない。ぜひ、これを読んでいる方も、じっくりと考えてみてほしい。一生かかって考える価値のある命題だ。

人とは何かについて、オカルトでは、どう考えるか。言霊という言葉がある。日本のオカルトである呪術、なかでも古神道では、人を「霊止」と表現することがある。「霊止」と書いて「ヒト」と読ませている。意味は、読んで字のごとし。霊が止まるところである。霊が止まるとは、霊が宿るという意味だ。霊が宿るもの、それは、いうまでもなく肉体である。

霊も体である。霊体という言葉がある。同様に幽体という言葉もある。いずれも「体」である。体は物質である。エネルギーをもっている。霊体と幽体は目に見えるかどうか。合わせて幽霊だ。これに対して、エネルギーが低い状態の物質から成るのが肉体である。肉体に霊体は憑依している。したがって、古神道的に解釈するならば、人＝霊止とは霊体を含めた肉体、ひと言でいえば「体」なのだ。

しかし、ここで注意しなくてはならないことがある。一度、漢和辞典で「体」なる字を調べてみるといい。ちゃんとした辞書ならば、英語のボディという意味で使うことは誤りであると記されているはずだ。本来、「体」とは「劣る」という意味なのだ。戦後、常用漢字が制定された際、ボディという意味で借用されるようになったのだ。したがって、この文字を使った「体育」など、劣るように育てるという意味になる。まったくもって皮肉なことに、実際、そのようになった。戦後、日本人は病弱になり、子供たちの体力は落ちる一方で、現在、このありさまだ。

ボディを意味する漢字は「體」である。字義的にも、豊かな骨である。腑に落ちる。ただひとつ、興味深いことに中国語における「體」という字、もっといえば「骨」という字は上部の構造が左右反転している。なぜか日本語の「骨」は伝来した時点で、鏡像反転してしまったのだ。

仏教経典では骨、なかでも頭蓋骨のことを「迦波羅」と表記する。サンスクリット語の「カパーラ」の音訳である。陰陽道で迦波羅は呪術の奥義を意味し、それはユダヤ教神秘主義カッバーラ（カバラ）のこと。カッバーラの奥義は鏡像反転になることを思えば、日本に伝来した時点で「骨」が左右反転したのには、呪術的な意味があるに違いない。

本書のテーマは「獣人」である。人と獣、ただしくはヒトとサル、両方の形質をもった未確認動物の謎を解き明かす。古来、日本では両者の違いを「猿は人より毛が3本少ない」と表現する。3本の毛とはカッバーラの奥義「生命の樹」を構成する三本柱、この世の絶対三神のこと。人は絶対三神を知っているのだ。

謎学研究家　三神たける

もくじ

第2章 最新人類進化史から見た獣人UMAの正体と化石人類――99

第5章　オランペンデク、エブゴゴ、小人族、小型獣人UMAの正体——269

第1部

ヒトとサルを結ぶ猿人の正体に迫る!

獣人UMA「野人」は捕獲されていた!!

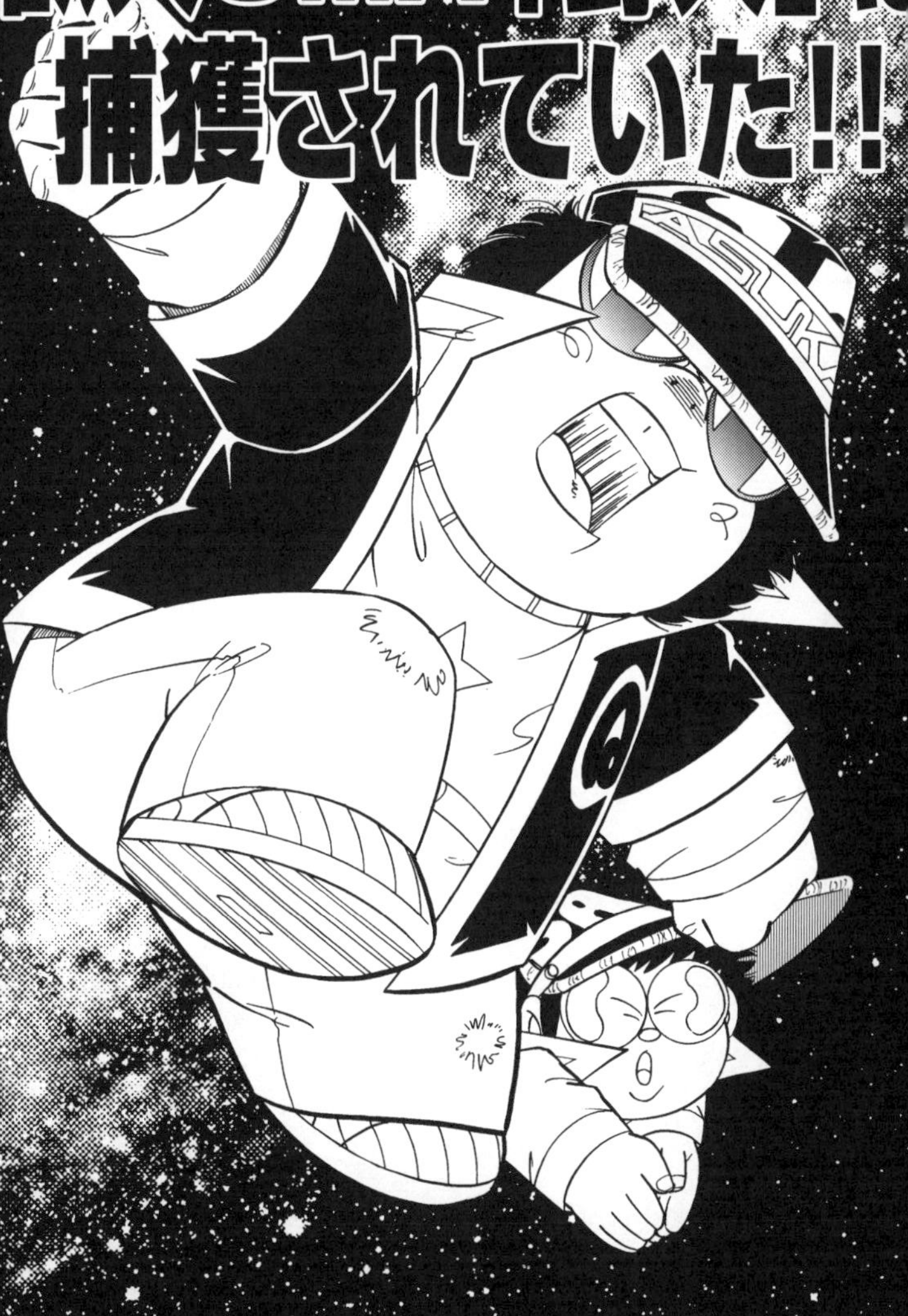

超常怪奇ワールド！

この世界は
さまざまな謎に
満ちあふれている!!

私は
あすかあきお
漫画家です！
世界の
不思議世界を
研究する
サイエンス・
エンターテイナー
でもあります!!

その肩書きで
世界中を
飛び回り
メディアを通して
最新情報を
公表して
きました！

そのため
さまざまな分野で
名をなした

有名人や
著名人と
情報交換する
ことも多く
なりました！

早稲田大学／吉村作治教授と

公表した
最新データと
情報により

世の中で何が起こり
何が変わるかは
わかりません！

今回は
人類進化の
ミッシング
リンクとも
噂され

中国奥地に
今も棲息《せいそく》する
という
野人《イエレン》の正体に
肉薄《にくはく》します!!

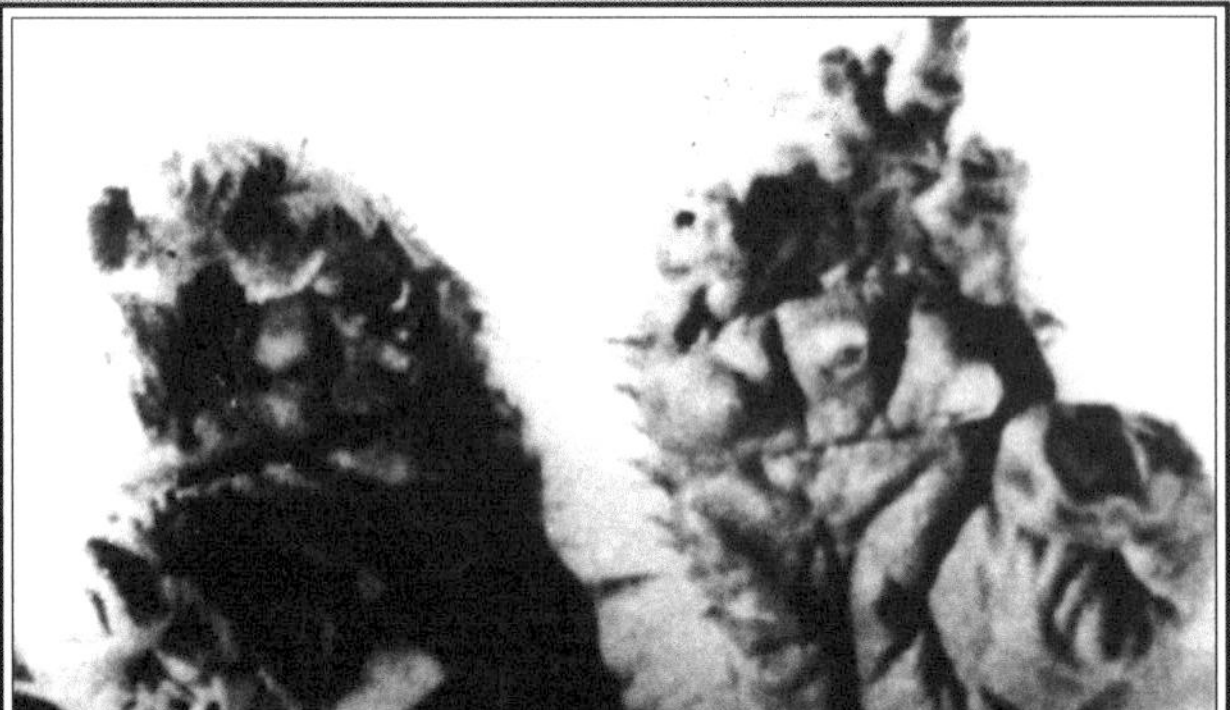

今度も あの男 ミスター・カトウの コンタクトから
物語が はじまる!
彼は 謎の秘密組織からの メッセンジャー である!
あすか先生! 教授からの メッセージを お伝えします!

教授はあすか先生に中国へ行くことを望んでおられます！
ち……中国ですか⁉
はい！
教授は中国であすか先生に解いてほしい謎があるとおっしゃっています！

ミスター・カトウ
今度も何か
知りませんが
その
謎の正体も
私より
教授のほうが
ご存知なの
ではない
ですか？
おっしゃる
ことは
わからない
わけでは
ありません！
しかし
仮に
そうであっても
教授の深い
思惑が
あってのことと
思います！
一見すると
遠回りに
思えても
実際は近道
なのかも
しれません！
う〜〜む
！

成田国際空港
それでミスター・カトウはなんて？
山神《シャンシン》の正体を解明してほしいということだった！

な……何なのシャンシンって？
中国の山奥深くに棲む毛むくじゃらの神！
一般に野人《イエレン》の名で知られる獣人のことさ!!

それって大きなサルみたいなUMAのことじゃない!?

そうサ！

原人《げんじん》より古いとされ猿人《えんじん》とも呼ばれている！

原人って北京《ペキン》原人のこと？

うむ！

1929年房山県の周口店《しゅうこうてん》で発見されたホモ・エレクトゥス・ペキネンシスのことだっ！

じゃあ猿人って北京原人より古いんだ⁉

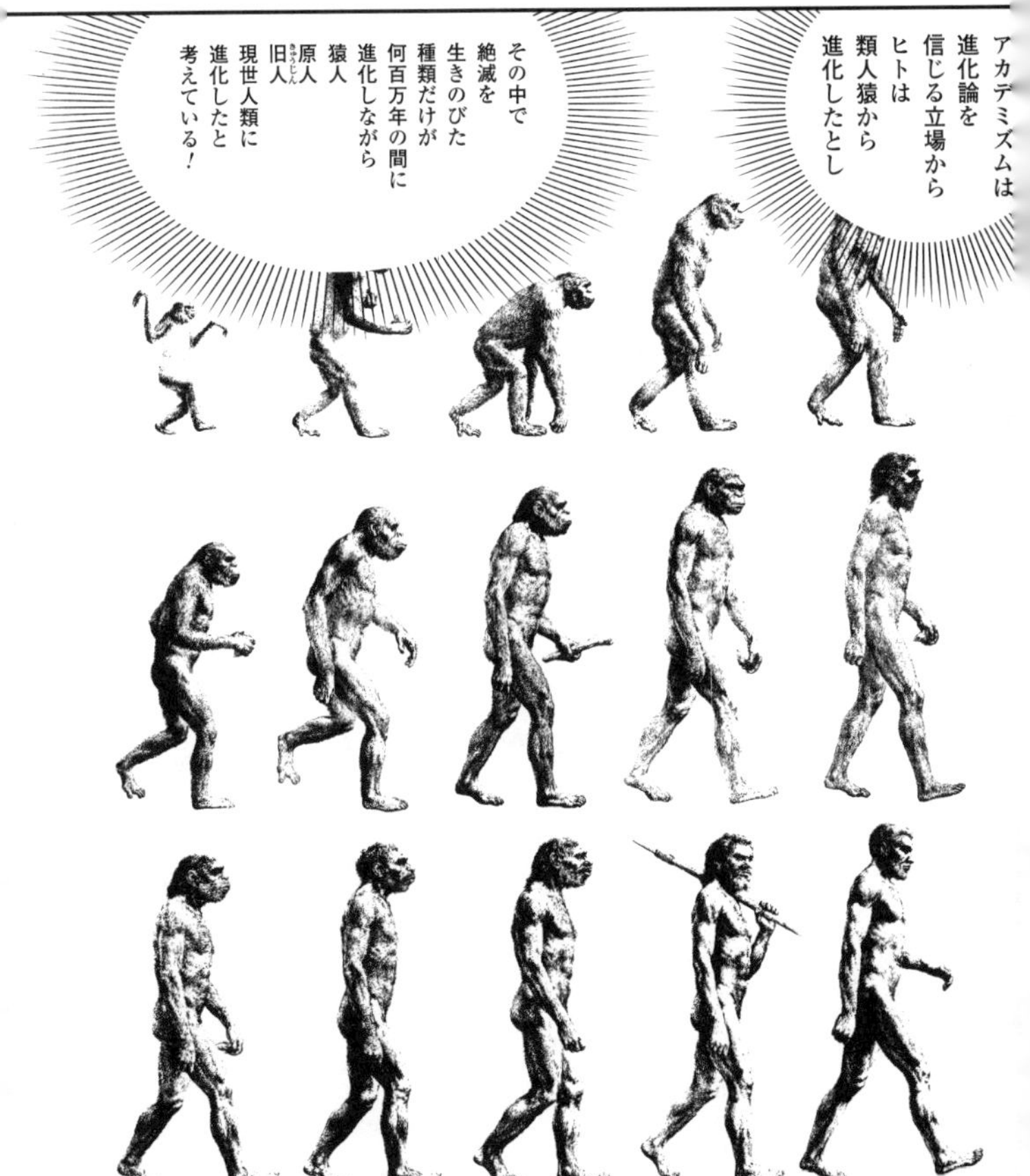
アカデミズムは進化論を信じる立場からヒトは類人猿から進化したとし
その中で絶滅を生きのびた種類だけが何百万年の間に進化しながら猿人原人旧人《きゅうじん》現世人類に進化したと考えている！

でも
本当は
そうじゃ
ないんでしょう
？
それを
確かめに
中国へ行く
んじゃないか
サイ九郎!!
こうして
一路
私たちは
北京へと
旅立った!!

そこで
何が待っているとも
知らずに
………!!

先生
ミスター・カトウ
はどうしたの
かな?
先に中国で
いろいろ
準備をすると
いってたナ!
ふ〜〜〜ん
ところで
サイ九郎
さっきの
北京原人の
ことだが
周口店の
洞穴からは
3体分の
頭蓋骨が
発見されて
いるんだヨ!

そんなに……じゃあ今からそれを見にいくんだネ？

そうじゃない！

北京原人の骨は行方不明になってるんだ！

一説に第２次世界大戦中骨を乗せた貨物船が沈んでしまったからだとも！

しかし残されたレプリカを見る限り北京原人はネアンデルタールと同じと考えたほうがいいだろう！

彼らは日照不足か遺伝疾患《しっかん》による骨軟化症《こつなんかしょう》(クル病)を患《わずら》った人々で隔離《かくり》されて洞穴に住んでいた！

北京原人のレプリカ

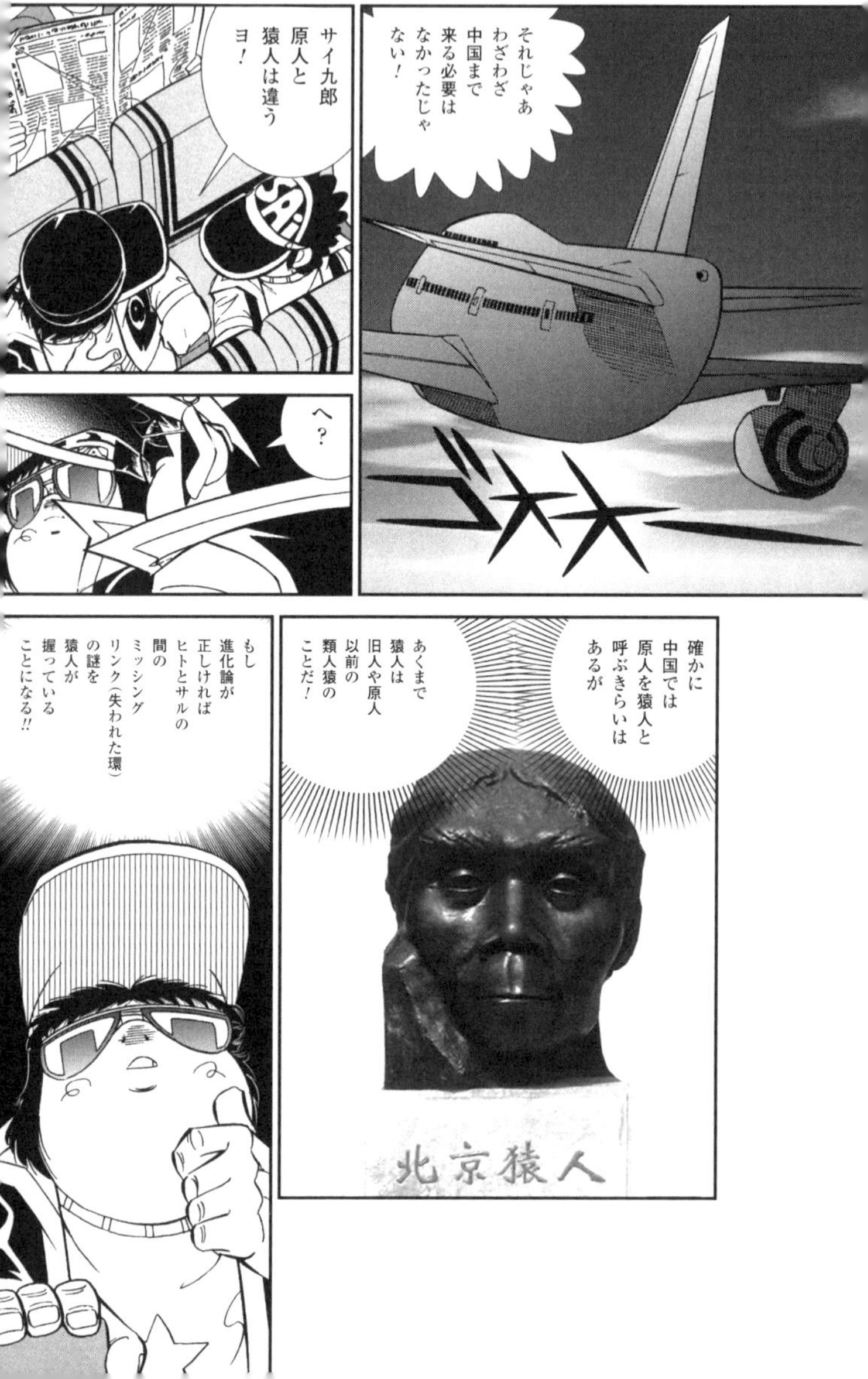
それじゃぁ わざわざ 中国まで 来る必要は なかったじゃ ない！
サイ九郎 原人と 猿人は違う ヨ！
へ？
確かに 中国では 原人を猿人と 呼ぶきらいは あるが
あくまで 猿人は 旧人や原人 以前の 類人猿の ことだ！
北京猿人
もし 進化論が 正しければ ヒトとサルの 間の ミッシング リンク（失われた環） の謎を 猿人が 握っている ことになる!!

やがて私たちは無事に北京へ到着した!!
北京国際空港

ミスター・カトウが迎《むか》えにきてくれているのかな？
さてそれはどうかな？
失礼しますアスカ先生でしょうか？
はいそうですが！
私はリーと申しますミスター・カトウから頼まれて迎えにきました！
じゃあその名前は偽名でしょう？
は…はい！
私たちは本名を使いません！

今から
アスカ先生を
引き合わせたい
人物のところへ
案内します！
どなたですか
その人物とは
？
ここでは
申し上げる
ことが
できません！
ただ…
中央政府
から
睨《にら》まれて
いる人物と
いうこと
だけです！
つまり
中国共産党
から
疎《うと》まれている
人物という
ことか!!

天壇(故宮博物院)

北京のシンボルでして
紫禁城《しきんじょう》の周囲を東南西北に配した建物のひとつです！
するとこういうものが4つもあるの？
はい！東に日壇《にちだん》西に月壇《げつだん》北に地壇《ちだん》があります！
その中で南の天壇《てんだん》に建つ祈年殿が最大です！
しかし今の祈年殿は清《しん》朝の時代に再建された後人民政府が修復《しゅうふく》したものです！
祈年殿

お待ちしていましたアスカ先生！
私の名は陳揚《チャンヤン》！
中国の人類学者です！
今回は野人調査のことでご協力願います！

猿人のことですネ？
はい そうです！
今からアスカ先生には軍用機に乗っていただかねばなりません！
中国の国軍の飛行機ということですか!?
はい！途中で軍用ヘリに乗り換えていただきますが
時間的にも客車で行けるようなところではありませんので……！
せ……先生！
わかりました！
よかった！そのほうが機密を守りやすい！

こうして私たちは北京近郊の国軍基地から旧ソ連型Ｙ８軍用機で飛び立った!!

目的地は野人目撃の多発地帯とされる湖北省である!!
ゴォォ

失礼しました アスカ先生 もう目隠しを はずしても 結構です！
軍事基地を 使う場合 いろいろ 規制がある もので…！
それは 心得ています！
アスカ先生 我々の 最終目的地は 湖北省西部を 覆う大巴《ダーバー》山脈の 東北区——
海抜 3000メートル 地帯の麓《ふもと》に ある 神農架《しんのうか》と 呼ばれる一帯 です!!
ブルルルルル–––

神農架一帯には新生代のころの樹木や生物が多数生き残っていまして
中国科学院は人類の祖が生き残っていても不思議ではないと考えています!!

そこに野人が棲息していると考えられるのですね？

はい！

野人を見た人はいるの？

ええ！目撃報告だけでも300件近い数にのぼっています！

いっ⁉

1976年には共産党の幹部6人が身重《みおも》の野人を目撃していますし
1757年には女性を襲ったメスの野人が殺され切断された手足が標本になっています！

さらに1980年に上海《シャンハイ》師範大学主催で行われた調査では
足跡と巣跡を発見しました！
じゃあ野人がいることは確実じゃない!!
そこで私たちが中心となり1万人規模の調査団を派遣《はけん》し
野人を発見したり捕《と》らえた者に賞金を出すようにしたのです！

しかし 急遽《きゅうきょ》 中国科学院は 世紀の大捜索《そうさく》を 中止し
一部の有力学者 などが 野人は存在しない とまで発表した はず！
ええ〜〜っ！ よく調べも しないで ひどいじゃない‼

結局中止の大義名分《たいぎめいぶん》を野人保護とし党もその理由で世界を納得させようとした！
ブロロロロオォ
それって野人がいるということが前提だよネ？
見つかってもいないのにサ……
なんだか見つけたくないみたいだな！
………………
チャン博士！
党中央があなたをけむたがるのと今のことは関係しているのではありませんか？

その後、私たちは軍用ヘリコプターに乗り換えると、さらなる奥地へと向かうことになった!!

ここから先は
地元の役人さえ
足を踏み入れ
ない
未開地域
です！
バタバタバタバタ
ところで
今回の
博士の調査に
どうして
私たちが
参加できたの
ですか？
フフフフ
逆ですヨ
アスカ先生！
えっ？
ミスター・
カトウの
組織が
裏で動いて
くれたおかげで
私が参加
できたのです！

そ…それはどういうことですか？
バタバタバタ
向こうに着けばわかることですヨ！
……
バタバタ
ヒュンヒュンヒュン

あすか先生
お待ちして
いました！
やあ
ミスター・
カトウ
ここに
いたん
ですネ！
中国では
手配と
段取りが
難しい
もので
手間取り
ました
チャン博士！
ど
どうして
お前が一緒に
いるんだ⁉
ここは
私が調査で
見つけた
場所だ！
戻ってきて
何が悪い
のだ？

ミスター・カトウ
こ これでは話が違うだろう！
おや 何か問題でもありましたか？
この男は中国では問題があるんだ！
科学院から湖北省へ足を踏み入れることを禁止されておるのです！
それは知りませんでした！
しかし軍用ヘリも戻った以上帰すわけにもいきません！

事情を知らなかったこちらのミスということで
今回だけは大目に見てもらえませんか？

そ それは共産党員として認めるわけにはいかん！

……

……

おいチャン博士を拘束《こうそく》しろ！

ハッ！

まさか博士がクリスチャンだからという理由で調査に加えないわけではないでしょうネ？

そ…そんなことはない！

中国は宗教で差別することはしない
上海《シャンハイ》には20を超える教会があり南京《ナンキン》には神学校もある！

それなら別にいいではありませんか！

もしここで博士を拘束でもしたら政府の看板《かんばん》に偽《いつわ》りありと誤解されそのまま欧米に伝わるかもしれません！

そ…それは困る！

ここはあなたさえ見て見ぬふりをすれば問題は起きないと思いますが？

うううう
わ…わっ
わかった!!
今回だけは
黙認《もくにん》しよう!!
よかった!
ありがとう
ミスター・
カトウ
感謝します!
いえ
おそらく
ここの村人は
博士でないと
いうことを
聞かないで
しょうから!
その通り
です!
わしらは
その博士の
ためなら
口を開きます
!

やあー フーさん 久しぶり だネ！
チャン博士も お達者《たっしゃ》そうで なによりです！
最近は 開放経済で 中国も 大発展してる ようですが
この村は 無関係 です！
だろうネ！
胡本山《フーハンシャン》は この村の 実質的な 指導者で
病弱な 村長に代わって 人々の面倒を みている！
上海では 億万長者が 30万人を 超えたよう ですが
わしらは 病気に なっても 医者も いねえ！

高等教育を受けさせるにも学校はないし
子供に勉強させる資金もありません!
おまけに裕福《ゆうふく》な都市の近くに引っ越すことも法律で禁止されています!
それでローが射殺《しゃさつ》されたというのは間違いないんだネ?
ええ あれはひどかったです!
おかげでヤン婆《ばあ》さんは寝込んで8日後にあの世に行ってしまいました!
それでだれがローを撃ったんだ!

あいつです！
奴は共産党の役人風を吹かせてるが裏ではワイロをとって伐採権《ばっさいけん》を売ってる
だから ローを撃ち殺したのか？
ええ ローはこの森の守り神でしたから！
チャン博士 ローとは何のことですか？
フーさん こちらは日本から来たアスカ先生だヨ！
よろしく フーさん！
ええ 先生のことはこの方からお聞きしてます！

……
では フーさん ローの墓に 案内して いただけ ますか？
いいだヨ ついて きなせえ！
ミスター・カトウ ローとは 何のこと ですか？
野人《イエレン》の ことです！ あすか先生!!

じゃあ野人の死体がこの村にあるということですか⁉
はい！
野人はこの村で子供のころから育てられていたのです！
!?
私たちはしばらく歩いてから川に架けてある橋を渡った！

野人ローの墓は石積みでその前に花が咲いていた！
その墓の横に老夫婦の墓も並んでいた！
ここにはいくつも墓があるようですネ！
すべて村人の墓です！
しかし野人の正体を探るにも墓を掘《ほ》り起こさない限り無理ですヨ！
いえアスカ先生私にはローのDNAと成長記録を撮った証拠があります!!

ええええ〜〜〜っ!!
そんなものが
あるんですかあ
〜〜〜〜〜!!
私は生前から
この村に
野人が飼《か》われ
ていることを
知っていました!

一時は大発見として連れ去ろうと考えましたがすぐにやめました！
な…なぜ？
ヤン老夫婦が山で見つけた野人の子供を自分の子のように育てていたからです！
そこで私は1万人規模の野人大捜索を一方的に中止に追い込み
党にも報告せず年に数度村を訪れて観察を続けていたのです！
あの野人大捜索を中止させたのはあなただったのですか!!

アスカ先生
これが
野人ローの
成育記録映像です
ローは
優しい老夫婦と
村人たちから
大切に育てられ
山に返しても
村に何度も
戻ってきました!!

野人のDNA鑑定から、染色体の数がヒトの23対に対し、サルと同じ24対であり、Y染色体の塩基の数はヒトの約6000個に対して約3000個と、サルの特徴を示しているという！

ユーラシア大陸にはさまざまな大型類人猿が散在し、国々や地域によって『イエティ（雪男）』「アルマス」と呼ばれている。20世紀まで発見されなかったゴリラのように、同様の大型類人猿は世界中に棲息《せいそく》するのだ!!

第1章

野人、モノス、ヒバゴン、サル型獣人UMA「野人」の正体

動物には感情がある。意思もある。ペットを飼っている方には、あえて説明するまでもない。人間が考えている以上に、彼らは高度な意識をもっている。それが脊椎動物、なかでも爬虫類から鳥類、そして哺乳類なら、なおさら。とくに人間に近い霊長類、すなわち猿ともなれば、感情はもちろん、高度な抽象的な概念も理解している可能性は十分ある。彼らは表情を見ている。感情は顔に出るからだ。

第16代アメリカ大統領エイブラハム・リンカーンは顔を見て相手を判断した。顔には生き様が出る。「40歳を過ぎたら、男は顔に責任を持て」といった言葉は有名だ。これは何も人間に限ったことではない。

ゴリラだ。名前は「シャバーニ」。愛知県名古屋市にある東山動植物園で飼育されているニシローランドゴリラで、近年、イケメンゴリラとして知られるようになった。何より、いい顔をしている。たんにハンサムという意味ではない。表情があるのだ。渋い男優のような眼差しと仕草。多くの人生経験を経た賢者のような風格もある。ゴリラならず、人間の女性も一目惚れしてしまうとか。SNSで拡散されると、一気に全国的に知られるようになったのだ。

今でこそ、ちょっと大きな動物園に行けば、その姿を見ることができるゴリラだが、19世紀

⬆イケメンゴリラとして有名になった東山動植物園で飼育されているニシローランドゴリラのシャバーニ。

までは、だれも知らなかった。もちろん、現地人は存在を知っていたものの、世間一般、学術的に確認されたのは１８４６年。西アフリカを訪れていたアメリカ人宣教師トーマス・ストートン・サベージとジョン・レイトン・ウィルソンが大型の類人猿に遭遇し、その頭蓋骨をイギリスの生物学者リチャード・オーウェンに送り、博物学者にして解剖学者だったジェフリーズ・ワイマンとともに、新たな種として認定したことが最初だ。

ゴリラという名前は、ギリシア語で「毛深い異民族」という意味で、アフリカにいると噂されてきた。紀元前5世紀のフェニキア人航海士ハンノが記した日誌には凶暴なゴリラがいたとある。これが原住民なのか、それとも霊長類としてのゴリラであるかは不明だが、後の歴史家ヘロドトスの著書『歴史』を読むと、彼は人間ではなく、動物として認識していたことが読み取れる。

要は、どうも人間のような動物がアフリカにいるという認識はあったものの、存在が公に確認される19世紀まで、未確認動物だった。未確認動物は英語で「ＵＭＡ：Unidentified Mysterious Animal」。もっとも、これは和製英語で、国際的には「陰棲動物」という意味で「Hidden Animal」、あるいは「Cryptid」と表記される。

ゴリラ同様、いまだ正式に確認されていない霊長類は、ほかにもいる。ここで注目は人間に近い霊長類、世にいう「獣人」である。限りなく人間に近いが、その姿は猿のようでもあり、多くは全身、体毛で覆われている。

生物学および人類学的に正確を期するために、以後、本書では猿はサル、人間はヒトと表記する。生物としての獣人はサルとヒトの中間種のような動物という表現になるだろうか。もちろん、捕獲されて学術的に証明されたわけではないので、あくまでも便宜上である。

ただ、サルとヒトの中間の動物といういい方は暗に「進化論」を前提にしている。ヒトはサルから進化した。正しくは、ヒトはサルと共通の祖先をもつ。進化の過程で、サルになった種とヒトになった種に分岐した。両者は親戚のようなものだ。これが人類学の常識であり、定説だといっていい。

多くの日本人は無自覚に受け入れているが、進化論が真実を知る上で大きな障害になっている可能性もゼロではない。無批判に進化論を是とするがゆえ、獣人の存在を認められず、迷宮に陥っているとしたら、どうだろう。そう、獣人はアカデミズムの定説を根底から揺るがす爆弾になりうる。これが本書の基本テーゼだ。

獣人UMAと化石人類

獣人UMAは世界中で目撃されている。多くはヒトのように直立二足歩行をし、全身が毛むくじゃら。言葉は話さず、ときにヒトを襲うこともある。存在は古くから語り継がれ、交流したという記録も。なかには、獣人とヒトの間に子供ができたという話すらある。

具体的に、北米には巨大な足をもつ「ビッグフット」がおり、アメリカ先住民の間では「サスカッチ」と呼ばれる。フロリダには耐えがたいほど体が臭い獣人、その名も「スカンクエイプ」がいる。南米には、姿がクモザルに近い「モノス」。オーストラリア大陸では長い体毛をもった「ヨーウィ」が知られる。

もっとも多いのはユーラシア大陸だ。ヒマラヤの「雪男」は現地で「イエティ」、もしくは「ミッティ」と呼ばれ、登山家によって雪原に転々と残された大きな足跡が確認され、写真にも撮られている。おそらく同種ではないかと噂される獣人は中国で「野人」と表記され、「イエレン」と呼ばれる。主に湖北省の神農架《しんのうか》で頻繁に目撃されている。

⬆アメリカのフロリダ州で発見されたスカンクエイプ。

南方のカンボジアには「ヌグォイラン」がいる。どちらかというと、姿はクモザルに近く、ときにヒトの子供をさらって育てることもあるという。インドネシアのスマトラ島では小型獣人「オランペンデク」、同様の獣人はフローレス島では「エブゴゴ」と呼ばれている。

コーカサス地方では赤毛の「アルマス」が知られる。どうも道具を使うことができるらしく、知能が高い。シベリア地方には「スノーマン」がいる。文字通り雪男だが、地方によっては「カレリアスノーマン」とも呼ばれる。

さらに、この日本にも広島で目撃が相次いだ「ヒバゴン」は、近隣の町では「ヤマゴン」や「クイゴン」とも呼ばれた。マイナーなところでは、青森の梵珠山《ぼんじゅさん》に出現した「ボンゴラ」がある。

和製英語であるＵＭＡの名付け親にして、超常現象研究家の南山宏氏によれば、獣人UMAは大きく分けて4つの種類があるという。具体的に、①猿型、②人間型、③巨人型、④小人型である。

これらの正体について、①猿型は未知のサル、なかでもヒトに近いテナガザル、ないしオナガザルの新種か。モノスやヌグォイランがこれに当たる。②人間型は今は絶滅してしまったヒト、すなわち化石人類である。猿人アウストラロピテクスや原人ホモ・エレクトゥス、旧人ネアンデルタール人の可能性がある。雪男やアルマスは、ヒト科の動物である可能性が高い。③巨人型はビッグフットやヨーウィなど、身長が2メートルを超える獣人だ。有力視されているのは、猿人アウストラロピテクスの大型種、ないし巨猿のギガントピテクスだ。逆の④小人型であるオランペンデクやエブゴゴは原人として分類されているフローレス人の可能性が指摘されている。

⬆中国で目撃される野人の想像図。

これら4つの分類に当てはまらない怪人型に関しては、獣人とは呼ばない。UMA怪人には、フロッグマンやゴートマン、ドッグマンなど、動物の頭を

⬆オーストラリアの獣人UMA、ヨーウィ。長い体毛が特徴だ。

もったヒト型モンスターがいるが、本書においては、あくまでもサルとヒトの中間種という概念としての獣人に焦点を当てる。

また、ビッグフットがUFOの中に入っていったとか、虚空に姿を消したという超常現象を伴う報告があり、正体は異星人か、そのペット、すなわちエイリアン・アニマルだという説のほか、そもそも異次元に棲んでいる超常生命体だという研究家もいる。本書では、できる限り、これらの仮説を踏まえた上で、個々の正体に迫っていきたい。

獣人モノス

世界に衝撃を与えた獣人に「モノス」がある。南米に棲む大型霊長類で、スペイン語でサルのこと。正確には大きなサルという意味で

「モノ・グランデ」と呼ばれる。前身、毛むくじゃらで手足が長い。一見すると、テナガザルのような印象である。

モノスを有名にしたのは一枚の写真だった。1920年、スイスの地質学者フランソワ・ド・ロワがベネズエラを探検中、突如、巨大なサルに遭遇した。場所はコロンビアに近いペリハ山脈のマラカイボ湖近くで、そこに流れ込むタラ川の岸辺にサルが2匹現れた。直立二足歩行をし、見たところ、オスとメスのつがいのようだった。調査隊の姿を見ると、非常に興奮して、大きな鳴き声で威嚇してきた。ジャングルのサルがよくやるように、その場にあった小枝や石、はては糞まで投げつけてきた。

身の危険を感じたフランソワ・ド・ロワが、やむなく銃撃したところ、一匹に命中した。これに驚いたもう一匹はジャングルの奥へと逃げていった。死体を確認したところ、メスだった。体長は1メートル57センチで、ヒトと同じぐらい。ほかのサルとは違う証拠に、長い尻尾はなかった。

彼は死んだサルを石油缶に腰かけた状態にし、顎の下に枝を差し込み、上体を立たせた。ちょうど生きているかのように正面を向かせ、記念に証拠写真を撮影した。死体は保存しようとしたが、運搬上の問題もあり、解体して食料にした。ただ、証拠品として頭蓋骨を持ち帰ったが、塩を入れる壺代わりに使用したために、途中、破壊されてしまったという。これがモノスである。

事件から9年がたったころ、モノスの写真を見た人類学者ジョルジュ・モンタンドンは新種の霊長類ではないかと考え、ヒトに近いサルという意味で「アメラントロポイデス・ロワシ」という学名を与えた。今でいう「猿人」である。

ホエザルやクモザルといったサルはいるものの、南米には類人猿はいない。モノスが未知の類人猿であるならば、まさに大発見である。彼の報告によれば、モノスの体重は約50キロで、歯の数は32本。尾がないのでクモザルではなく、未知の類人猿であるという。学術的な論文とともに公開されたモノスの写真は瞬く間に知れわたり、世界中の人々が注目するところとなった。

ちなみに、ジョージ・モンタンドンは白人至上主義者だった。ヨーロッパの白人とは違い、アメリカ先住民インディオたちはサルから進化した人々であり、その先祖がモノスとして今も生きていると考えたらしい。もちろん、ありえない話である。獣人UMAや化石人類を考えるとき、こうした偏見は常につきまとうので注意したい。

では、モノスの正体は何か。問題となるのは、このエピソードである。いかにもといった物語だ。2匹のうち、一匹が犠牲になって、残った一匹が捕獲されるというストーリーは、よくある話。現場となった「エル・モノ・グランデ峡谷」は実在せず、かねてから創作ではないかと疑惑の目で見られてきた。
　事実、フランソワ・ド・ロワの調査隊は、後に証言している。すべては作り話である、と。事情を調査した地質学者ジェームズ・ダーラチャーと医師のエンリケ・テヘーラによれば、モノスの正体は彼が飼っていたサルだ。クモザルの一種で、病気になったので患部の尻尾を切断していた。あるとき、突然死してしまったので、死体を立たせて、あたかも類人猿のように演出したのだという。実際の大きさは、見た目よりも小さく、1メートル以下ではないかという指摘もある。

⬆1920年、ベネズエラで撮影されたモノス。未知の類人猿として有名になったが、クモザルの一種だ。

　有名なUMA研究家である動物学者アイヴァン・サンダーソンは当初から、モノスはクモザルであると見抜いていた。彼に限らず、現在、霊長類に詳しい動物学者が見れば、大きなクモザルだと判断するだろう。一説にはクロクモザルではないかといい、ベネズエラ科学研究機構はモノスをブラウンケナガザルだと結論づけたという。ただし、南米のジャングルは広い。体長が1・5メートル以上になるクモザルがいたとしても不思議ではない。もっとも、それが学術的にモノスと名づけられることはないだろうが。

野人イエレン

ヒトのようなサルのことを中国では「野人：イエレン」と呼ぶ。ただし、原始的な生活をし、野性的な人間をもって表現する野人とは事情は異なる。あくまで、動物としての野人だ。未知の類人猿、もしくは現代にまで生き残った化石人類をもって野人と称す。

なにせ4000年の歴史がある中国だ。全身毛むくじゃらでサルに似たヒトがいるというのは、かなり古くから噂されてきた。中国最古の地理書にして博物誌の『山海経《せんがいきょう》』には、まさにサルのような姿をしたヒトが描かれている。

典型的なのは梟陽国《きょうようこく》の人々だ。背が高く、肌が黒い。全身、毛で覆われており、足の甲が後に折れ曲がり、土踏まずが上を向いている。人を見ると笑うとある。同様の内容は『異物志《いぶつし》』にもある。恐ろしいことにヒトを捕まえて食う。それを逃れるためには、筒に腕を通して、相手がつかんだ拍子に、それを抜いて反撃するといいのだとか。なんとも奇妙な話ではあるが、梟陽国人を描いた挿絵は、まさに獣人そのものだ。

ほかにも、「狒々」と呼ばれる獣人がいて、その姿も、やはり全身、毛で覆われている。呼び名は「山鬼」や「山神」「山都」「山精」「熊人」など多数あるが、どれも獣人だ。あえて分類するならば、類人猿のような姿か、よりヒトに近くて言葉を理解できる存在か。大きくふたつの種類があるようだ。

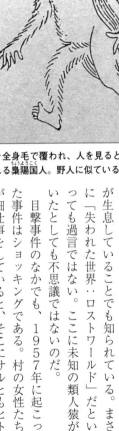

これは何も古代における話ではない。中国では連綿と野人は語り継がれてきた。野人を殺したとか、野人の襲撃を受けたとか、生け捕りにした、皇帝に献上したなど、野人物語は多数ある。現代においても、野人の目撃は後を絶たない。なかでも、もっとも目撃事件が多いのは湖北省西部。幽谷深山が広がる神農架は、つとに有名だ。貴重な絶滅危惧種も多く、パンダやスマトラカモシカ、霊長類ではキンシコウが生息していることでも知られている。まさに「失われた世界：ロストワールド」だといっても過言ではない。ここに未知の類人猿がいたとしても不思議ではないのだ。

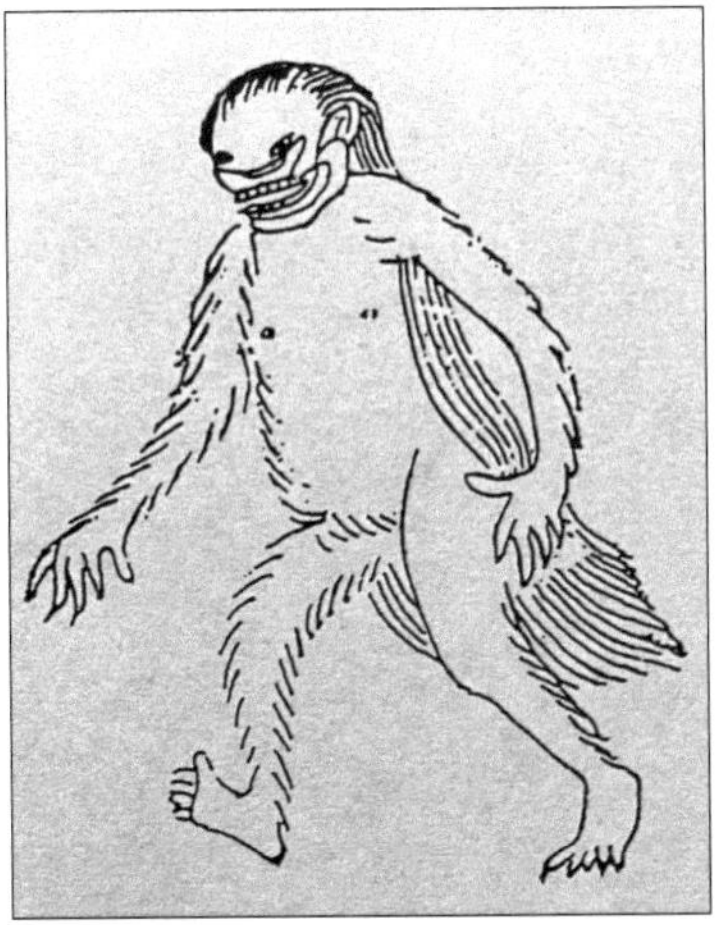

↑全身毛で覆われ、人を見ると笑うといわれる梟陽国《ちょうようこく》人。野人に似ている。

目撃事件のなかでも、１９５７年に起こった事件はショッキングである。村の女性たちが畑仕事をしていると、そこにサルともヒト

⬆『山海経《せんがいきょう》』で紹介されている狒々。野人のように全身に毛がある。

ともつかない獣が現れた。野人はひどく興奮しており、身の危険を感じた4人の女性たちは手に持った棒で叩きのめし、そのまま殺してしまったという。

　興味深いことに、そのとき死体から切った手足が残っており、1980年代に学術的な分析が行われている。野人研究家の周国興教授によれば、その手はヒトの手に似ているものの、サルの特徴が強く見られたという。

　体毛の分析では、クマではないことは明らかで、ヒトやオランウータンの体毛に似ているという。このことから、手足の持ち主が野人だとすれば、やはりヒトとサルの中間種であるという結論が出されているという。

　目撃事件が増加したのは、開発が始まった1960年代からだ。1970年代に入ると、本格的な調査も始まる。かの毛沢東主席が亡くなった年でもある1976年5月、中国共産党の幹部6人が神農架で野人に遭遇し、詳細を中国科学院および「人民日報」に報告。これを受け

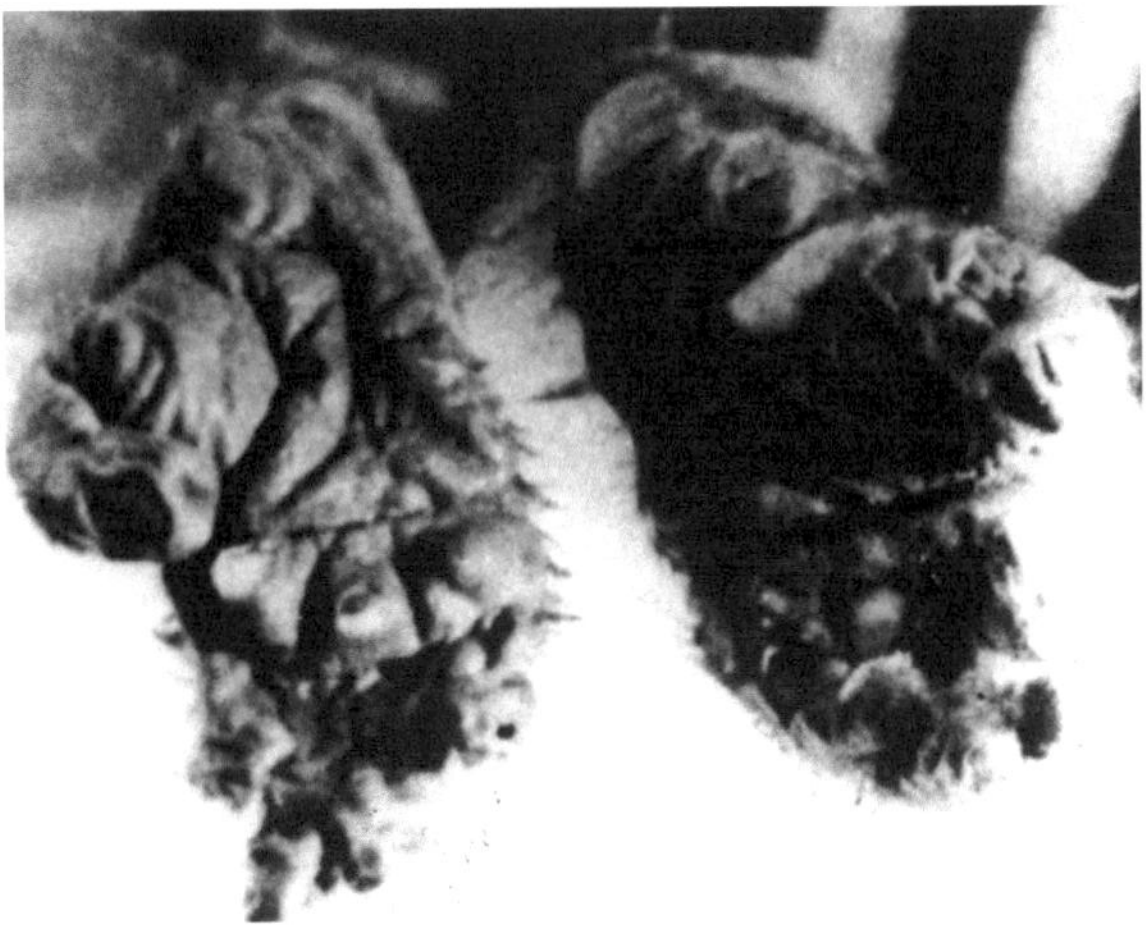

↑1957年に殺された野人の手のミイラ。ヒトの手ではないことがわかる。

て、同年9月、学術的な調査隊が組織され、現地を訪れるという異例の事態となった。約2か月もかけた徹底的なリサーチの結果、当局は未知の類人猿が存在することはほぼ確実であると結論。ゴリラやチンパンジーよりも知能が発達している可能性があり、引き続き長期的な調査が必要であると発表した。

　4年後の1980年、中国科学院は再び現地調査を開始した。北京の中国科学院古脊椎動物古人類研究所をはじめ、上海華東師範大学や湖北省武漢大学、華中師範学院の専門家たち精鋭28人が神農架を訪れ、徹底的な調査を行った。日本でもフジテレビのスタッフが取材をしており、その詳細は『野人は生きている』（フジテレビ特別取材班／宇留田俊夫・南川泰三著：サンケイ出版）にまとめられた。

ただ、これだけ徹底した調査にもかかわらず、野人そのものが捕獲されることはなかった。はたして野人は実在するのか。疑問視する学者も少なくない。国家レベルの調査は、これが最後となった。野人は存在すると確信する一部の学者や民間人が今もリサーチを続けているが、現在のところ、決定的な証拠はない。

もっとも、野人伝説はご当地、神農架の人々にとっては貴重な観光資源である。野人が生きる村として世界遺産に登録された。世界的に注目され、観光客がたくさん訪れる。経済的にも潤う。自然保護、環境保全のシンボルともなり、まさに野人様様といったところだろう。獣人はヒトに近いだけにキャラクターが立つ。もはや、ゆるキャラよろしく、マスコット的な存在になっていることは事実である。

野人とヒトのハーフ「雑交野人」

中国の野人伝説には、もうひとつ型がある。野人とヒトが交わって子供が生まれた、いわば野人とヒトのハーフの話だ。多くは、ヒトの女性が野人にさらわれて身ごもり、子供を産むというパターンだ。『易林《えきりん》』や『本草綱目《ほんぞうこうもく》』『捜神記《そうじんき》』『博物誌』にも見え、小説や演劇の題材にもなっている。野人とヒトのハーフを中国では「雑交野人」と呼ぶ。もっとも、日本語としては、あまりいい響きではないが。

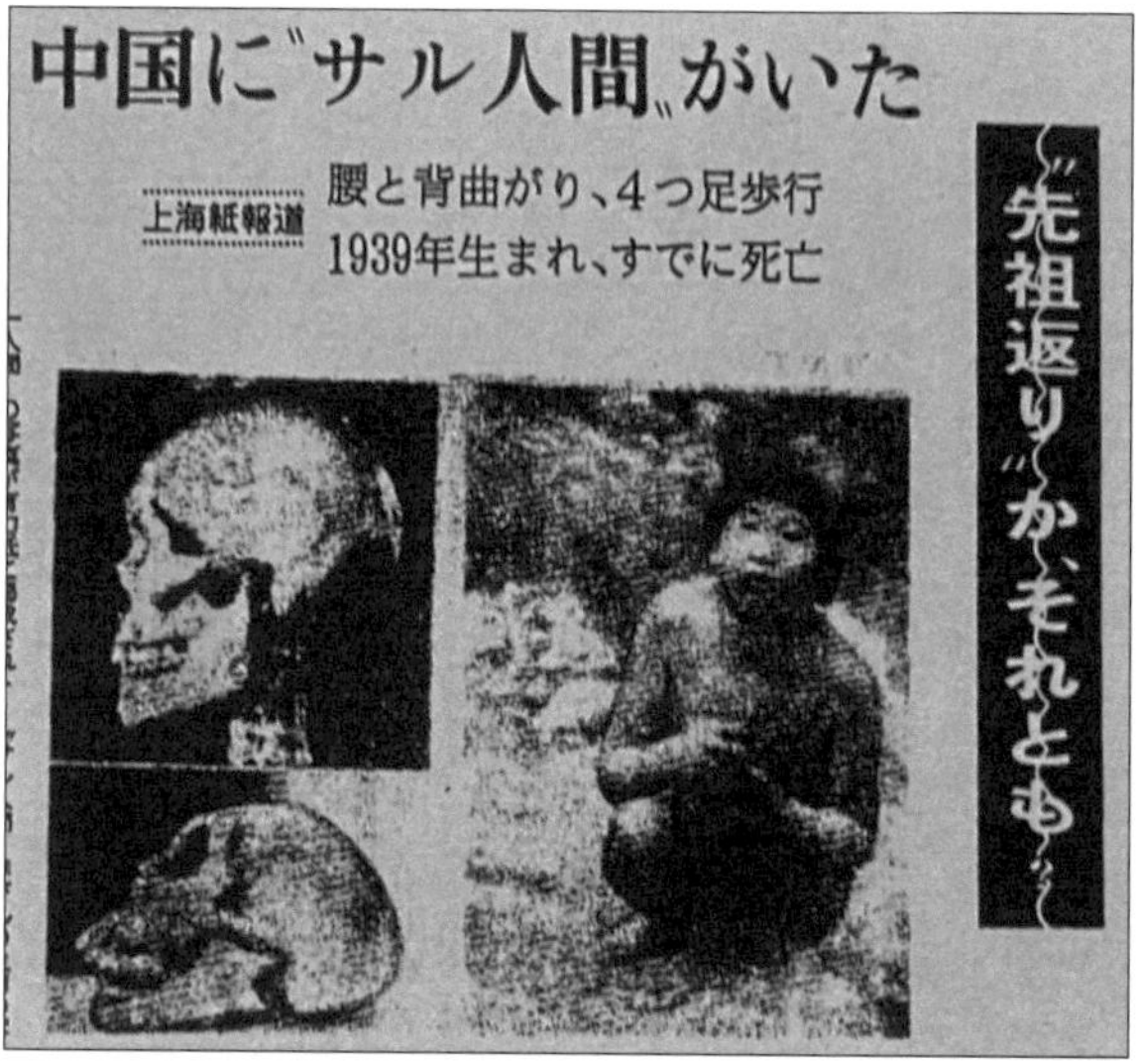
中国に"サル人間"がいた

上海紙報道

腰と背曲がり、4つ足歩行

1939年生まれ、すでに死亡

"先祖返り"か、それとも…

⬆野人とヒトのハーフといわれた涂雲宝。遺伝子に先天的な異常をもった障碍児だった可能性が高い。

野人伝説と同様、雑交野人もまた、歴史上の話だけではない。現代においても、しばしば報告される典型的な事件がふたつある。ひとつは「猴娃《こうあい》」である。1980年4月19日付「文匯《ぶんわい》報《ほう》」に掲載された記事によると、1939年、四川省巫山県《ふざんけん》の女性がひとりの男の子を産んだ。子供はサルのような容姿だった。名を「涂雲宝」といい、生まれながらに頭部が直径8センチしかなかった。全身が濃い毛で覆われており、直立して二足歩行することはほとんどなかった。言葉を話さず、一日中、裸で過ごした。

20歳になって、身長が1メートル40センチになったが、頭部の直径は約13

センチ。冬でも裸で過ごし、食べ物は生ものだけ。言葉が不自由で、機嫌が悪くなると、すぐに爪を立てて他人を引っかいた。23歳まで生きたが、お尻を火傷したことが原因で死亡した。

伝え聞くところによれば、1938年の夏、彼の母親が20日ほど失踪したことがあり、その後、妊娠が発覚。生まれたのが猴娃だった。報道では、遺伝子の異常で先祖返りしたのではないかという学者の見解を載せているが、地元では野人の子供を産んだという噂が立ったらしい。

もっとも、お尻を火傷して死んだという話は、典型的な説話のひとつ。野生のサルの尻は、なぜ赤いのか。その理由を説明するために、古の人が語り継いだもの。彼の死に関して、これが語られる時点で、野人とヒトのハーフである可能性は低い。おそらく先天的な遺伝子の異常をもった障碍児だったに違いない。

もうひとつ、野人とヒトのハーフとして紹介されるのが「曾繁森」だ。彼は1956年生まれ。33歳になったころの映像がマスコミに流れ、広く知られるようになった。1997年9月26日、中国野人考察研究会が公表した映像には、身長2メートルの裸の男性がバナナを食べているシーンが約2分間映っている。頭は尖っており、明らかに通常の人間より小さい。言葉を理解することがなく、行動は野性的で粗暴である。

彼の兄が語ったところによると、あるとき、母親が野人にさらわれた。帰ってきたときには身ごもっており、生まれたのが曾繁森だった。当時、父親はおらず、私生児として育てられた

⬆バナナを食べる曾繁森。野人とヒトのハーフとして紹介されたが、遺骨の分析で純然たるホモ・サピエンスであることがわかった。

が、ふつうの人間のような振る舞いをすることはなく、終生、野生児のような生活をしていたという。

だが、彼はヒトである。遺骨を分析した結果、純然たるホモ・サピエンスであることが判明している。脳下垂体肥大による頭骨や四肢の変形が認められ、甲状腺異常から言語障害をきたしている。いわば障碍者なのだ。

心ない人間たちによって野人、もしくは野人ハーフなどと呼ばれたものの、それは事実ではない。すべて憶測である。人権的に極めてデリケートな問題であるが、獣人UMAを語る上で避けて通れない事実である。体毛にしても、先天的に濃い人はいる。遺伝的な要素もあるが、多毛症といって顔面や足の裏まで体毛で覆われるケースもある。こうした可能性を常に念頭に置いておく必要がある。

野人少年ロー

はたして野人は実在するのか。あれだけ大規模な調査団を率いて、徹底的に神農架を調べつくしたにもかかわらず、大した成果もなかった。政治的に、毛沢東の死から人民の関心を逸らすための策略だという指摘もあるが、どうも腑に落ちない。あれだけ化石人類の可能性、とくに北京原人との関係を強調していた学者たちが、あたかも潮が引くように調査を打ち切った。まるで上から命令されたように。野人など存在しない。手の平を返して、中国科学院が結論づけたのには、もちろん理由がある。世の中、えてして現実は真逆。はっきり断言しておこう。このとき野人は捕獲されていた。正確には、生きた野人が発見され、しかも地元の人によって育てられていたのだ。

仮にヤン氏としておく。ヤン氏は妻とともに、野人の子供を育てていた。親から離れて迷っていたところを拾われた。ヤン夫妻は野人の子供をローと名づけた。ヒトの子供と同じように慈しみ、大切に育てた。だが、人語を話すことはなかった。ヒトではないのだ。ヤン夫妻はやむなく、大きくなってから何度か山に戻したものの、その度に、ローは戻ってきた。もはや野生で生きていくことはできない。村人もヤン夫妻を見守ることにした。

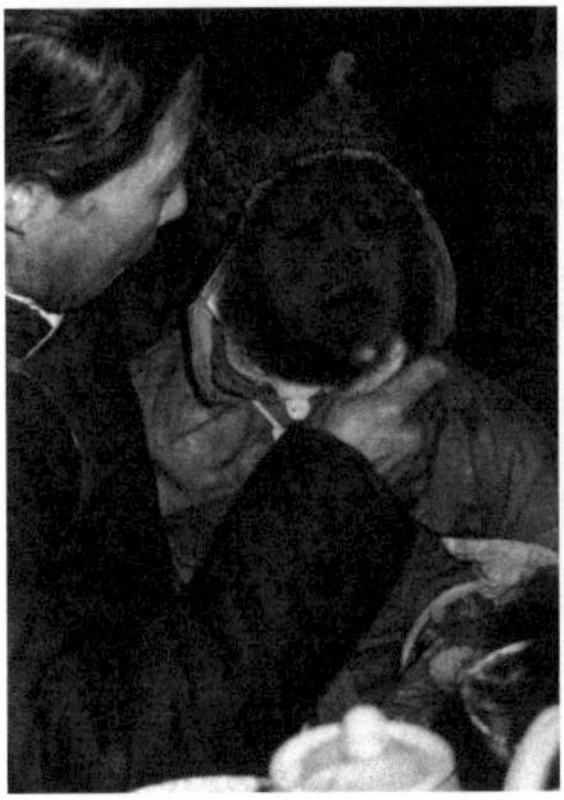

← (上中下) ヤン夫妻が育てた野人少年ロー。遺体を分析した結果、テナガザルの一種と判定された。

しかし、野人の噂は神農架のみならず、北京の共産党本部にまで知られることとなった。中国科学院から専門家が派遣され、野人少年ローの存在が突き止められるまでには、さほど時間はかからなかった。このままローを確保し、中央で飼育しながら研究することも十分、可能だった。世界中に発表すれば、まさに一大センセーションを巻き起こすことは必至。人類史に残る業績になったことは間違いないだろう。

だが、現場の人間は、そうしなかった。彼の名前は陳揚《チャンヤン》。もちろん偽名だ。中国の某機関の人類学者である。以前から野人ローの存在を耳にしており、実際に現地を訪れ、ヤン夫妻にも会っている。中国科学院の調査が入ったとき、彼は必死に抵抗し、これまで調査したローの生育記録や詳細なデータを当局に引き渡すことを条件に、すべてを秘密にすることを約束させた。

もっとも、最終的にローは不幸な事件に巻き込まれて射殺され、その遺体は村の墓地に埋葬された。悲しみに暮れたヤン夫妻は、それからまもなく息を引き取った。すべては封印されたが、ローの遺体は詳細に分析された。結果、ローはヒトではなかった。ヒトであれば染色体の数が23対であるのに対して、チンパンジーと同じ24対だった。Y染色体の塩基もヒトが6000個であるのに対して、3000個とサルと同じだった。

分類学上、テナガザルの一種と判定された。テナガザルは霊長類ヒト上科である。確かにホモ・サピエンスと近い種であるが、ヒトではない。すべての野人がテナガザルだとはいえないが、少なくとも神農架で目撃される野人はサルである。中国共産党の関係者は、そのことを知っている。

最近も、密かに神農架に調査団を送り込んでいる。2022年2月、新型コロナウイルスの発生源が武漢であることを認識した当局は、突発公共衛生事件連合予防コントロールの名目のもと、人民解放軍を動かした。中央軍委機関や聯勤《れんきん》保障部隊、武警部隊、そして軍事科学院から編成された一個師団を神農架の山間部に派遣。一帯を軍事的に封鎖し、感染源となったコウモリを捕獲するという表向きの理由を掲げ、その裏で2000人規模の山狩りを決行。結果、オス1匹とメス2匹の合計3匹の野人を生きたまま捕獲した。

すぐさま野人の遺伝子が解析され、現在、それを軍事的利用をするべく研究が進められている。極秘とはいいながらも、アメリカ軍はすべてお見通し。CIAを通じてデータの詳細は報告されているという。

ヌグォイラン

東南アジアの獣人に「ヌグォイラン」がいる。森の人という意味だ。体長が約1・8メートルで、全身が黒い体毛で覆われている。カンボジアを中心にベトナムやラオスでも目撃され、中国の野人と同種ではないかと見られている。

⬆「森の人」という意味のヌグォイラン。カンボジアをはじめ、ベトナムやラオスで目撃されている。

ヌグォイランに関しては興味深い事例がひとつある。2007年1月13日、カンボジア北部のラタナキリ州で、2匹の獣人が捕獲された。オスとメスのつがいだった。オスのほうは逃げてしまったが、メスは確保された。驚くべきことに、正体はヒトだった。正真正銘、ホモ・サピエンスだった。というのも、彼女は19年前、わずか8歳で行方不明になった現地の少数民族プノン族の少女であることが判明したからだ。

保護されたとき、彼女は人語を理解することも、しゃべることもできなかった。野生のサルのように吠え、衣服を着ることを拒んだ。しばしば四足歩行をし、眠るときは地面にうずくまって寝た。

状況から、彼女はヌグォイランによって誘拐され、かつ育てられたらしい。逃げたオスはヌグォイランで、近くに仲間がいたという証言もある。野生の動物がヒトの子供を育てたという

⬆ヌグォイランに育てられたカンボジアの少数民族プノン族の少女。

話は、よくある。古くは古代ローマ帝国の建設者ロムルスとレムスだ。彼ら双子はオオカミによって育てられた。いわゆるオオカミ少年の事例はインドやロシアで多数、報告されており、1920年に保護されたカマラとアマラは有名だ。いずれも人語を理解することはできず、野生動物のような生活をした。

こうした例では、精神的な発達障害のため、人間社会に適応することが難しい。ヌグォイランに育てられた少女も、家族に引き取られたものの、なかなか言葉を発することが難しく、誘拐されたとき、どんな状況だったのかを話すことはなかった。

オオカミが人間を育てることがあるのなら、よりヒトに近い獣人が育てたとしても不思議ではない。おそらく誘拐された少女は母性の強いヌグォイランのメスによって、自分の子供のように育てられたのだと思われる。

UMA研究家のローレン・コールマンやベトナムの動物学者ヴォー・クイはヌグォイランの正体を旧人ネアンデルタール人ではないかと見ている。ネアンデルタール人は3万年前に絶滅したといわれるが、ホモ・サピエンスと交雑したことが判明している。ヌグォイランがネアンデルタール人であるならば、ヒトの子供を誘拐し、さらには交雑したとしても不思議ではない。

しかし、ヌグォイランの正体はヒトではない。中国の野人と同様、大型テナガザルの一種である。ネアンデルタール人とは骨格や体形が異なる。目撃者が描いた絵を見れば、ヌグォイランにひとつ大きな特徴があることがわかる。眉毛である。太い眉毛があり、これが表情を作っている。強い意志を感じさせるのだ。これがヌグォイランをヒトに近い獣人と印象づけているのだ。一般的にゴリラやチンパンジーには眉毛がない。ためしに、その顔につけ眉毛をほどこすと、驚くほどヒトのような表情になる。冒頭に紹介したゴリラのシャバーニなら、なおさらだろう。

これは何もサルに限ったことではない。イヌも、しかり。都市伝説で語られる人面犬の特徴はヒトの顔というより、眉毛である。たまに、いたずらで眉毛を描かれたイヌを見ることがあるが、やはり人間のような意志を感じさせる。ちなみに、人面犬のルーツはオカルト漫画の巨匠、つのだじろう先生の作品『うしろの百太郎』に登場する白いイヌで、人語を話すゼロだともいわれる。

ヒバゴン

あるとき、飛鳥昭雄の講演会に参加したひとりの男性が謎の写真を送ってきた。見ると、そこには一部、白骨化した動物の死体が写っている。頭蓋骨の形状から察するに、これは類人猿だ。しかも大型の霊長類のようである。

いったい、死体の正体は何なのか。仮に男性の名をK氏としよう。話によれば、問題の生物を発見したのはK氏の父親で、1980年ごろのことだったという。

当時、管理のため自分の山に入ったK氏の父親がいっしょに連れていった飼い犬が吠えるので、何事かと近寄ると、そこに毛むくじゃらの動物が横たわっていた。野生動物に一部、食い荒らされている形跡はあるものの、大きなサルの仲間であることはわかった。ゴリラに似ているが、もちろん、日本に生息しているわけがない。

管理上、そのままにしておくわけにもいかず、かわいそうなので埋めてやろうと思ったK氏の父親だったが、後々、問題になっても困るので、いったん家に戻り、息子のK氏とともに証拠写真を撮影した。現像された写真は気持ちが悪いので、そのまま押入れの奥にしまったという。

現在、山は人手に渡って埋葬した場所もわからなくなり、父親も亡くなったが、あるときK氏は写真のことが気になった。ひょっとして、あの死体はUMAだったのではないか。発見された場所は広島県庄原市であることを考えれば、1970年代に大騒動を巻き起こした獣人、すなわち「ヒバゴン」だった可能性がある、と‼

ヒバゴンとは日本を代表する獣人UMAで、その姿はヒマラヤの雪男イエティに酷似する。1970年7月20日、当時、広島県比婆郡西城町油木に住む男性が軽トラックでダムに向かう途中、突如、道を横切る巨大なサルのような生物と遭遇した。身長は約1・5メートル、体格ががっしりとしたゴリラのようで、二足歩行をしながら森の中へ消えていったという。

この事件を皮切りに獣人目撃の報告が12件にも及び、町は大騒動となった。役場には類人猿対策本部、通称、類人猿係が設置され、情報収集と対策に当たった。折しも、当時は特撮もののテレビ番組が全盛期で、謎の獣人UMAは比婆山系にちなんで「ヒバゴン」と命名された。

1974年にはヒバゴンと思われる大型霊長類の写真が撮影されたものの、同年10月を境に目撃事件はぱったりと途絶える。かくして翌年の1975年3月をもってヒバゴン騒動は終息宣言が出され、類人猿係も解散した。

いったい、ヒバゴンの正体は何だったのか。胸元に白い毛があったという情報からツキノワグマではないかという説のほか、群れを追われたニホンザルのオス、ペットとして飼われてい

⬆（上）1970年代に広島県の比婆山系で目撃が相次いだヒバゴンの想像図。（下）ヒバゴンの写真。➡（上中）ヒバゴンらしき骨。（下）ヒバゴンの後ろ姿。

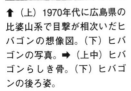

たか、もしくは動物園から逃げだしたゴリラやオランウータンではないかという説もある。

あらためて問題の写真を見てみよう。場所と時期から考えて、確かに死体がヒバゴンである可能性は高い。特徴から考えて、これはゴリラの仲間だと考えて間違いない。もし仮にヒバゴンが何らかの理由で比婆山系に放たれた一匹のゴリラだとしたら、この個体が死んだ段階で目撃事件が途絶えた理由も納得できる。

ただし、１９８０年から81年にかけて、隣の福山市山野町でも同様の獣人ＵＭＡ「ヤマゴン」が目撃され、１９８２年には御調《みつぎ》郡久井《くい》町に「クイゴン」が現れている。これらがヒバゴンと同一個体だとすれば、正体がゴリラではないことになり、また、複数いる可能性も出てくるのだが。

オリバー君

かつてサルとヒトの中間種という触れ込みで話題になった動物に「オリバー君」がいる。外見はサルだが、直立二足歩行をする。背筋は伸びて、いかにもヒトらしい。ヒトの染色体が46本で、チンパンジーは48本。これに対して、オリバー君は中間の47本だという。まさにヒトとチンパンジーのハーフともいうべき霊長類で、当時は「ヒューマンジー」やら「ヒトパンジー」なる呼び名まで飛びだした。

なんでも、1960年にアフリカのコンゴで捕獲された後、サーカス団に売られ、これを知った弁護士マイケル・ミラーが引き取った。推定16歳。存在を知った興行師の康芳夫がテレビ番組のネタになると考え、1976年7月15日に日本に連れてきた。人間と同様、旅客機にVIP待遇で搭乗し、スーツ姿で来日記者会見を開いた。

直立二足歩行をする姿は、まさにヒトそのもの。煙草を吸い、酒を飲んだ。仕掛け人の目論見は見事に的中し、UFOディレクターとして有名な矢追純一氏が手がけた「木曜スペシャル」にも出演したことで、日本中に知れ渡ることとなった。あまりの反響に気をよくした関係者は、オリバー君の花嫁を募集し、子供を産んでくれたら報酬を払うという企画を打ちだした。悪ふざけもいいところだが、オリバー君にとってはいい迷惑だったことだろう。

まさに獣人UMAが見つかったごときフィーバーであったが、結論からいっ

⬆サルとヒトの中間種というふれこみで1976年に来日したオリバー君。正体はチンパンジー。

て、オリバー君はヒトではない。サルである。特別に育てられ、訓練されたチンパンジーである。精密な検査の結果、染色体は当初の触れ込みの47本ではなく、48本であることが確認された。そもそも、染色体は対になっているはずで、通常は偶数だ。ヒトであれば23対で46本、チンパンジーであれば24対48本なのだ。

姿勢がいいのは、まさに調教されたからだ。直立二足歩行を行うことができる動物はヒトだけである。類人猿には無理である。骨格の構造上、サルに直立二足歩行は不可能なのだ。ヒトの場合、脊柱と下肢を垂直にすることができるが、サルにはこれが難しい。いくら調教しても、普通はできない。

日本の伝統芸能である猿まわしで演技するニホンザルは、確かに直立二足歩行をしているように見える。腰椎前弯によって体の重心が股関節の近くに移動し、体を垂直に保っているのだが、これと同様の姿勢をオリバー君は調教されたらしい。正体は、まぎれもなく中央アフリカにルーツをもつチンパンジーであることが遺伝子調査でも確定している。獣人UMAではなかったのだ。

このように、獣人UMAの多くはサルである。未確認という意味ではUMAと呼ぶことが可能だが、実際はテナガザルやチンパンジー、そしてゴリラである。ただ、ここで問題となるのは、化石人類である。類人猿ではなく、絶滅したヒトの可能性は残る。次章では、化石人類の最新研究を踏まえ、獣人ＵＭＡとの関係を見ていくことにしたい。

第2章

最新人類進化史から見た獣人UMAの正体と化石人類

ヒトの人類学

人間とは何か。この問いは永遠の命題である。有史以来、答えは出ていない。いまだに答えが出ていないことは中学校の現代社会の教科書に記されている。逆に、答えがないことは否定されているので、いつか解答が明らかになるだろう。

だが、本書のテーマは違う。獣人UMAを考える上で焦点となるのは人間ではなく、ヒトである。人類学でいうヒトとは何か。根拠となるのは骨である。全身骨格をもとにして、そこにあった肉や臓器、皮膚など、およそ肉体がすべてである。スピリチュアルでいう魂や霊体は関係ない。あくまでも物質としての肉体が研究対象であり、絶滅した種に関しては化石で残っている骨、さらには、そこから抽出される遺伝子をもってヒトという動物を定義し、その実体を研究する。

ただし、人類学でいうヒトは現生人類、すなわち「ホモ・サピエンス」だけではない。現在、この地球上に存在するヒトはホモ・サピエンスだけだが、かつては別の人類がいた。いわゆる化石人類である。化石といっても、実際には完全に化石化していない骨もある。それらは、ホモ・サピエンスの骨格と比較すると、少々異なる。とくに頭蓋骨の形が違うのである。サルに近い形状をしたものもある。こうした差異を比較し、標本を並べた上で、人類進化の道程を推

⬆類人猿のような祖先から進化した人類の進化の過程を表した図。

測する。

　解剖学の基本は形である。骨の形状を計測し、統計的な数値を出す。それが個体差なのか、それとも種としての差異なのか。先天的な遺伝子異常や病理による変形の可能性はないのか。もちろん、そこには自ずと限界がある。標本となる化石が少ない上、どういった疾患をもっているのか判断が難しい場合もある。化石の解剖学的な所見は、どうしても博物学的にならざるを得ない。

　現在では遺伝子の研究が進み、現生動物に関しては、かなり詳しいことがわかってきた。同じ科に分類されていた生物がまったく異なる科に修正されることもしばしば。逆に見た目がまったく違うのに近種として判断されることもある。例えば、陸生動物のアフリカゾウと水生動物のマナティは種として極めて近い。かなり最近に共通の祖先から分岐したと考えられている。同じ水生動物でも、クジラはキリンに近いのだ。

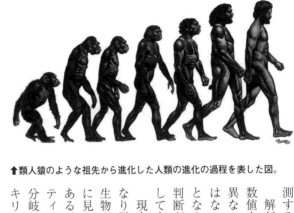

また、同じ種でも、外見がまったく異なることもある。ヒトにペットとして飼われているイヌは、すべて同じ「カニス・ルプス・ファミリアス」である。セントバーナードからチワワ、ドーベルマン、マルチーズ、ゴールデンリトリバー、柴犬に至るまで、大きさや体毛、顔の形状まで、まるっきり違うのに同じイエイヌとして分類される。

ヒトの場合、その全遺伝子が解明されている。細胞内のミトコンドリアのみならず、真核のDNAが解読されている。「ヒトゲノム」である。ホモ・サピエンスのヒトゲノムが解明できたことで、人類学は飛躍的に進歩した。化石人類のなかで、比較的最近まで存在した種に関しては、歯の中のDNAを抽出し、その塩基配列をホモ・サピエンスと比較することで、進化論でいうところの過程が詳しくわかってきたのだ。もっとも、すべての化石からDNAが抽出できたわけではない。古い化石人類に関しては、まだ解剖学的な所見に頼らざるを得ないのが現実である。

ヒトと霊長類

生物学の基本は分類である。博物学的な手法はもちろん、遺伝子の比較をもって種を定義していく。ヒトの場合は「真核生物：動物界：脊索動物門：哺乳綱：サル目：ヒト科：ヒト亜科：ヒト族：ヒト属：ホモ・サピエンス」である。この中で「サル目」に分類される動物のこ

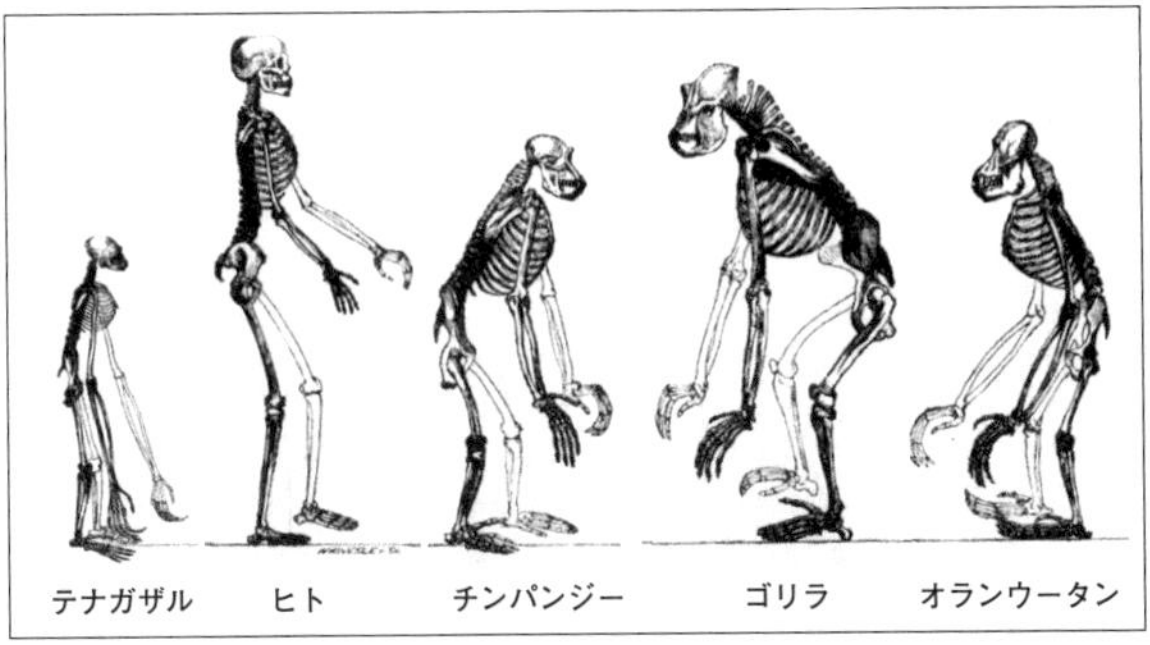

⬆直立二足歩行するヒトとそれ以外の霊長類の骨格の比較。

とを「霊長類」と呼ぶ。もっとも、サルとヒトを同じカテゴリーに入れることに少なからず抵抗感のある研究家は、あえてヒトを除いたサル目の動物を霊長類とする。

霊長類の頂点に立つのがヒトである。ヒト科は「オランウータン亜科」と「ヒト亜科」から成る。そのヒト亜科は「ギガントピテクス族」と「ゴリラ族」と「ヒト族」から成る。さらに、ヒト族は「チンパンジー属」と「ヒト属」から成る。最後のヒト属に分類されるのがヒトである。学名にはラテン語で人間を意味する「ホモ」がつく。

大前提となるのは進化論である。ヒトはサルから進化した。もっとも、この表現は正確ではない。正しくは、こうだ。ヒトはサルと同じ祖先から分岐して進化した。具体的に、共通の祖先からオナガザル、テナガザル、オランウータン、ゴリラ、チンパンジー、ボノボ、そしてヒトが分岐した。これらは「類人猿」と呼ばれる。オナガザルは「小型類人猿」、尻尾がないテナガザル以降は「大型類人猿」と呼ばれる。化石

⬆➡ヒトと同じ祖先から分岐して進化した類人猿。（上左）オナガザル、（上右）テナガザル、（下左）オランウータン、（下右）チンパンジー。

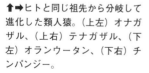

人類は分類上、チンパンジーやボノボを除いたヒト族のヒト亜族である。

人類学では、化石人類を大きく「猿人」「原人」「旧人」「新人」と4つに分類する。ヒトは霊長類サルから猿人、原人、旧人、そして、新人＝ホモ・サピエンスへと進化したと考えられている。

このうち、かつて猿人の一種と認定されていた化石人類に「ラマピテクス」がいる。1932年、インドで化石が発見され、「ラマピテクス・プレヴィロストリス」と名づけられた。今から1300万～800万年前に生息していたとされたのだが、後に研究が進み、現在ではオランウータンの祖先「シヴァピテクス」であることが判明している。つまりは猿人ではなく、あくまでも類人猿だったというわけだ。

参考までに、学名におけるヒトは「アントロプス」で、サルは「ピテクス」。サルのようなヒトは「ピテカントロプス」と呼ぶ。

猿人とアウストラロピテクス

進化論を唱えたのは、ご存じ、チャールズ・ダーウィンである。「生物は下等な種から変化して、高等な種へ」「環境に適応した者だけが生き残る」「現在、地上にいる生物はみな、激しい生存競争のなか、淘汰されずに進化してきた種である」。世界に衝撃を与えた著書『種の起

⬆生物は下等な種から高等な種へ進化したと唱えたチャールズ・ダーウィンの風刺画。遺伝子研究の発展によってダーウィンの進化論は否定されてきている。

源』に続く『人間の由来』では、ヒトはサルの仲間であると主張。ゴリラやチンパンジーが生息するアフリカで誕生したと考えた。すなわち、ヒトはサルから進化した。

　進化論が発表された19世紀後半、進化論をめぐって激烈な論争が巻き起こった。聖書の価値観が支配的なヨーロッパにあって、ヒトは絶対神ヤハウェが自身の似姿として創造したもの。ほかの動物とは違い、特別な存在だと考えられていたのだ。もし仮にダーウィンの進化論が正しければ、サルとヒトの間、すなわち中間種があるはずだ。それがない以上、進化論は虚構だというのだ。

　しかし、現在ではサルとヒトの中間種の化石が発見され、生物学において進化論は広く受け入れられている。もっとも、現在の進化論はダーウィンの進化論とは、かなり趣を異にしている。何より、中核にあるのは遺伝子である。遺伝子の変異によって生物が進化する。ならば、

⬆ナックル・ウォークをするゴリラ。ヒトとの遺伝子の差はチンパンジーより大きい。

現生動物のDNAを比較すれば、進化の道程を類推できるはず。

ゲノム研究の成果は目覚ましい。今では、多くの生物の真核DNAが解析され、その差異が詳細に判明している。ヒト、すなわちホモ・サピエンスも、個人によって遺伝子に違いがある。その差は約0・07パーセント。犯罪捜査で分析しているのは、この違いである。ヒトにもっとも近いとされるチンパンジーとの差は1・23パーセント。ゴリラに至っては、2・8パーセントである。

したがって、ヒトとチンパンジーやゴリラの共通の祖先がいて、その遺伝子が変化した結果、ひとつはゴリラとなり、もうひとつはヒトとチンパンジー共通の祖先となり、さらに両者が分岐したことになる。このとき染色体の数が

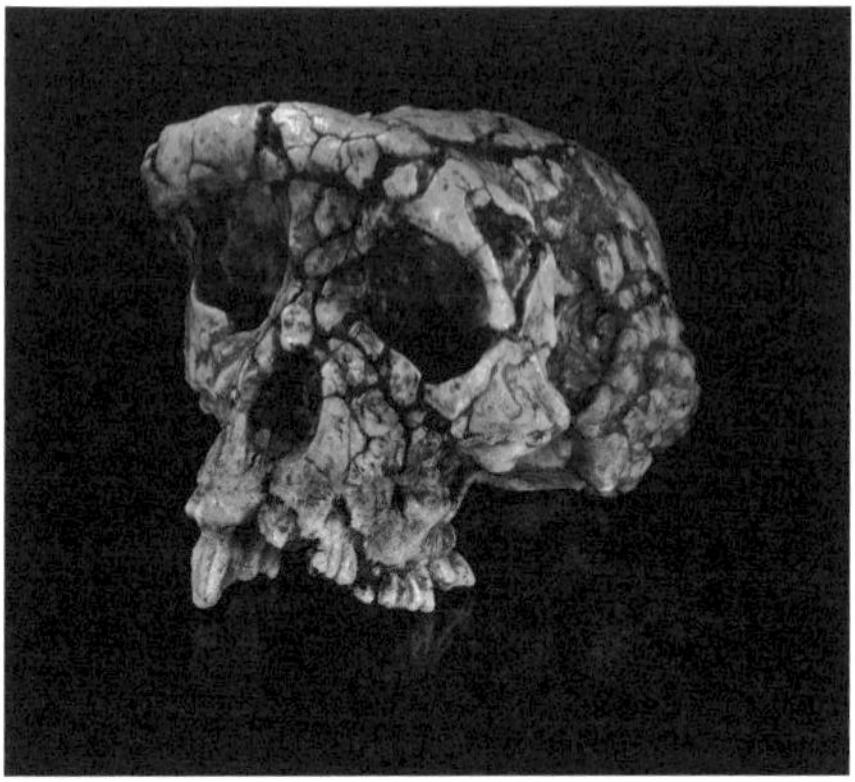

⬆もっとも古い猿人のサヘラントロプスの頭蓋骨。

変化した。チンパンジーが24対48本であるのに対して、分岐したヒトの祖先は23対46本となった。

残念ながら、よほど状態がよくない限り、化石にＤＮＡが残っていることはない。あくまでも解剖学的な所見により、ヒトとチンパンジーの中間種、正確にいえば、チンパンジーへと進化する種から分岐して、やがてヒトへと進化する種に注目が集まった。これが猿人である。今から約７００万年前に誕生したと考えられている。

分岐直後、もしくは分岐して、かなり早い段階の猿人が「サヘラントロプス」である。チャドで化石が発見された「サヘラントロプス・チャデンシス」は、現在のところ最古の人類と目されている。年代にして、７００万年前ないし、６８０万年前。くだっても６００万年前だという。発見された頭骨の化石から直立することができたらしい。

進化の系統は不明だが、その後、同じアフリカに出現したのが「アルディピテクス」である。大きくふたつの種が確認されており、５８０万年前に出現したのが「アルディピテクス・カダバ」、440万年前に現れたのが「アルディピテクス・ラミドゥス」である。ゴリラやチンパンジーのように前脚を地面につけて歩くナックルウォークではなく、完全に直立二足歩行ができたと考えられている。

続いて400万年前に出現したのが「アウストラロピテクス」である。大きさから、華奢型と頑丈型に分けられ、後者を「パラントロプス」という別種と見なす研究家もいる。アウストラロピテクスの存在を一躍有名にしたのが380万年前の「アウストラロピテクス・アファレンシス」、通称「ルーシー」だ。ほぼ全身の骨格が発見され、足跡から直立二足歩行をしていたことは間違いないとされる。化石は身長が約1・1メートルの女性であることがわかっている。ルーシーの名は発見されたときに流れていたビートルズの曲「ルーシー・イン・ザ・スカイ・ウィズ・ダイアモンズ」にちなむという。

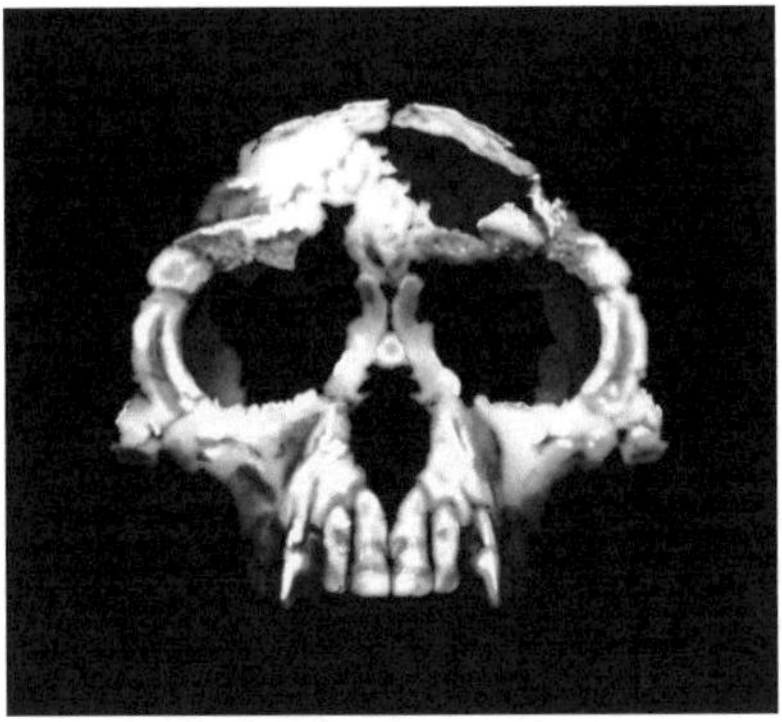

⬆440万年前に現れたアルディピテクス・ラミドゥスの標本。直立二足歩行ができた。

発見された時期として、それより古い「アウストラロピテクス・アフリカヌス」は280万年前に出現。発見された1924年当時は、まだ聖書の世界観が強く、サルからヒトへの進化を証明する証拠として、世界に衝撃を与えた。アウストラロピテクスは原始的な石器を作っていたことがわかっている。

以上は華奢型で、一方の頑丈型は２６０万年前、南アフリカと東アフリカに現れる。現在、確認されているのは3種。それぞれ「パラントロプス・ロブストス」と「パラントロプス・ボイセイ」と「パラントロプス・エチオピクス」だ。頑丈型という名称の通り、骨格ががっしりしている。おそらく高カロリーの食物を食べていたことで、体が大きく進化したと思われる。頭頂部には強力な咀嚼力があったことを示す矢状稜《しじょうりょう》がある。とくにパラントロプス・ボイセイは大きく発達した下顎があり、超頑丈型と呼ぶこともある。まるでゴリラのようである。そのため、パラントロプスはヒトの祖先ではなく、分岐して独自に進化した猿人であると考えられている。

原人とホモ・エレクトゥス

かつて猿人から原人が進化したと考えられてきたが、その過程は、どうも単純ではないらしい。２４０万年前、超頑丈型猿人のパラントロプス・ボイセイが生息していた時代、同じアフリカにおいて、すでに原人が誕生していたからだ。最初のヒト、すなわち「ホモ・ハビリス」である。アウストラロピテクスをはじめとする猿人はヒト科ヒト亜族であっても、ヒト属ではない。ヒトとはヒト属のこと。学名には人間を意味する「ホモ」がつく。

　これまでに発見されたホモ・ハビリスの化石には、いくつかの差異がある。初期の化石にはアウストラロピテクスと同じく矢状稜がある。脳の容積も、あまり変わらない。そのため、実際はアウストラロピテクスの一種、もしくは個体差ではないかという説も根強くあり、現在では「ホモ・ルドルフエンシス」と呼ばれている。ヒト属とされるが、実際はサルに近かったことがわかっている。将来的に「アウストラロピテクス・ルドルフエンシス」と名称が変更される可能性はゼロではない。

　矢状稜がなく、脳の容積が大きいホモ・ハビリスも、進化の系統は不明だ。新たに発見された猿人「アウストラロピテクス・セディバ」のほうがヒトらしい特徴があるという指摘もあり、ホモ・ハビリスが最初のヒトであったのかについては、かなり混乱した状態にある。いっそのこと、すべて猿人だったという結論が下されることも十分予想される。

⬆全身の骨格が発見されたアウストラロピテクス、通称ルーシーの復元模型。

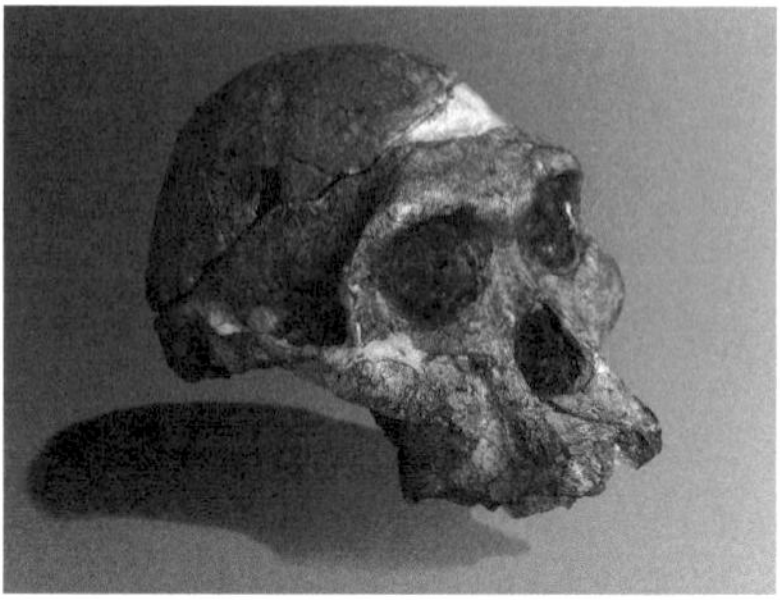

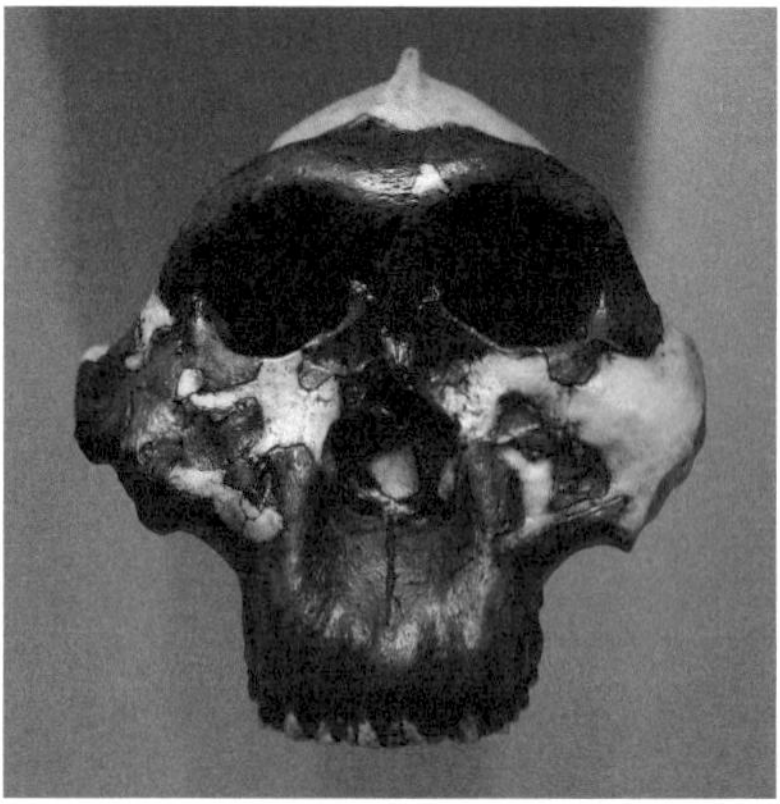

⬆（上）280万年前に出現した華奢型の猿人、アウストラロピテクス・アファリカヌスの頭蓋骨。（下）頑丈型のアウストラロピテクスのパラントロプス・ボイセイの頭蓋骨。

時代は下り、190万年前になると、まぎれもないヒトの特徴をもった原人が現れる。原人という名称から、よく引き合いに出されるのが先述した「ピテカントロプス」である。この名称はジャワ島で発見された化石に命名されたもので、当時は「ジャワ原人：ピテカントロプス・エレクトゥス」と呼ばれた。「エレクトゥス」とは直立という意味で、直立歩行するサルのようなヒトを表現している。もっとも、現在ではヒトであることから「ホモ・エレクトゥス」

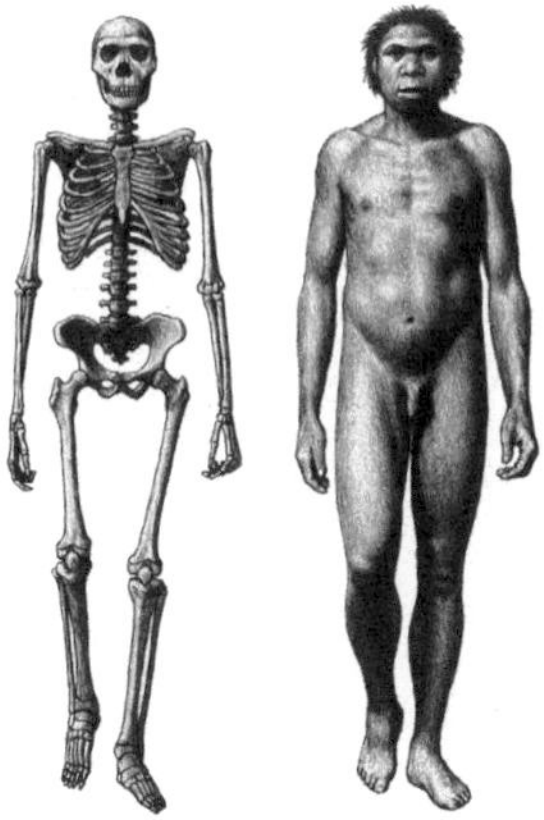

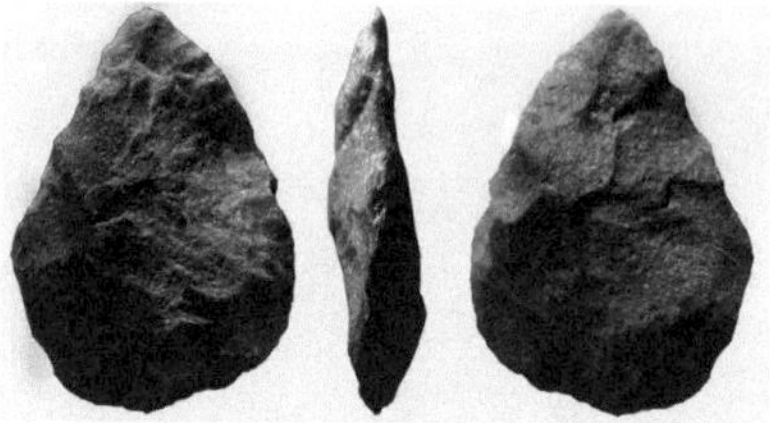

⬆（左）／ホモ・エレクトゥスの全身骨格と復元図。（右）復元模型。⬅ホモ・エレクトゥスが作った石器。

と呼ばれている。

注目は化石の発見場所だ。猿人の化石はすべてアフリカ大陸から発見されていることから、ジャワ原人の祖先はアフリカからやってきたと考えられている。モーセの「出エジプト」ならぬ「出アフリカ」だ。

アフリカで発見されたホモ・エレクトゥスは「ホモ・エルガステル」と呼ばれることもある。器用に石器を作り、火をおこすこともできた。知能が高く、言語も話していた可能性がある。かなりホモ・サピエンスに近い。

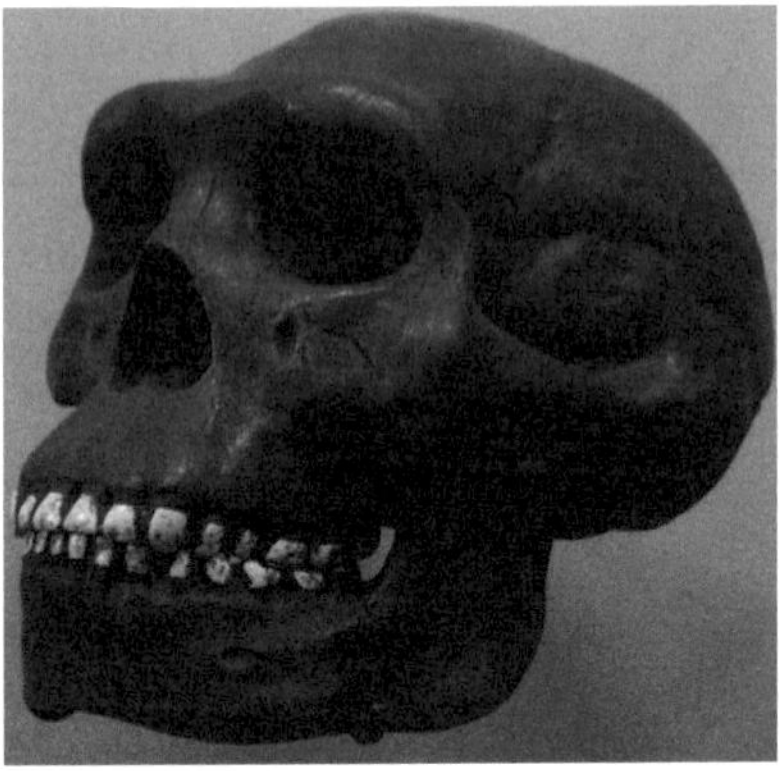

⬆ジャワ島で化石が発見されたジャワ原人の頭蓋骨。190万年前に現れた。

⬆インドネシアのフローレス島で発見されたフローレス人の頭蓋骨。身長１メートルほどで脳も小さいが、精巧な石器や火を使っていた。

体形から走ることもでき、長距離を移動できた。なんらかの理由でアフリカ大陸を脱出したホモ・エレクトゥスはアジアに到達し、ここでも進化を遂げた。インドネシアに広がった一群からは謎の「フローレス人：ホモ・フローレシエンシス」が誕生する。

時代は5万年ほど前なのだが、なんと、このフローレス人、異様に小さい。成人でも身長が1メートル程度。頭はソフトボールほどの大きさで、脳の容積は426ミリリットルと、なんとチンパンジーよりも小さい。小人症などの遺伝子異常が疑われたが、そうではなかった。知能も高く、石器を作り、火も使っていた。フローレス人の存在は、これまでの人類学の常識を根底から覆すことになり、発表当初から多くの議論があり、いまだに決着を見ていない。

東南アジアではなく、中国へ移動した一群が「北京原人：シナントロプス・ペキネンシス」である。北京市の周口店龍骨山で化石が発見されて一躍有名となったが、その後、化石の分析からジャワ原人と同種であることが判明し、ともにホモ・エレクトゥスという名称に統一された。

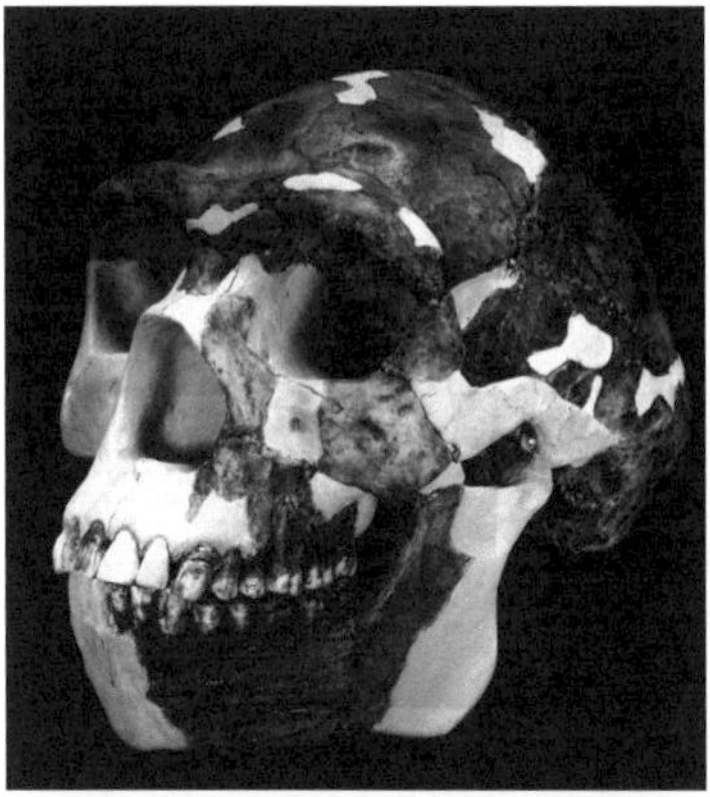

⬆（上）出アフリカし、中国へ移動した北京原人の頭蓋骨。（下）復元模型。

北京原人の化石についてはひとつ、ミステリーがある。化石の現物が日中戦争の最中、行方不明になってしまった。詳細な記録と模型があったために研究が可能になったのだが、現物は今も見つかっていない。実は、これには旧日本軍が関わっていたという噂がある。直接、運搬に関わった人物の関係者から聞いたところ、北京の研究所にあった北京原人の化石は台湾に運ばれ、そこから最終的に日本の北海道の美幌に隠された。そこにはロマノフ王朝の秘宝と無傷のゼロ戦が安置されているという。

さて、アジアに向かった集団とは別に、より近いヨーロッパに広がったホモ・エレクトゥスもいる。ドイツで化石が発見された「ハイデルベルク人：ホモ・ハイデルベルゲンシス」である。脳の容積が１２００ミリリットルにも達し、現生人類に近づきつつあるものの、まだ額の部分が手前に起き上がっていない。現代の定説では、このホモ・ハイデルベルゲンシスがホモ・サピエンスの祖先につながると考えられている。

ここで注意したいのは、原人が出現したからといって、猿人が絶滅したわけではない。少なからず共存した時代があった。とくに、30万年前になると、原人も一種類だけではない。アフリカ南部には「ホモ・ナレディ」というパラントロプス・ボイセイとホモ・エレクトゥスの特徴をもった原人も現れた。多くの種がいたのだ。しかも、彼らは互いに交雑したに違いない。当然ながら、進化も一直線に起こったわけではないことになる。

旧人とネアンデルタール人

多様な原人が存在した30万年前、より進化したヒトが現れた。旧人「ネアンデルタール人：ホモ・ネアンデルターレンシス」である。化石は1856年、ドイツのデュッセルドルフにあるネアンデル渓谷で発見された。

眼窩隆起があり、丸い頭部をしている。一般のホモ・サピエンスは五角形をしているのだが、当初、この骨の主は現代人だと思われた。病気を患った昔のロシア人ではないかという噂もあった。なにせダーウィンの『種の起源』が発表される以前の話である。化石人類という発想はなかった。

しかし、研究が進み、これが新種のヒトであることが学界で認められた。ネアンデルタール人の化石も全世界から発見された。ただ、アフリカ大陸からは見つからなかったので、出アフリカをした原人の子孫であろうと推測されている。

20世紀半ばまで、ネアンデルタール人は原始的なヒトだという先入観と白人至上主義的な視点が無意識にあったのだろう。その復元図は、背中が曲がり、足はがに股。全身、長い体毛で覆われて、ざんばら髪に無精髭。毛皮をまとって、狩猟生活を送る極めて原始的なヒトとして描かれてきた。

ところが、状態のいい化石が発見されるにつれ、肉体的な復元に関して大幅な見直しが行われるようになった。背筋も伸びて、姿勢もよくなった。整髪して、髭を剃った顔にして、スーツを着せれば、もはやホモ・サピエンスと見分けがつかない。ふつうに街中を歩いていても、だれもネアンデルタール人であると気づく人はいないだろう。

遺跡を調査したところ、骨の近くから花粉が見つかった。葬送儀礼をしていたことが判明し、高い精神性をもっていたことがわかった。石器や道具を作り、楽器を演奏していた可能性も指摘されている。家族はもちろん、社会的な組織を作っていた。明らかに芸術を理解しており、それこそ、哲学的な思索をしていた可能性も否定できない。

化石から遺伝子を抽出することに成功すると、そのゲノムも詳細に分析された。赤毛で肌の色も白く、コーカソイドのような容姿だったことも判明した。思っていた以上にホモ・サピエンスに近い。白人至上主義者には皮肉な結果である。

しかも、だ。驚くことに、現生人類の遺伝子のなかにネアンデルタール人のＤＮＡが発見されたのだ。なんとホモ・サピエンスとホモ・ネアンデルターレンシスは交雑していた。ある意味、現代人はネアンデルタール人の子孫だったのである。ネアンデルタール人のＤＮＡを多くもつ人は新型コロナウイルス感染症に罹患しにくいという学説もあるほどだ。

こうなると、もうホモ・サピエンスと同種ではないかという意見も出てくる。現生人類は

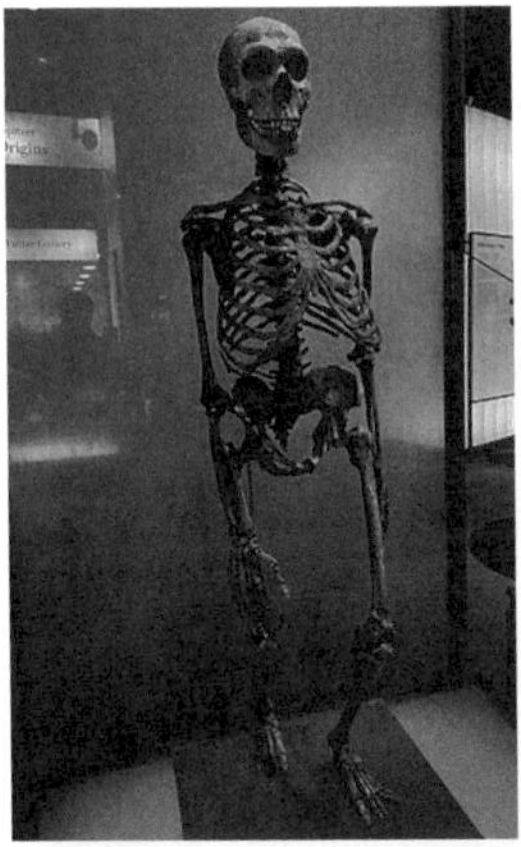

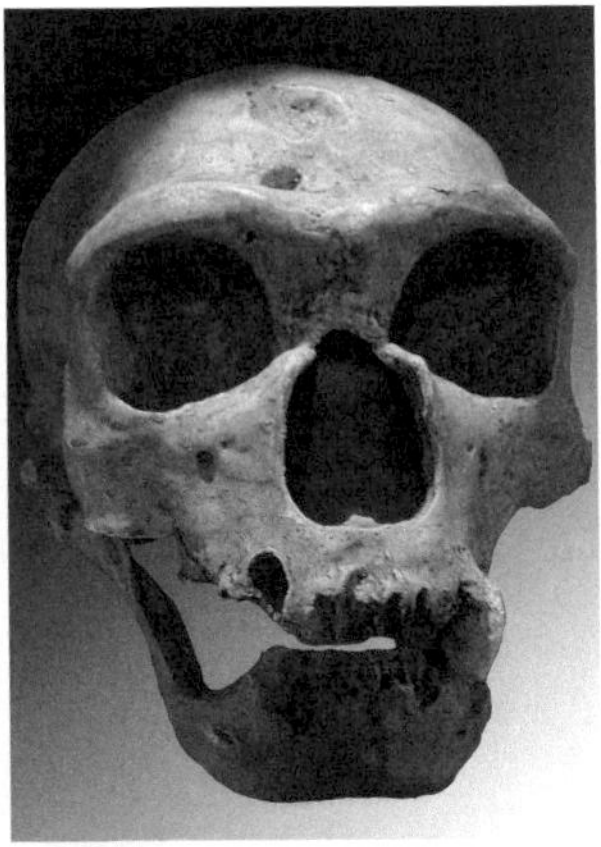

⬆（左）出アフリカした原人の子孫と推測されるネアンデルタール人の全身骨格。（右）頭蓋骨。⬅ネアンデルタール人の古典的な復元。

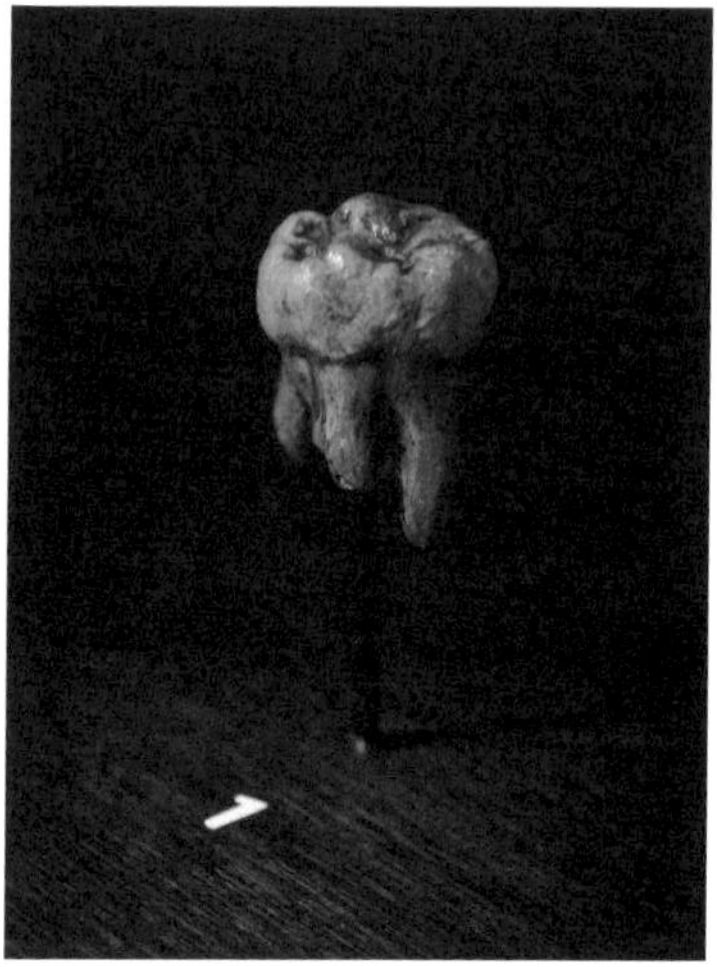

⬆シベリアのデニソワ洞窟から発掘されたデニソワ人の巨大な臼歯。

「ホモ・サピエンス」とし、ネアンデルタール人は「ホモ・サピエンス・ネアンデルターレンシス」と呼ぶべきだというのだ。ネアンデルタール人をめぐっては、論争が今も続いており、近い将来、学説が大きく見直される可能性が高い。

　さらに困ったことに、同時代の旧人はネアンデルタール人だけではない。もうひとつ、新たな「デニソワ人：ホモ・デニソワ」が確認されている。２００８年にシベリアの洞窟から発見された骨のＤＮＡを分析したところ、新種の旧人だと判定されたのだ。体ががっしりとしており、大きな臼歯をもっていた。

　同じ洞窟にはネアンデルタール人もいた。当然ながら、交雑していた。ネアンデルタール人とデニソワ人のハーフが確認されている。ご想像の通り、ホモ・サピエンスとも交雑している。ＤＮＡを分析した結果、オーストラリアのアボリジニやメラネシア人からデニソワ人の遺伝子が発見されている。シベリアから東南アジアへとデニソワ人が移動していた証拠である。

デニソワ人もまた、実はネアンデルタール人と同様、ホモ・サピエンスと同種であるという指摘がある。同種どころか、そもそも絶滅していない可能性もある。なにせ見た目は現代人とさほど変わらないのだ。

新人とホモ・サピエンス

ネアンデルタール人の出現を古く見積もれば、ホモ・サピエンスはおよそ80万年前には共通の祖先から分岐した。少なくとも、多様な原人や旧人がいた30万年前には、ホモ・サピエンスは誕生していたと考えられる。ネアンデルタール人に見られたような眼窩隆起はなくなり、頭蓋骨も五角形をしてくる。6万年前に出アフリカしたと見られている。

解剖学的に、ホモ・サピエンスは頭蓋骨が前後に短く、額が立っている。いわゆる、おでこがある。前頭部が張りだし、後頭部の膨らみは小さい。顎は小さく、先が尖った頤《おとがい》がある。現生人類には、この特徴がある。

そのホモ・サピエンスには2種類いる。ひとつは「ホモ・サピエンス・サピエンス」。もうひとつは「ヘルト人：ホモ・サピエンス・イダルトゥ」だ。ヘルト人は原人ハイデルベルク人から進化したと考えられている。約16万年前、東アフリカに棲んでいたと思われ、ホモ・サピエンス・サピエンスよりも古い形質を保っている。

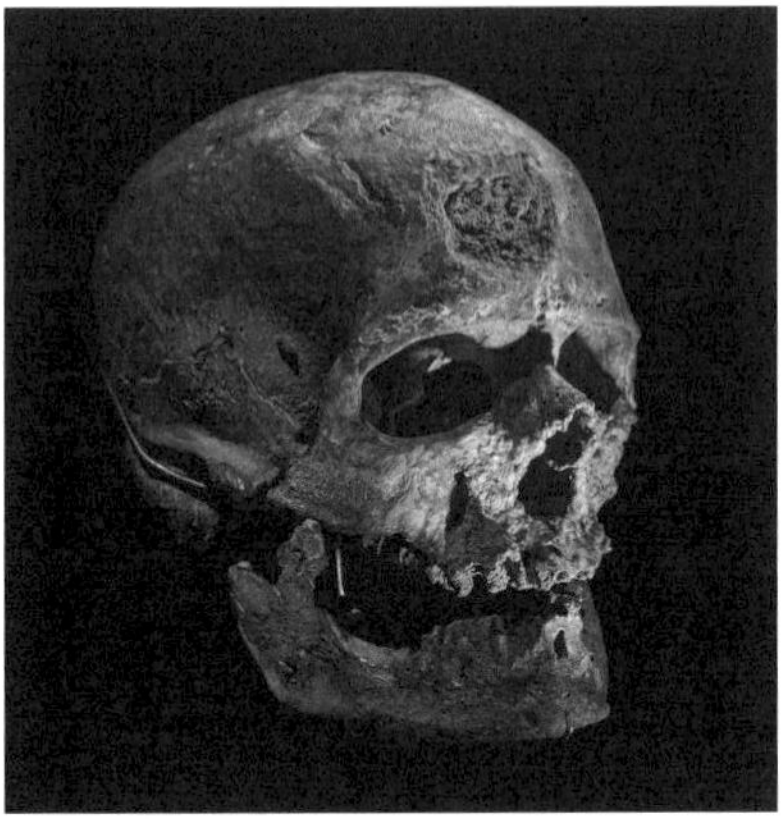

⬆1868年にフランスで化石が発見されたホモ・サピエンスのクロマニョン人の頭蓋骨。

また、ヨーロッパに向かった古いホモ・サピエンスに「クロマニョン人」がいる。１８６８年にフランスで化石が発見された。約４万年前のヒトである。形状からコーカソイドではないかと見られている。先史時代の遺跡であるラスコー洞窟やアルタミラ洞窟の壁画を描いたのは、クロマニョン人だというのが定説である。ヨーロッパの白人はクロマニョン人の末裔なのだ。

ここで改めて言及したいのは「人種」である。現生人類は、すべてホモ・サピエンスである。人種はホモ・サピエンスの亜種として定義される。人種としては「白人：コーカソイド」と「黒人：ニグロイド」、「黄色人：モンゴロイド」が知られる。これに「黒褐色人：オーストラロイド」を加えて四大人種とも呼ぶ。

しかし、厳密には肌の色は関係がない。黒人であっても、先天的な「白子症：アルビノ」であった場合、肌の色は白く、金髪である。白人に含まれるアーリア人にも、肌の黒い人々がいる。黄色人といいながらも、秋田美人と呼ばれる人の肌は白人並みである。これはヒトの種という観点からすれば、わずかな違いでしかない。

ホモ・サピエンスとは、あくまでも解剖学的な視点からの定義である。遺伝子の定義ではない。あくまでも骨格の形状からの分類であって、差異を統計学的に計算したデータに基づいている。

とはいえ、ヒトには個性がある。個人差がある。手足の長さも違う。これらの差異が解剖学的特徴の変異の差に収まるのか。当然ながら、境界線上の個体もある。ホモ・サピエンスがホモ・ネアンデルターレンシスやホモ・デニソワと交雑していたとしたら、なおさらである。

ミッシングリンクとピルトダウン人

進化論が発表される以前、サルはサル、ヒトはヒトとされた。サルとヒトの中間種が存在するなど、だれも思わなかった。ただ漠然と、サルは知能が高く、ヒトに近い動物であると考えられていた。猿人や原人、そして旧人の化石が発見され、それらが進化論を裏づける証拠と見なされると、状況は一変した。

このことがサルから猿人、原人、旧人、そして新人へと進化したのだという言説を生んだ。繰り返すが、この直線的な進化モデルは否定され、今では分岐学によって共通の祖先を想定し、整合性を図っている。

人類学における、これからの課題は解剖学的な所見ではなく、遺伝子の差異を検討し、その進化の過程を類推することにある。外見だけでは判断できない。むしろ先入観を与える弊害でさえある。はっきりいって、博物学は科学ではない。20世紀の生物学は、いまだ博物学の域を抜けだせていなかった。人類学は、その最たるものだった。

ヒトの進化を語る上で、必ず教訓として引き合いに出されるのが「ピルトダウン人事件」である。19世紀から20世紀初頭にかけて、サルとヒトを結ぶ中間種がなかなか見つからなかった。当時、幻の中間種のことを「進化のミッシングリンク」と呼んだ。「ミッシングリング」ではなく、「ミッシングリンク」である。「失われた環」と翻訳されるが、これはチェーンネックレスの環＝リンクを意味する。ひとつでも欠けるとつながらないという意味である。

ミッシングリンクについて進化論支持者が、いずれ発見されると楽観視する一方、否定派の保守はどうせ見つかるはずはないと強弁した。そもそも進化論など真理ではないという立場だ。焦る進化論者の一部は禁じ手に出た。捏造《ねつぞう》をしたのだ。ありもしない中間種の化石を捏造し、これがミッシングリンクだと発表したのだ。

１９０９年、イギリスのイーストサセックス州で発見されたというヒトに似た頭蓋骨はホモ・サピエンスのように大きく丸みを帯びているが、下顎はサルのようだった。学界は世紀の発見だとして、正式な学名「ドーソン原人：エオアントロプス・ダウソニ」を与えるまでの大

⬆ピルトダウン人の頭蓋骨を調べる研究者たち。後列右からふたり目が発見者のチャールズ・ドーソン。

騒ぎとなった。ドーソンとは曙という意味である。

すでにネアンデルタール人やジャワ原人の化石は発見されていたものの、それらはホモ・サピエンスに近かった。もっとサルに近い中間種が期待されていた矢先のことである。世界が沸き上がったのも無理はない。

しかし、猿人アウストラロピテクスが発見されると、徐々に疑問が指摘されるようになった。当初から疑惑はあったものの、肯定派の圧力によって、その声はかき消された。問題は年代である。進化論からすれば、サルの形質からヒトの形質へと徐々に変化していくはずだが、アウストラロピテクスやジャワ原人、ネアンデルタール人との連続性が今ひとつ見えないのだ。

事実が発覚したのは年代測定である。技術が進み、フッ素をもとにした最新の年代測定をしたところ、頭蓋骨は5万年前のものだと判明した。原人どころか、新人の骨、おそらくクロマニョン人の骨だとわかったのだ。分析の結果、原始的に見えた下顎は、なんとオランウータンのものだった。

しかも、歯には細工の痕跡があった。着色するなど、わざと古く見えるように偽装したこともわかった。すべては第一発見者のチャールズ・ドーソンの仕業だった。すでに故人となっていたが、おそらく共犯者がいたはずである。すでに捏造だったと知っていた人間が学界にいた可能性も指摘されている。ロンドン自然史博物館では、学者の戒めとして、今もピルトダウン人の化石を展示している。

だが、はたしてピルトダウン人は教訓となっているのだろうか。見えない同調圧力によって、真実は故意に捻じ曲げられ、決定的な証拠が隠蔽されてはいないか。金科玉条のように無批判で受け入れている思想はないか。まさに、それが進化論だとしたら、どうだろう。何しろ、現代人類学の学説は進化論を前提として構築されているのだ。

20世紀の生物学が科学ではなく、博物学であると揶揄されたのも、その根底には進化論があるる。進化論が根拠とする解剖学や分類学は、どこまでいっても博物学的手法であることを忘れてはならない。

進化論と遺伝子

生物は変化する。同じ種であっても、棲んでいる場所によって少しずつ形質が異なる。チャールズ・ダーウィンはガラパゴス諸島で、そのことに着目した。同じイグアナであっても、海と陸では姿が異なり、餌も違う。フィンチという鳥も、島によって嘴《くちばし》の形や色が異なる。生物は環境に適応する。生態のみならず、形質も変化していく。その際、より環境に適応できた個体が生き残り、その形質が継承されていく。いわゆる「適者生存」である。自然界は厳しい「弱肉強食」の世界ゆえ、こうして生存に有利な形質を獲得した生物が現代にまで生き残ってきた。これがダーウィンの進化論である。

キリンの首は、なぜ長いのか。最初から長かったわけではない。首が長いキリンのほうが高い木の葉を食べることができる。食料を確保できたキリンが生き残る確率が大きかっただけ。キリンの意思は関係ない。自然界の変化はゆるやかであり、すべては偶発的なもの。突発的に体の形が変化するわけではない。

グレゴール・ヨハン・メンデルは遺伝の法則を発見した。世にいう「メンデルの法則」である。子供は親に似る。形質が遺伝することは、古くから知られていた。ヒトはもちろん、哺乳類や鳥類、爬虫類、両生類、魚類といった脊椎動物のほか、昆虫や植物まで形質は子孫に受け

⬆「メンデルの法則」を発見したグレゴール・ヨハン・メンデル。

継がれる。そこにはひとつの法則がある。今日、遺伝情報はＤＮＡに書き込まれていることが知られている。遺伝には「顕性遺伝」と「潜在遺伝」というふたつの型がある。違う形質をもつ親から生まれた子供はメンデルの法則にしたがって、ふたつのうち、どちらかの形質をもって生まれてくる。

メンデルの法則とダーウィンの進化論を両立させるため、議論が続いた。遺伝子は変化する。ＤＮＡがコピーされる際、確率的に一定のバグが生じる。これがミスコピーされ、積み重なっていくと、形質に影響が出てくる。変異はランダムだが、そこに方向性はあるのか。修復機構があるならば、生存に有利なように進化したように見える。結論は出ていないが、これを「中立進化」と呼ぶ。

もうひとつ重要な学説に「獲得形質遺伝」がある。ジャン＝バティスト・ラマルクは生まれてから死ぬまでに獲得した個体の形質は子供に遺伝すると考えた。訓練によって足が速くなったヒトの子供は生まれながらにして瞬足であるという説だ。遺伝子の視点から見れば、そもそも足が速い能力を備えたDNAが受け継がれただけで、獲得形質は遺伝しないというのが定説である。獲得形質は生殖細胞の遺伝子に影響を与えないからだ。にもかかわらず、古生物学者の言説は暗に獲得形質遺伝を前提としていることがままある。ヒトの進化に関しても、これがいえる。

だが、一方でDNAの変異はランダムではないという説もある。知らぬ間に、別の生物の遺伝子が組み込まれてしまうケースがある。犯人はウイルスである。RNAしかもたないレトロウイルスは生物に感染すると、その宿主のDNAを書き換える。しかも、これが繰り返されると、ほかの生物の遺伝子が入り込む。遺伝子の水平移動が起こるのだ。ペットの顔は飼い主に似るというが、ウイルスという観点からすれば、ありうる話なのである。進化の原動力はウイルスにある。これが「ウイルス進化論」である。

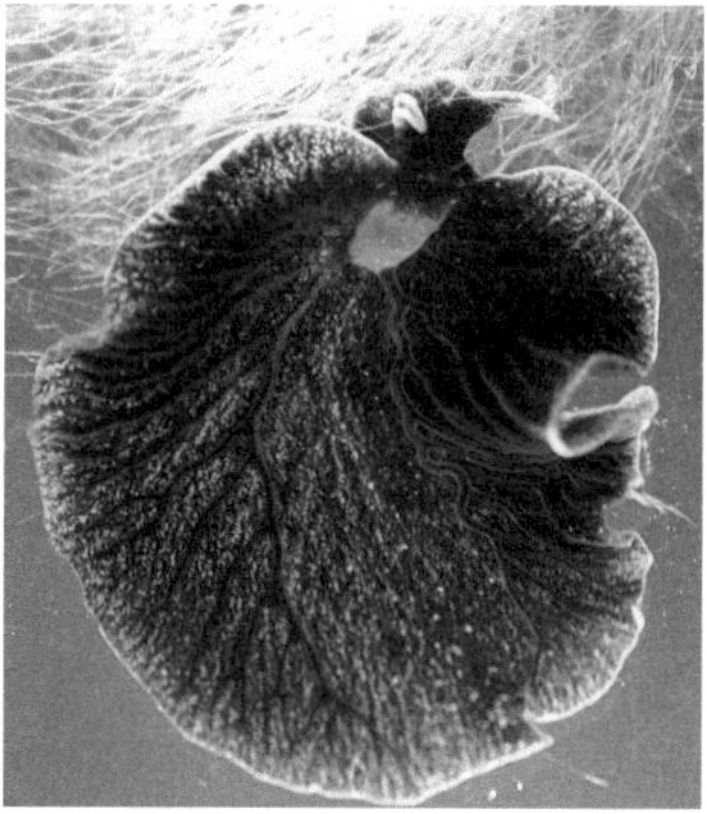

⬆ウミウシの一種のイースタンエメラルドエリシア。光合成ができる。

医学博士の中原英臣氏と科学評論家の佐川峻氏

によって発表されたウイルス進化論によれば、キリンの首が長いのはウイルスに感染して遺伝子が変化したからだ。さらに、これに遺伝子の水平移動が加わると、昆虫の擬態も説明ができる。ヘビの顔に似た頭をもつスズメガの幼虫は、ウイルスによって運ばれたヘビのＤＮＡをもっていることになる。実際、イースタンエメラルドエリシアというウミウシは動物なのに、植物のように光合成ができる。調べてみると、餌である海藻の遺伝子をもっていた。ウイルスを媒介して、ＤＮＡが移動したのである。

同じことはヒトにもいえるのではないか。ヒトとチンパンジーの共通の祖先がウイルスに感染することによって二足歩行をするようになり、後にアウストラロピテクスへと進化した。次に脳が大きくなる遺伝子が組み込まれ、ホモ・エレクトゥスになった。同様にウイルス感染で体毛が薄くなり、やがてホモ・サピエンスとなった。今後、新型コロナウイルスなどの大規模な感染症が流行すると、新しい形質をもったヒトが誕生する可能性はゼロではないというわけだ。

分子時計とミトコンドリア・イヴ

生物は進化する。ならば、その速度はどのくらいだろうか。気になるところである。化石の場合、年代は出土した地層で判断する。地層に含まれる示準化石によって、堆積した年代を特定する。示準化石は微生物や大量に繁茂する植物が望ましい。ネズミなどの小動物の歯も化石になりやすいので手がかりになる。

しかし、化石人類の場合、そもそも標本数が少ない。発掘された地層は特定できても、進化の速度はわからない。そこで登場するのが「分子時計」である。

生物の体は高分子の有機物からできている。同じ血液でも、種によって物質は異なる。ヒトとカエルとではヘモグロビンを構成するアミノ酸の数が違う。その違いは、近い種であれば少ない。カエルよりも、チンパンジーのほうがヒトとの差がないのだ。差が大きいとは、それだけ変異があったということを示している。仮に変異の速度が一定だとすれば、差異は時計の目盛りを意味する。これが分子時計だ。分子時計によって、ヒトがテナガザルやオランウータン、ゴリラ、チンパンジーと分岐した年代がわかるのだ。

現在ではアミノ酸よりも、DNAそのものを使う。ただし、ヒトの細胞にある真核DNAの場合、二重螺旋の二倍体になっている。これに対して、同じ細胞内にあるミトコンドリアの遺伝子は一倍体である。二倍体の場合、両親の遺伝子を受け継ぐので、それだけ変異が複雑になる。これに対して、ミトコンドリアDNAの場合、母親からだけ受け継ぐ。すなわち母系なのだ。母系をたどっていけば、その祖先がわかる。

そこで、これを全人類に適用してみようという試みが行われた。現生人類であるホモ・サピエンスのミトコンドリアDNAを地域別にできる限り集め、その塩基配列を比較しようというのである。アメリカの分子生物学者アラン・C・ウィルソンとレベッカ・キャン、マーク・ストーキングは世界中から集めたミトコンドリアDNAを分析。特殊な酵素で切断したところ、133のパターンに分かれた。これらを近接した順に並べ、ひとつの系統樹を作成した。いわば現代人の母方の系図だ。

結果、驚くべきことがわかった。なんと、現代人は、すべてひとりの女性から誕生したことがわかったのだ。1987年に、彼らが科学誌「ネイチャー」に発表すると、世界中に衝撃が走った。全人類の母は14万～29万年前のアフリカにいたのだ。『旧約聖書』の最初の人類であるアダムの妻イヴにちなみ、彼女は「ミトコンドリア・イヴ」と命名された。

もっとも、これはひとつのミトコンドリアDNAを共有する女性たちがいたということで、個人が特定されたというわけではない。あくまでも象徴的にイヴと呼んだのであって、「創世記」が科学的に証明されたわけでも、絶対神ヤハウェの天地創造が事実だといっているわけでもない。むしろダーウィンのいう人類アフリカ起源説が裏づけられたと、人類学者は沸き立った。

当然ながら、批判も少なくなかった。ミトコンドリアDNAは、どこまで信用できるのか。本当に母系だけしか遺伝しないのか。激しい論争が起こったが、逆に父系で遺伝する情報も見つかり、なんと「ミトコンドリア・アダム」まで存在する可能性が出てきたのである。1991年、分子生物学者のウルフ・ギレンステインの研究によれば、従来考えられているよりも、遺伝子の変異が多くなり、結果として分子時計は早く進む、急激に進化した可能性が出てくるという。

ミトコンドリア・アダムについては、別の研究もある。真核DNAにある性染色体のひとつ、Y染色体をもとにした分析だ。Y染色体は父系で遺伝する。1995年、分子生物学者のロバート・ドリットはY染色体の遺伝情報のない部分を世界の38民族で調査、塩基配列を比較したところ、やはり系統樹はひとつの型に収斂。27万年前のアフリカはサハラ砂漠にいた男性に行きついたのだ。もちろん、こちらも一個人ではなく、同じ遺伝子をもったグループという意味である。

現生人類ホモ・サピエンスの遺伝子が男女、それぞれひとつに遡る。あくまで

↑ミトコンドリア・イヴについての論文が紹介された1988年の「ニューズウィーク」誌。

も男性と女性はひとりではなく、複数いた。いわば、ミトコンドリア・アダム集団とミトコンドリア・イヴ集団である。

だが、うがった見方をすれば、別にひとりでもかまわない。『旧約聖書』が語るように、アダムとイヴが存在したとしても、理屈的には問題ない。27万年前という長い時間を考えると、全人類がたったふたりの人間から始まったとは考えにくいとはいうが、はたして分子時計は正しいのか。

変異速度が一定だというのは、あくまでも仮定である。変異率が変化すれば、推定年代も正しいとは限らない。実際は、もっと変異速度が高かった。ミトコンドリア・アダムとミトコンドリア・イヴが生きていたのは、つい最近のことではないのか。極論すれば、アダムとイヴは実在したのではないか。

進化論はすべて仮定の上に成り立っており、実証されたわけではない。進化論はひとつの仮説であり、科学的な真理ではない。これを常に念頭に置く必要がある。ひょっとしたら、創造論のほうが正しい可能性も、限りなく小さいように見えていて、けっしてゼロではないのだ。

遺伝子編集と合成生物

遺伝子は変異する。突然変異とはいうものの、突然どころか、常に起こっている。ウイルスなど、そのスピードは速い。変異が早すぎて、ワクチンが追いつかない。インフルエンザウイルスのワクチンなぞ、すぐに効かなくなる。ウイルスは遺伝子の運び屋であり、ほかの生物の遺伝子を改変する。

その性質を使って品種改良をするのが、まさに「遺伝子組み換え」である。人為的な「遺伝子操作」はウイルスのほか、薬品や放射線を使うこともある。ただ、この場合、遺伝子の変異は当てずっぽうであり、偶然に頼らざるを得ない。たくさん撃てば、それだけ当たるというわけだ。非常に効率が悪い。なかなか期待した形質を備えた品種ができないのである。

しかし、ここへ来て、遺伝子操作の強力なツールが開発された。「クリスパー・キャス9」である。ごくごく大雑把にいうと、これを使えば、遺伝子の検索とカット&ペーストが可能になる。お目当ての形質を司る塩基配列を特定し、必要な部分だけをカットし、それを特定の場所に挿入する。たとえば、ウシの角を形成する塩基配列を特定し、そこだけを改変する。角が大きくなる遺伝情報をもった塩基配列を組み込んでやれば、生まれてくるのは、期待通り角の大きなウシである。つまり、自由に生物をデザインできるのである。これを「遺伝子編集」という。

遺伝子編集は医学的に応用が期待されている。先天的な遺伝子疾患があった場合、それを治療できる。癌も予防できる時代が来るだろう。その反面、親が望んだ容姿や才能をもった子供を作ることもできる。「デザイナーベビー」である。これには非常に倫理的にシビアな問題がある。医学界でも、まだコンセンサスが取れていない。

現在、クリスパー・キャス9さえあれば、だれでも遺伝子編集ができる。すでに「合成生物学」という名で広く知られ、高校生でも実験することができる。安易に生物の遺伝子をいじることは、予想だにしない個体を生みだすことにもなり、生態系はもちろん、種の絶滅につながることも予想される。

遺伝子編集は非常に危険性をはらんでいるのも事実。マッドサイエンティストが手にすれば、人類絶滅の危機になることだって十分考えられる。最悪なのは軍事的に利用されることだ。実際、中国ではアカゲザルを遺伝子編集し、通常よりも高い知能をもった個体を誕生させている。中国に限らず、世界各国の軍部は遺伝子編集の研究を極秘裏に進めている。これは事実である。

しかし、現実はもっと恐ろしい。遺伝子編集の技術は、さらに進歩している。今や、遺伝子を編集するのではなく、一から組み立てていくことが可能になった。これを成功させたのが天才生物学者クレイグ・ベンターである。彼は人工的にゲノム配列をプリントし、これを細胞の中に書き込んだ。こうして、この世に存在しない生物を人工的に作り上げた。人類史上初の人工生命体は「ミニマル・セル」と名づけられた。

遺伝子組み換えでも、遺伝子操作や遺伝子編集でもない。まさに「遺伝子創造」である。人類はついに神の領域に踏み込んだ。創造主ヤハウェが生物を創造したように、まったく新しい生物をクリエイトしたのである。

ついに扉は開かれた。人工生命体の先にあるのは、人工知的生命体だ。極論すれば、ヒトを作りだすことができる。アウストラロピテクスはもちろん、ホモ・エレクトゥスやネアンデルタール人も、いずれ実験室で創造することができるのだ。

ここで、すでに気づいた方もいるだろう。そう、そもそも地球上のヒトは何者かによって創造された生命体なのではないか。宗教的には神だろうが、もう少し現実的なことをいえば異星

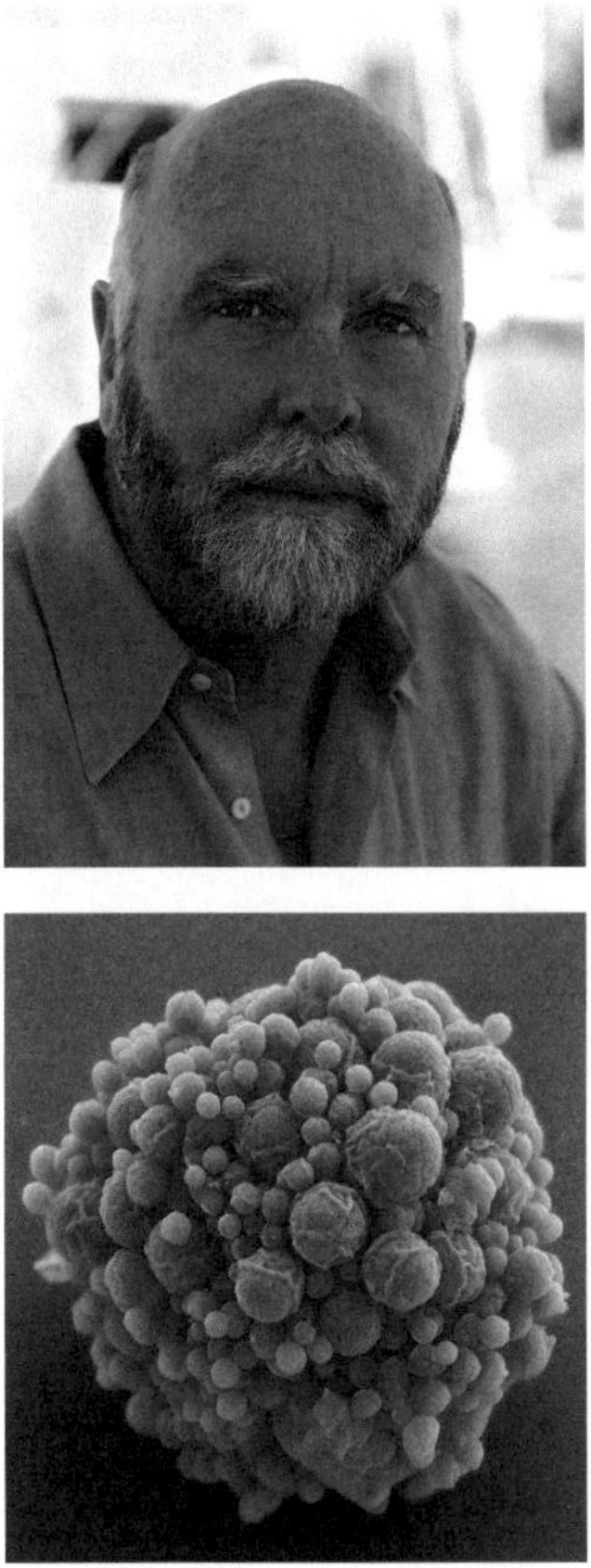

⬆（上）世界初の人工生命体「ミニマル・セル」を作ったクレイグ・ベンター。（下）ミニマル・セル。

⬆世界最古のシュメール文明を築いたのは異星人のアヌンキナであると主張するゼカリア・シッチン。

人である。異星人が生物を作りだした。地球は壮大な実験場ではないか。

　太古の地球に異星人がやってきて、古代人に文明を授けたという「古代宇宙飛行士説」は月刊「ムー」の読者なら知っているだろう。提唱者としてスイスの宇宙考古学者エーリッヒ・フォン・デニケンやテレビ番組「古代の宇宙人」のジョルジョ・ツォカロスなどが有名だが、かねてから言語学者のゼカリア・シッチンはシュメール人に文明を与えたアヌンナキは異星人であると主張してきた。アヌンナキはサルを遺伝子操作してホモ・サピエンスを生みだし、奴隷として使っていたというのだ。

　はたして、異星人がヒトの進化に関与しているのかどうかは別にして、改めて注目すべきは『聖書』である。「創世記」に書かれている天地創造の物語には科学的な真理が隠されているのではないか。最初の人類アダムの創造も事実だった可能性はないのか。創造論の復活だが、人工生命体を生みだす技術をホモ・サピエンスが手にした以上、もはや空想ですむ話ではない。

進化論は幻である。机上の空論であり、事実ではない。真実は世界中の極秘情報を手にするアメリカ軍が知っている。アメリカ軍は『聖書』の記述には深い真実があると見抜き、それをもとに戦略を立てている。およそ一般人には想像もつかない世界観を構築している。新たな人類史を構築するにあたって、次章では真実の地球史を紹介する。進化論を根底から覆す起爆剤となるのが年代測定法である。まずは、ここから始めよう。

第3章

ノアの大洪水と地球膨張論が進化論の虚構を暴く!!

年代測定の死角

遺伝子は変異する。少しずつ変化して、やがてそれが見た目の形質に影響を及ぼすようになる。塵も積もれば山となる。長い年月を経てＤＮＡの変異は大きくなり、やがて別の種へと進化する。これが基本テーゼである。

問題は、ここ。「長い年月を経て」という部分である。自然界の変化はゆるやかであり、生物が進化するためには長い時間が必要だ。そう説明されれば、なんとなく納得してしまいがちだが、本当に何十万年もたった結果なのか。発掘された化石の年代は、どうやって計算したのか。過去の年代を割りだすのは科学的な方法によるべきであり、そのための手続きが必要だ。もし、年代測定法が間違っていたとしたら、すべてが崩壊する。

化石の場合、発掘された地層をもって年代を特定する。前章でも触れたように、示準化石をもとにすでに構築された地史に照らし合わせ、中生代ジュラ紀後期などと判断される。現在、世界中の古生物学者および古人類学者は、この手順にしたがって年代を割りだしている。直接、化石の年代を調べているわけではない。

年代を測定することは、実は極めて難しい。１００年、１０００年単位であれば、人間が残した記録がある。複数の記録を照らし合わせて、その整合性をとれば、年代は特定できる。記録がなければ、まず特定は無理だ。茶器ひとつとっても、現代の贋作であることを見抜くことは難しい。

木製品であれば、年輪年代測定法がある。樹木の年輪の幅は年によって少しずつ違う。これを統計的に分析し、共通した物差しを作る。できた物差しと比較して、その模様が一致すれば、伐採年代が特定できる。年輪年代測定法によって、これまで重要文化財とされてきた品が偽物だったと鑑定されたこともある。見た目で判断はできない。

しかし、年輪年代測定法には限界がある。せいぜい５０００年がいいところ。標本となる木材が少ない。多くは朽ちてしまう。あまりにも古くなると、そもそも年輪がうまく判別できない。年輪年代測定法は絶対年代を割りだすことはできるが、化石の年代を特定することは無理だ。

より古い年代を測定するためには、自然界の物理現象を利用するしかない。できることならば、一定の速度で変化する時計のようなものがあるといい。理想的なのは、地球上すべてに適用できる物質の変化だ。科学者たちが注目したのは原子である。

物質を構成する元素は、すべて原子核と電子からできている。原子核は陽子と中性子から成っている。一般に、両者は同じ数だが、なかには中性子の数が異なる原子もある。これを同位体と呼ぶ。元素は陽子の数で決まるので、化学的な性質は同じだ。ふつうの原子と同位体の割合は、元素によって異なる。

しかも、同位体は不安定なものが多く、崩壊して別の元素になってしまう。好都合なことに、崩壊のスピードはほぼ一定である。外界からの影響を遮断すれば、同位体の割合は徐々に減っていく。最初の状態から半分になることを「半減期」と呼ぶ。元素によって半減期は異なるが、これを利用すれば年代を割りだすことができる。これが「放射性同位体年代測定法」である。

もっとも知られるのが「炭素14法」である。炭素の原子量は通常12である。炭素14は放射性同位体である。本来、地球上に炭素14は存在しない。宇宙から降り注ぐ中性子線が大気中の窒素に衝突して核反応を起こすと、炭素14が生成され、代わりに陽子がはじきだされる。こうしてできた炭素14は炭素12に対して1・2×10マイナス10乗の割合で、これは常に一定だ。というのも、やがて炭素14はベータ崩壊して、窒素14に戻ってしまうからだ。半減期は約5730年。大気中の割合は一定だが、生物などの有機物に取り込まれると、これが徐々に減っていく。その数値を半減期から逆算すると、取り込まれたときの年代が割りだせる。動物の死体に残った炭素14の割合を調べると、死んだときの年代がわかるというわけだ。ただし、炭素14は指数関数的に減っていくので、これが適用できるのは数千年から1万年程度。5万年は測定できるという見方もあるが、あまりにも誤差が大きくなりすぎて、もはや信用できない。

ホモ・サピエンスならいざしらず、化石人類には不向きだ。そもそも化石になった骨は化学変化しており、もはや別の物質である。多くは有機物ではなく、鉱物に置換されている。10万年以上前の化石を測定するには、炭素14は使えない。放射性同位体による年代測定をするのであれば、別の物質を利用するしかない。

同様の原理で、カリウム・アルゴン法やウラン・鉛法、ルビジウム・ストロンチウム法などが知られる。猿人パラントロプス・ボイセイの化石はカリウム・アルゴン法によって、175万年前という数字がはじきだされ、それまでの仮説を裏づける形となった。

このほかに、放射性物質によって生じた傷の数をもとに年代を特定する「フィッショントラック法」や放射によって生じる光の量を基準とする「熱ルミネッセンス法」、それに電子量を測定する「電子スピン共鳴法」などがある。いずれも、基準となるのは放射性物質である。

一見すると、非常に正確で科学的なように思えるが、これにはひとつ条件がある。すなわち、放射性物質を使った年代測定法は、測定する年代と現在の地球環境が同一であること。恐竜の化石の年代を測定する場合、その時代と現在における地球の大気組成や温度、宇宙線の量、電磁場、重力に至るまで、すべて同じであることが大前提なのだ。もしもこの条件が満たされなければ、測定した数字はなんの意味もない。

はたして、その保証はどこにあるのか。考えてみてほしい。1億年前と現在の地球環境が同じであるわけがない。そもそも1億年前の世界を知るためには、年代測定をしなくてはならな

⬆恐竜の絶滅を引き起こした巨大隕石激突のイメージ。

い。最初から無理なのだ。理論的に破綻している。あくまでも地球環境は大きく変化していないという「お約束」のもと、その数字を信用しているにすぎない。小学生でもわかる理屈である。

地球環境は大きく変化せず、常に一定である。変化したとしても、非常にゆるやかだという考え方を「斉一論」と呼ぶ。現在の地球科学および古生物学、そして人類学は、みな斉一論を大前提としている。斉一論が崩壊すれば、放射性年代測定法など、なんの役にも立たない。ましてや進化論など論外である。冷静に考えればわかるはずである。

だが、世界中の学界がアカデミズムという同調圧力によって異論を封じ込めている。斉一論に異論を唱える者は異端として学界を追放される。進化論を認めない生物学者は生きていけない。ましてや人類学者と名乗ることもできないのが現実である。

しかし、地球上の生物は大量絶滅したことがわかっている。大量絶滅したからこそ、一度に大量の化石が出てくる。とくに6600万年前に起こった中生代白亜紀末期の大量絶滅では、恐竜がいっせいに姿を消した。1980年代ごろまでは異説として扱われていたが、今では小惑星もしくは巨大隕石が地球に激突したことで地上はもちろん、海中に至るまで生物が絶滅したと考えられている。

かくも大量の生物が絶滅するほどの激変があったのならば、そのときを境にして地球環境は変化したはずである。言葉を換えれば、恐竜が生きていた時代、今とは大気の組成から放射線の量まで、何から何まで違っていたのだ。つまり、放射性年代測定を適用するための条件をまったく満たしていない。6600万年前という数字には、まったく意味がない。はっきりいって虚構である。

重力増大と巨大恐竜

恐竜が生きていた時代と現代とでは、地球環境がまったく異なっていた。これを端的に示しているのが、恐竜の体である。恐竜は大きい。大きいことが恐竜の定義ではないが、とにかく大きい。なかでも竜脚類の体長は優に20メートルを超える。アルゼンチノサウルスは少なく見積もって体長は30〜40メートル、最大で50メートルを超えるとも。推定体重は80〜100トンとされる。

現在、陸生動物で最大種はアフリカゾウで、体長5メートル、体重は7トンになる。アミメキリンは体長が5・8メートルで、体重は2トン。これが現生動物において、もっとも大きな種である。

なぜ、現在の地球上に恐竜のような大きな動物がいないのか。体長が10メートルを超え、体重が10トンを超える種がいない理由は何か。陸生動物の大きさを制限しているのは、ずばり「重力」である。1Gの重力が大きくなることを妨げている。これ以上大きくなると、動けなくなるのだ。動けなくなるならまだしも、心臓がついていけない。全身に血液を送ることができない。下手すると、自重で内臓がつぶれてしまうのだ。

海生動物ならいる。シロナガスクジラは体長が32メートル、体重が200トンにもなり、まさに恐竜並みである。が、あくまでも海中でのこと。水の中では浮力が働く。その分、重力が相殺されて、大きく成長できるのだ。それゆえ、シロナガスクジラが陸上に上がったら最後、もろに重力がかかり、心臓がつぶれる。時折、クジラが海岸に漂着することがあり、ほとんど助からないのは、これが理由だ。

大きくなるということは、リスクを伴う。数学的に、体長が2倍になれば、表面積は4倍、体積は8倍になる。体重は体積に比例するが、体を動かす力は筋肉の断面積に比例するので、追いつかないのだ。

だが、巨大恐竜が存在したことは事実だ。物的証拠として化石がある。ちゃんと動いていた。

⬆（上）全長30〜40メートルの史上最大の恐竜、アルゼンチノサウルス。（下）最大全長約13メートルの肉食恐竜ティラノサウルス。これら巨大恐竜は陸上をふつうに歩いていた。

⬆翼竜の最大種であるケツァルコアトルの復元図。ヒトと比べると巨大さがわかる。

走ることもできた。それは足跡化石が証明している。かつて巨大な竜脚類は重力を軽減するために水中で暮らしていたと考えられていた時期もあったが、実際は陸上をふつうに歩いて生活していた。

　恐竜だけではない。空を飛ぶ翼竜も巨大だった。最大種のケツァルコアトルス・ノルトロピは翼を広げた長さが18メートルで、体重は250キロと推定されている。もはや旅客機のサイズである。あまりにも巨大なので、はたして空を飛べたのか。そのため、研究家は体重を少なく見積もる傾向がある。何しろキリンよりも大きいのだ。

　さすがに羽ばたくことは難しかったのではないか。大型の翼竜であるプテラノドンに関して、かつては自ら羽ばたいて飛び立つことはできず、グライダーのように丘から滑空したと考えられていた。が、そもそも丘に毎度登っていくには、脚の構造を含めて適していない。それゆえ、ケツァルコアトルに関しては飛行速度が時速60キロ、上昇気流などを利用せず、小鳥のように自力で羽ばたくことができたと考えられている。

このほか、恐竜が生きていた時代の動物は、どれも大きい。すべてが大きいわけではないが、大きくなれた点が重要だ。古生代にはヤスデの仲間アースロプレウラは体長2メートル、トンボのメガネウラは羽を広げた長さが70センチにまで成長した。大きくなれた理由のひとつとして、酸素濃度が高かったという指摘がある。現在よりも30パーセントほど濃かったため、昆虫類は体を大きくできた。もしくは、毒性酸素を和らげるために巨大化したという。

酸素濃度に関しては興味深い現象がある。「巨大金魚」である。水中にオゾンを注入すると、短期間に金魚が巨大化するのだ。体長1メートルに達した個体もあったという。金魚のみならず、ヒラメなどの魚類が本来のサイズよりも大きくなる。オゾンは酸素の同素体である。オゾンが水中のイオン濃度に変化を与えて、結果として巨大化したらしいのだが、詳しいメカニズムはわかっていない。

だが、酸素濃度が高ければ、陸生動物には有利だ。マラソン選手が高地トレーニングをするのは、酸素を吸収する力を高めるためだ。ふつうに生きている上では、高濃度の酸素は毒にもなるが、運動するためには大量の酸素が必要なのだ。

かつて中生代の空気を閉じ込めた琥珀の化石を分析したところ、酸素濃度が高かったという研究結果が発表されたことがあった。酸素濃度が高かったがゆえ、恐竜が巨大化できたのかもしれないと考えられたのだ。残念ながら、後に完全な密閉状態ではないという指摘があって、このデータは埋もれてしまったが、酸素濃度が鍵を握っていることは間違いない。

しかし、いくら酸素濃度が高かったからといって、恐竜が体長30メートル以上に成長できるわけではない。一にも二にも、問題は重力である。巨大恐竜が存在しえた理由は、たったひとつ。当時の重力が小さかったからだ。それしか考えられない。

現在のところ、日本の大学や研究機関で、恐竜が生きていた時代の重力が小さかった可能性を指摘する学者はいない。想定すらしていない。現に化石があるのだから、1Gの重力下で生きていたはずだ。わざわざ重力変化を考える必要はない。そもそも重力が変化したメカニズムが不明である。古生物学者にとって対象は化石であり、その生物の生態を解明することにあるというスタンスなのだ。下手に重力変化に言及すると、専門外の分野に口出しをすることになり、学界から追及され、最悪、学者生命を絶たれてしまうかもしれないのだ。同情する余地はある。

だが、海外は違う。30年以上前から、重力変化の可能性について研究がなされてきた。いまだ、これといった成果はないものの、多くのシミュレーションがなされている。いずれ近いうちに、画期的な理論が発表されるだろう。一部の研究機関は世界中から斬新なアイディアを募っているとも聞いている。

しかし、斉一論を是としている間は無理だ。巨大恐竜が存在しえたということは、かつての重力が小さかった。今とは地球環境が異なっていた。それこそ酸素濃度をはじめ、大気の組成も違う。まさに、これは激変論が正しいことを示している。恐竜が絶滅したとき、地球規模の天変地異があった。それは小惑星や巨大隕石が激突したレベルではない。もっと恐ろしい宇宙レベルの事件だったのだ。

ノアの大洪水

中生代白亜紀末の大量絶滅では生物の75パーセントが地上から姿を消した。恐竜はもちろん、陸上の鳥類や哺乳類、海中にいた首長竜、三葉虫やアンモナイトに至るまで、一気に死滅した。一般に、こうした絶滅は繰り返し起こっている。原因は隕石激突や火山噴火、急激な寒冷化などが指摘されているが、大きな謎がひとつある。

どうしても絶滅した動物のほうに目が行くが、生き残った動物もいる。彼らは、なぜ生き残ることができたのか。進化論からすれば、恐竜よりも環境変化に適応できたから。それまで日陰の身であったが、多くの動物がいなくなったことで、新たな生態的地位「ニッチ」ができたので繁栄した。恐竜の足元で逃げ回っていたネズミのような哺乳類が一気に地上に広がったのはそのためだ、と一般には説明される。

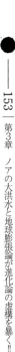

しかし、生き残った動物のなかには、必ずしも環境変化に適応したように思えない種もいる。たとえば、リクガメだ。隕石衝突で訪れたであろう寒冷化のなか、どうして生き延びることができたのか。同じ変温動物であるワニやカエルだってそうだ。これらは弱い動物である。その証拠に、絶滅危惧種になっている種も少なくない。どう見ても、小型恐竜のほうが温血動物であり、環境変化に適応できたはずだ。

絶滅した種と生き残った種、その生死を分けたのはいったい何か。何が違ったのか。古生物学者は、これに明確な答えを出していない。答えは出ないだろう。なぜなら、条件はまったく同じ。自然界が両者を平等に扱ったなら、当時の陸生動物は、みな死に絶えたであろう。そう、不平等なのだ。依怙贔屓をしているように見える。なんらかの意図が働いているとしか考えられない。何者かが動物を選択し、生き残るようにした。

古代宇宙飛行士来訪説の支持者は、ここで異星人を持ちだすだろう。天変地異を事前に察知した地球外知的生命体は、意図的に種を選択し、保護した。結果、恐竜は絶滅したが、リクガメやワニ、カエルは助けられた。そう考えれば、辻褄は合う。

これに対して明確な答えが『聖書』には記されている。ノアの大洪水である。「創世記」によれば、あるとき創造主ヤハウェは地上の動物を一掃しようと考えた。悪がはびこり、堕落していたからだ。神は40日40夜にも及ぶ大雨を降らせ、大地からは大量の水を湧きださせた。こ

⬆ノアの大洪水を描いたミケランジェロの絵画。

れにより、地上は完全に水没し、陸生動物はことごとく死滅した。
だが、このとき、哀れみ深い神は正しき人間と清い動物は助けることにした。預言者ノアに、やがて大洪水が起こることを知らせ、大きな箱舟を作るように命じた。大洪水が起こると、ノアの家族8人と清い動物のつがいが乗せられた。預言通り預言通り大洪水が起こると、ノアたちは箱舟に入り、扉を閉じた。箱舟は潜水し、嵐が収まると水上に出た。150日がたち、箱舟はアララト山に漂着した。その後、ノアは鳥を放つことで乾いた陸地が現れたことを知り、地上へと降り立った。新たな世界を前に、神はノアたちを祝福し、契約のしるしとして空に虹をかけた。

はたして、創造主ヤハウェが実在するのか、その正体は異星人なのかは別にして、世界中に大洪水神話があるのは事実である。とくに最古のメソポタミア文明にも大洪水伝説がある。当時の粘土板には預言者ノアに相当する人物であるウトナピシュテムやジウスドラ、アトラハーシスが箱舟を作り、ほかの動物とともに生き延びたことが記されている。大洪水伝説はユダヤ教やキリスト教、イスラム教

↑（上）トルコのアララト山に残るノアの箱舟地形。
（下）箱舟地形のレーダースキャン映像。

の世界観だけではない。中世ヨーロッパの歴史観とは別に、世界中で語られている。

大洪水伝説には史実が反映されている。歴史学者はチグリス・ユーフラテス川の氾濫を想定し、地球科学者は氷河期が終わったとき、世界中で氷床が融解し、大規模な洪水が各地で起こった記憶だと考える。

しかし、ノアの大洪水が『旧約聖書』の記述通り、本当に起こったことだとしたら、どうだろう。今から約４５００年前、突如、大量の雨が降ってきて、かつ地下から水があふれだし、地上を覆った。全世界が水没し、箱舟に乗った種以外の陸生動物が絶滅した。これが事実である証拠がある。

ノアの箱舟だ。「創世記」によれば、ノアの箱舟は最終的にトルコとアルメニアの国境付近にあるアララト山に漂着した。かねてからアララト山には箱舟があると噂されてきたが、20世紀に入って化石が発見された。群発した地震によって土砂が崩れ、近くのアキャイラ連山の一角に箱舟地形が現れたのだ。見た目は溶岩の塊だが、確かに紡錘形をしている。船の形だ。完全に化石化しているが、これをアメリカ軍が密かに調査し、本物のノアの箱舟だと結論づけている。もちろん、機密情報であり、公開することはない。

⬆地球上の水の量を示した図。大きな球は海水の量、その右にある球は淡水の量、その下の一番小さな球は湖沼や川の水量を表している。地球上には水があふれているようで、全地球が水没するほどの量はない。

極秘データによれば、箱舟は3層構造をしており、表面は完璧な防水処置がほどこされ、一種の潜水艇であったらしい。中からはノアたちが使ったであろう道具などが発見されている。はたして、ここに現生動物のつがいをすべて収容できるかという問題に関しては、答えは出ている。十分可能だ。まず陸生動物のうち、基本種を集める。イヌならば雌雄一対2匹でいい。イヌとオオカミは交配して子孫を残すことができるように、両者の共通した形質をもつ基本種を選べばいい。生き残った個体の遺伝子が変異すれば、いくらでも多様性は生まれる。

アカデミズムがどう判断しようと、アメリカ軍はノアの箱舟を確認し、約4500年前の大洪水が事実であることを前提に国際戦略を立てている。最大の問題である大量の水の出どころも、彼らはつかんでいる。通常の豪雨が続いたところで、全地球が水没することはない。ノアの大洪水は局地的な災害でもなければ、氷床が解けた川の氾濫でもない。地球的規模の天変地異であり、それを引き起こしたのは宇宙的大事件なのだ。そう、水は宇宙からやってきたのだ。

ヴェリコフスキー理論と反地球ヤハウェ

太陽系はいかにして形成されたのか。一般に、太陽を中心としてプラズマ状のガスが回転しながら円盤状になり、そこに核となる天体ができた。最初は小さな岩塊が徐々に集積して大きくなった結果、それぞれの軌道をもった惑星ができた。これが今日の水星、金星、地球、火星、小惑星帯、木星、土星、天王星、海王星、そして準惑星に降格された冥王星である。冥王星の外側にはエッジワース・カイパーベルト、そして球状のオールト雲があり、そこにも惑星があると推測されている。

まるで事実であるかのように語られる「ガス円盤説」だが、この宇宙で、ただのひとつでも同じものが確認されていない。コンピューターでシミュレーションしても、すべての物質が中心に落ちていくか、大きな惑星ひとつできるか。ましてや、この太陽系を再現することに成功した試しがない。虚構なのだ。ガス円盤説は、とうの昔に否定されている。宇宙にも斉一論を適用しようとするあまり、これに代わるモデルを提示できていないのが、アカデミズムの現状である。

太陽系のデータをもっとも大量、かつ詳細にもっているのはNASAである。NASAは軍事機関である。中で働いている人は公務員のようなものだが、上層部は軍事関係者である。資金を出しているのは軍需産業である。軍産複合体が支配しているのだ。重要なデータは、すべて彼が設置した奥の院、すなわち裏NASAが管理している。

裏NASAが太陽系形成の基本とするのが「ヴェリコフスキー理論」である。精神分析医イマヌエル・ヴェリコフスキーは世界中の神話を体系的に調査し、太陽神や月神、そして惑星神の物語を実際に太陽系に起こった事件として分析、それを著書『衝突する宇宙』で発表した。

⬆世界中の神話を調査し、太陽系形成の謎を解き明かす「ヴェリコフスキー理論」を『衝突する宇宙』で発表したイマヌエル・ヴェリコフスキー。

それによると、今から約４５００年前、木星が大爆発を起こし、そこから灼熱の巨大彗星が誕生し、太陽系を荒らしまわった。地球にも接近を繰り返し、地軸を移動させ、極移動ポールシフトを引き起こした。この出来事は『旧約聖書』のなかでは、太陽が停止した逸話として記されている。恐るべき巨大彗星はほかの惑星との衝突を繰り返しながら徐々に軌道を安定させ、最終的に現在の金星となったという。

まさに奇想天外の惑星論で、天文学者で支持する者はいない。それどころか、ＮＡＳＡの顧問カール・セーガンらによって厳しく批判された。が、実際は真逆だ。裏ＮＡＳＡはヴェリコフスキー理論が正しいことを知りつくしている。すでに金星が誕生した場所が木星の大赤斑であることを突き止め、その下に超巨大火山が存在することを確認している。当然ながら、木星は教科書に書かれているようなガス惑星ではない。地球と同じく固い地殻を有する巨大惑星なのだ。
ヴェリコフスキーは気づかなかったが、ノアの大洪水を引き起こしたのも、まさに巨大彗星だった。ただし、金星ではない。未知の惑星であり、いまだ公表していない天体である。NASAは1970年代の惑星探査で、その存在に気づいた。

⬆木星（ゼウス）の超巨大火山の大噴火によって金星（アテナ）は誕生した。

驚くべきことに、今は安定した軌道を描く謎の天体は、太陽を挟んで地球とは正反対の位置を公転していたのだ。楕円軌道のふたつの焦点のうち、ひとつを共有しながら、点対称の位置をほぼ同じ速度で公転しているため、常に太陽の影となり、地球からは姿が見えない。極秘に与えられたコードネームは「ヤハウェ」。ノアの大洪水を引き起こした絶対神の名前である。

今から約4500年前、木星の超巨大火山が大噴火を起こし、そこから灼熱の巨大彗星が誕生した。大赤斑から飛び出した惑星ヤハウェは金星と同様、楕円軌道を描きながら、ほかの惑星と接近を繰り返

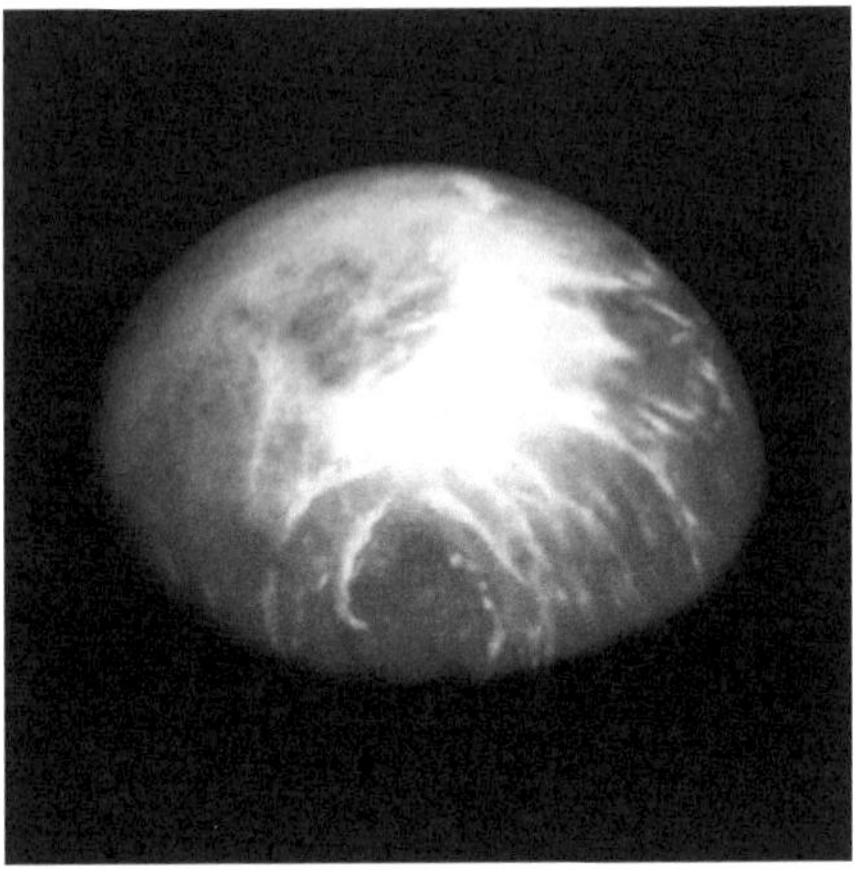

↑木星の大赤斑から飛び出して火星に超接近し、海を消滅させた惑星ヤハウェ。

した。

かつて、火星と木星の軌道の間にあった惑星は潮汐作用で粉々に破壊され、現在の小惑星帯となった。惑星の破片を身にまとった巨大彗星ヤハウェは、そのまま火星に接近。小惑星を叩きつけ、当時は存在した海を消滅させた。大きなジャガイモのような衛星フォボスとダイモスは、地上に落下しなかった惑星の破片である。

こうして火星を血祭りにあげた惑星ヤハウェは、ついには地球へと接近してきた。このとき、両者の間に入ってきたのが月である。月は地球を守る楯のようになり、惑星の破片を身に浴びた。月の表面、とくに裏側がクレーターだらけなのは、これが原因である。

天体Mと月空洞論

月には謎が多い。満月になると、必ず餅つきをするウサギが見える。ウサギに見える部分は月の海と呼ばれる。ほかの部分と比べて色が黒く、クレーターが少ない。内部から重金属を含んだ溶岩が噴出してできたとされ、その部分の密度が大きい。ために、起き上がりこぼしのように、月は常に海があるほうを地球に向けている。天体の軌道は潮汐作用によって公転と自転が一致することで安定するので、満月になるとウサギが見えるのだ。

アポロ計画では、この海の部分に探査船が着陸している。離陸する際、部品を落下させて、人工的な地震を発生させているのだが、そこで妙なことが起こった。揺れが収まらないのである。1時間以上、ずっと地面は揺れつづけた。理由は密度の違いだ。月の地下は、地上よりも密度が小さい。極端な話、空洞になっている。お寺の鐘や銅鑼のような構造になっているので、地震が長く続くのだ。

しかし、これは天体の形成上、非常に不可解である。どろどろに岩石が溶けた状態では、重い物質は中心部へと沈んでいく。結果、固い金属核ができる。月の場合、それが逆になっているのだ。自然に形成したとは考えられない。それゆえ、かつてソ連の天文学者は、月は異星人の宇宙船だとジョークともつかない表現をしたことがある。

だが、仮に月が空洞だったとしても、生まれたときは違ったはずだ。内部には重い物質が詰まっていたに違いない。それがあるとき変化した。いったい月に何が起こったのか。原因は、灼熱の巨大彗星ヤハウェである。

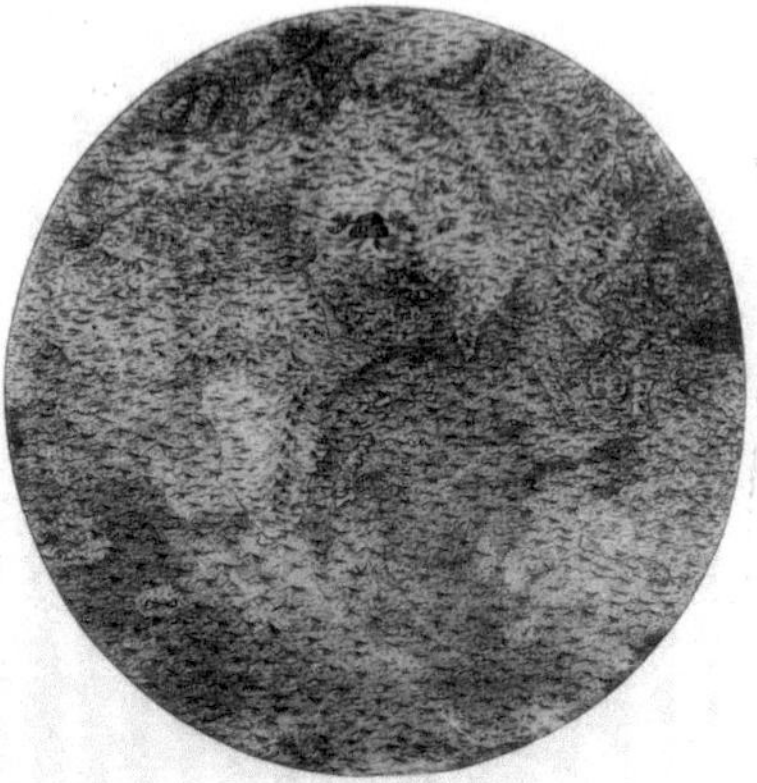

⬆月内部の水がスプラッシュし、地球に降り注いだ結果、地球が水没し、ノアの大洪水が発生した。

この件に関して、真相を見抜いた日本人がいる。物理工学博士の高橋実氏である。彼は地球上の水は天体として多すぎると考え、これは外部からもたらされたと推理。内部に熱水を抱えた灼熱の氷惑星、その名も「天体Ｍ」を仮想した。楕円軌道を描く天体Ｍは地球に何度か接近し、そのたびに自身がもっている大量の水を放射。これが地球に降り注いだ結果、ノアの大洪水が発生したと考えたのだ。

まさに、これが答えだ。天体Ｍの正体は、天体ＭＯＯＮ、すなわち月だった。灼熱の巨大彗星ヤハウェが超接近したとき、月は潮汐作用によって破壊されそうになった。ロッシュの限界を超えて地殻が破壊されたとき、内部にあった水が宇宙空間へとスプラッシュし、これが地球に降り注いだ。結果、地球の表面は水没し、ノアの大洪水が発生したのである。

もともと月は表面が薄い岩石層である氷天体だった。木星の衛星エウロパと同じ種類の天体だった。おそらく衛星エウロパと同様、月もまた木星の大赤斑から誕生したのだろう。巨大衛星だとすれば、構造が同じだったとしても不思議ではない。

当初、氷の地殻の下には熱水が詰まっていたのだ。これが放出された後、ついにはどろどろに溶けた金属核が表面に出てきた。幸いにして、完全破壊をまぬかれた月の表面に溶解した金

⬆（上）地球と月と木星の衛星エウロパ。（下）エウロパの表面。月はエウロパと同じ氷天体で、木星の大赤斑から誕生したと思われる。

属が広がり、これが月の海となったというわけだ。

内部の水が抜けたので、月は現在、空洞となった。今でも月の表面には氷が存在する。月の両極はもちろん、地下に氷の層がある。アポロ宇宙飛行士は探査の際、表面に滲みだした水を確認している。当時の音声を聞けば、そこに「ウォーター」という英語が確認できるはずだ。

原始地球と全地球水没

ノアの大洪水以前の地球は、現在とは大きく環境が異なっていた。大気の組成や放射線量、そして重力も。どのように違うのか。それを理解するために、現在の構造地質学の問題点を指摘しておきたい。

まず、大陸が移動することは、今や常識である。アルフレート・ウェゲナーが唱えた大陸移動説は現在、プレートテクトニクス理論として発展継承されている。恐竜が生きていた時代、世界の大陸はひとつだった。これを「超大陸：パンゲア」と呼ぶ。現在では、それ以前にも超大陸が存在したと想定されており、それぞれ超大陸ロディニアや超大陸コロンビアなどと呼ばれている。

地球上の地殻には大陸性と海洋性のふたつがある。海洋性地殻の上に大陸性地殻が浮かんでいるような状態だ。地殻と上部マントルの一部、非常に硬い殻のような部分をプレートと呼ぶ。

プレートが動くと、大陸も動く仕組みだ。プレートはマントル対流によって湧き上がった物質が冷やされて海嶺となって形成され、最終的に海溝に沈み込む。また、一部はプレート同士が衝突して上にせり上がり、山脈を形成する。前者の例が日本海溝であり、後者の例はヒマラヤ山脈である。両者を合わせてサブダクション帯という。

超大陸パンゲアはプレートの移動によって分裂し、中央海嶺ができたことで海洋底が広がり、大西洋ができた。大西洋の広さの分だけ、プレートはサブダクション帯で沈み込むか、皺となって重なり、面積が減ったことになる。反対側の太平洋は狭くなったはずなのだが、実はそうではない。海嶺の長さとサブダクション帯の長さが一致しないばかりか、太平洋も拡大しているのだ。

いったい、これはどういうことか。考えられることは、ひとつ。地球の表面が大きくなったのだ。球体の表面積を大きくするにはどうしたらいいか。そう、膨らませればいい。体積を増やすのだ。そうすれば、表面積は拡大する。つまり、かつて地球は今よりも小さかった。表面積も狭かった。

現在、プレートテクトニクス理論が想定する超大陸パンゲアは「くの字」の形をしている。北のローラシア大陸と南のゴンドワナ大陸の間にテーチス海がある。試しに、地球の体積を小さくしながら表面積を縮小させ、テーチス海を消滅させると、きれいな丸い形になる。これが原始地球に存在した本当の超大陸パンゲアの姿である。

しかも、当時はサブダクション帯がなかった。ヒマラヤ山脈をはじめとする高い山々は存在しなかった。超大陸パンゲアは標高が低い平野部が広がる陸塊だったのだ。巨大な恐竜たちは地平線まで続く緑地帯を苦もなく歩きつづけることができたのだ。おまけに、当時は重力が小さかった。後に増加する月からの水の分だけ、原始地球の質量は小さかったからである。

さらに、原始地球は分厚い水蒸気の雲に覆われていた。雲間を通してしか、太陽が見えなかった。夜になっても星空はない。どんよりとした曇り空が広がり、大気は高温多湿状態で、雪などは降らなかった。光合成は赤外線領域の波長でもできる。したがって、熱帯性の植物にとっては非常にいい環境だった。巨大なシダなどの化石が大量に発掘されるのは、その証拠だ。昆虫はもちろん、小動物は増え、それを捕食する動物たちも巨大化できたというわけだ。有害な紫外線を浴びないと、動物は長寿になる。今でも、ビタミンDを補給しながら、日光に当たらない暮らしをすると老化の進みが遅くなる。

恐竜たちの楽園も巨大彗星ヤハウェの超接近により、一夜にして地獄と化した。羽毛布団のような水蒸気の層は消え去り、そこから大量の水が落下してきたのだ。もともと起伏の少ない超大陸パンゲアは、あっけなく水没した。地上にいた動物や植物は濁流に飲み込まれ、次々と水底へと沈んでいった。

こうして形成されたのが地層である。地史学でいう先カンブリア代、最近では原生代の地層がノアの大洪水以前の大地である。そこから上の地層は、すべて整合だ。水平に土砂が堆積して形成されている。斉一論の視点でこれらを分類し、古生代はカンブリア紀・オルドビス紀・シルル紀・デボン紀・石炭紀・ペルム紀＝二畳紀と名づけ、およそ5億4200万年から2億5190万年前の地層とした。同様に、続く地層は中生代の三畳紀・ジュラ紀・白亜紀とし、2億5190万年から6600万年前と位置づけた。

さらに、このとき形成された地層は一部、新生代に含まれている。中生代と新生代の地層境界は「K／Tバウンダリー」という言葉で表現される。興味深いことに、ここには黒い煤、すなわち炭素が大量に含まれており、レアメタルのひとつイリジウムが存在する。イリジウムの起源は隕石にあるとして、小惑星激突説の傍証とされるが、これは火山灰にも含まれる。これが沈殿しただけである。その上に哺乳類の死体が最終的に沈み、新生代の地層として認定されただけのこと。実際、K／Tバウンダリーの上からも恐竜の化石は見つかっている。

すべては水である。地上で動物が死んだとしても、それが化石になることはない。腐って消えるだけ。バラバラになって消滅してしまう。化石になるためには腐敗する前に、一気に酸素を遮断する必要がある。酸化する前に水の中に入れ、そこに土砂を流し込む。こうすれば、化石はできる。

多種多様な鉱物や有機物から成る土砂を大量の水の中で攪拌させ、ゆっくりと沈殿させると、きれいな層ができる。これが地層だ。沈殿するタイミングは物質によって異なる。粒子の大きさや化学的な性質によって順番が違う。古生物の死体も、いっしょに沈殿したわけではない。性質によって早く沈殿した生物は古い時代、遅く沈殿した生物は新しい時代に生きていたと判断されたにすぎない。言葉は悪いが、大いなる勘違いである。

硬い石になった化石を見ると、悠久の時間を経てきたのだと感じるが、これもたんなる思い込みである。化石化は化学反応である。化学反応は条件次第でいくらでも早くなる。実際の化石は高温高圧化で圧縮され、死体は化学反応で別の物質となり、その多くは流出する。そこへ鉱液が入り込み、最終的に化石となる。宝石のアンモライトはオパールによって置換されたアンモナイトの化石である。

地球膨張と大陸移動

地球は、なぜ急激に膨張したのか。その理由は、もちろん巨大彗星ヤハウェの超接近である。大きさは、ほぼ現在の地球と同じ。原始地球はひと回り小さかったので、惑星ヤハウェのほうが当時は大きかったはず。月を破壊しかけた後、ぎりぎりで地球との衝突を回避し、そのまま姿を消した。

しかし、超接近の際、3つの天体の重力が予想だにしなかった現象を引き起こすことになる。重力は引力である。互いに引っ張り合い、かつ天体は自転している。これらが複雑に絡み合うことで、月の地殻は破壊されたが、地球にも影響が出た。同じように地球内部の物質も大きく引っ張られることで、一時的に重力が弱まった。

天体の内部は重力によって高温高圧状態になっている。その内部圧力が弱まった結果、マントルが相転移を起こした。物質の状態が変化したのだ。結果、体積が急激に大きくなった。ものすごい力で押さえつけられていた物質が解放され、一気に膨らんだのだ。これにより、表面積が拡大し、超大陸パンゲアが真ん中から裂け、間にテーチス海が誕生したのである。

これが「地球膨張」の第1段階である。ノアの大洪水が収まって、乾いた陸地ができたのはこのときだ。アララト山も、さほど大きくない。漂着した箱舟から出てきたノアの家族および清い動物たちは、くの字に裂けた超大陸パンゲアに降り立ったのだ。

乾いた陸地ができた後も地球膨張は続く。第2段階では、大西洋ができて、南北アメリカ大陸とユーラシア大陸およびアフリカ大陸が分かれた。やがて南極大陸とオーストラリア大陸が分裂し、アフリカ大陸からインド亜大陸とマダガスカル島が分裂する。この状態を「大陸放散」と呼ぶ。

まだ、本格的なプレートテクトニクスが働いていない。地球膨張による圧力で表面積が拡大したことで大陸が分かれた状態である。このとき、地下のマントルでは外核からプラズマの上昇流が発生し、超大陸パンゲアの真下にぶち当たっていたはずである。これが原動力になって大西洋が形成されたと考えられる。今日でいう「プルームテクトニクス理論」である。

さらに、次の第3段階は本格的な大陸移動である。プレートが高速で移動し、南北アメリカ大陸が分かれ、インド亜大陸が北上して、ユーラシア大陸に激突。オーストラリア大陸も現在の位置へ徐々に移動した。ちなみに、ニュージーランドを含む海域には大きな大陸性の地殻が存在する。幻の大陸「ジーランディア」である。ジーランディアが水没したのも、このころだ。同様に、東南アジアには巨大な陸塊「スンダランド」が存在したが、その大部分がこのとき水面下に消えた。

アカデミズムの定説では恐竜が滅んだ後、今から約6600万年前に新生代が始まったと考える。新生代は大きく第三紀と第四紀に分けられる。ノアの大洪水直後の第三紀は暁新世・始新世・漸新世、続く第四紀は中新世・鮮新世・更新世・完新世に時代区分される。第四紀は世界的に寒冷化が進み、南極大陸は氷床で覆われ、氷河期が到来したと考えられている。

しかし、ノアの大洪水が起こったときから今日まで、わずか4500年である。6600万年という新生代の歴史は、すべて4500年に集約される。人類が恐竜と共存していたことはもちろん、マンモスが生きていたのは、つい最近のことなのだ。放射性年代測定法を誤用して

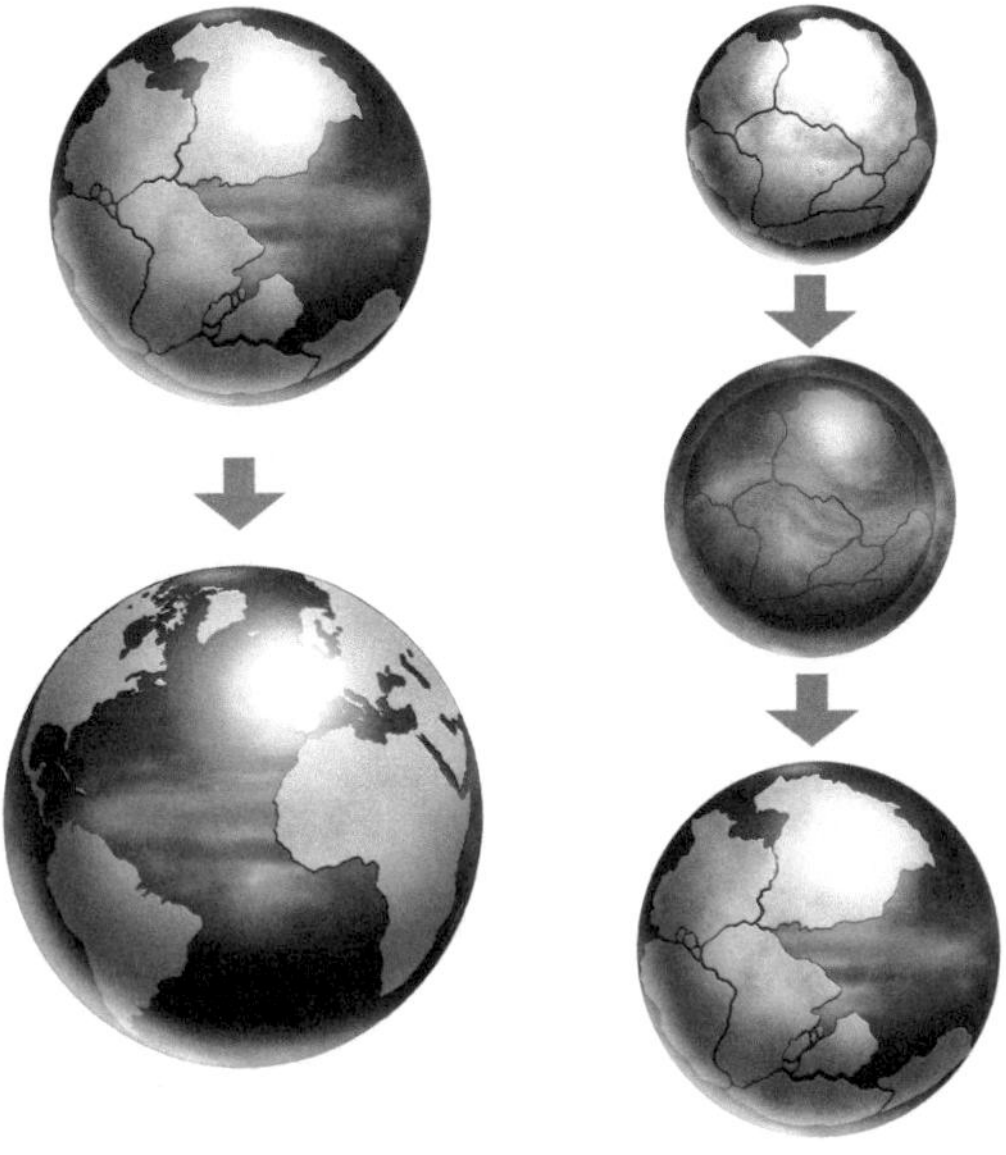

↑地球膨張によって大陸が分裂・移動し、現在の地球の姿になった。最初、テーチス海が生まれ、その次に大陸放散および大陸移動が開始した（イラスト＝久保田晃司）。

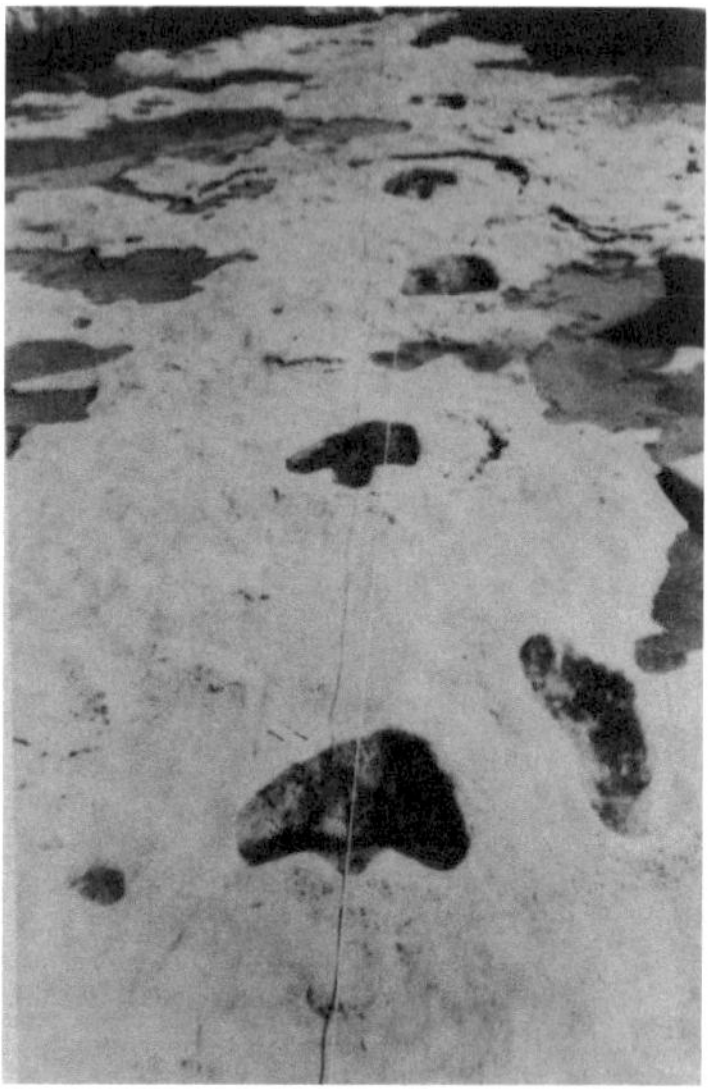

⬆（上）アメリカ・テキサス州のパラクシー川で発見されたヒトと恐竜の足跡化石。（下）四川省で発掘されたヒトと恐竜の化石。こうしたオーパーツの存在はヒトと恐竜が共存していたことを示している。

いたばかりに、アカデミズムはとんでもない錯覚を起こしているのだ。もっとも世の常識からすれば、トンデモなことをいっているのは、むしろこちらのほうではあるのだが。

氷河期の正体と極移動ポールシフト

新生代第三紀と第四紀の違いは、地球を覆っていた大気の違いである。大洪水後、分厚い水蒸気がなくなった代わり、特殊なプラズマ状態の大気が地球を覆っていた。正確にいえば、もともと原始地球の大気の上層部には高層プラズマがあった。水蒸気層がなくなり、直接、高層プラズマが地上を覆う状態になったのだ。

物理的にプラズマには未解明な性質がある。そのひとつが重力である。重力の本質について、現代物理学は、まだ解明できていない。一般相対性理論と量子論の統合ができていないためだ。その一方で、プラズマは重力を生みだすことがわかっている。これが、アメリカ軍が発見した革新的ともいえる研究だ。巨大な地殻天体であるにもかかわらず、木星が見かけ上大きさに見合う重力がないのも、このプラズマが原因である。ちなみに、重力制御が不可欠なＵＦＯの推進原理もプラズマが鍵を握っている。

先述したように、ノアの大洪水以前の原始地球も高層プラズマに覆われていた。分厚い水蒸気の上にはプラズマが光っていた。夜でも、空は夕方のように明るかったのだ。分厚い水蒸気の層はなくなったものの、高層プラズマは残っていた。これが結果として、地上の重力を軽減していた。月から来た水の分だけ重力は増大したものの、現在よりは少し小さかったのである。

このため、新生代第三紀の陸生動物は大きくなれた。パラケラテリウムやバルキテリウム、ステップマンモスなど、ノアの大洪水以前の恐竜ほどではないが、今よりは大型の哺乳類がいたのはこのためだ。

では、なぜ高層プラズマは消滅したのか。その原因はノアの大洪水と同じく巨大彗星の超接

近である。4500年前、巨大彗星ヤハウェが超接近したとき、もうひとつ重大な変化があった。地軸が移動していたのである。

地軸とは自転軸のこと。現在、地球は太陽系の公転面の垂線に対して、地軸は約23・4度傾いている。この傾斜角度が大きくなり、180度回転すると、見かけ上自転が逆回転しているように見える。お隣の金星は傾斜角度が約177・4度で、地球とは逆回転していると表現される。地軸の角度が変わることを「地軸傾斜」、「地軸逆転」と呼ぶ。

これに対して、傾斜角度とは無関係に、北極点と南極点が移動する現象がある。これを極揺動「ポールワンダリング」、もしくは極移動「ポールシフト」と呼ぶ。世にいう地磁気の極が移動したり、逆転する現象とはまったく異なるので注意が必要だ。いずれも天変地異の際には、少なからず起こっている。

問題は極移動ポールシフトである。惑星ヤハウェの超接近によって最初のポールシフトが発生し、原始地球の北極と南極が入れ替わっている。その後、今から4500年ほど前、再び巨大彗星ヤハウェは地球に接近して、ポールシフトを引き起こしている。ちょうど『旧約聖書』でいえば、バベルの塔が崩壊した時代である。

このとき、高層プラズマが消えた。これによって、完全に夜は真っ暗になった。それまで低い位置にあった雲も、ずっと高い位置で発生するようになった。当時は、今よりも低い高さに

⬆ヨシュアの勝利のために天空移動を停止した太陽の奇跡を描いた絵。

積雲があり、これを当時の人は「天」と呼んだ。バベルの塔を造らせたニムロド王がいった「天まで届く塔」は、何も1万メートルの高さがあったわけではない。せいぜい１０００メートル程度だった。

アカデミズムは地球全体の寒冷化が始まったと考えるが、それは局地的なもの。現代でも北極や南極は氷河期である。そもそも氷河期の概念が間違っている。氷河期とはポールシフトによって極地方へと運ばれた地方の気候変動のことなのだ。マンモスが雪の中を歩いている絵は、半分正しく、半分間違っている。

灼熱の巨大彗星ヤハウェの軌道は徐々に安定し、やがて地球とは太陽を挟んで反対側に落ち着いた。今では反地球として身を隠している。惑星ヤハウェと入れ替わりに誕生したのが金星である。ＮＡＳＡはコードネーム「メノラー」と呼ぶ。大赤斑から誕生した巨大彗星メノラーは、今から約３２００年前ごろ地球へ２回にわたって超接近し、その都度、ポールシフトを発生させた。『旧約聖書』でいうモーセの紅海割れとヨシュアの太陽停止の奇跡は、

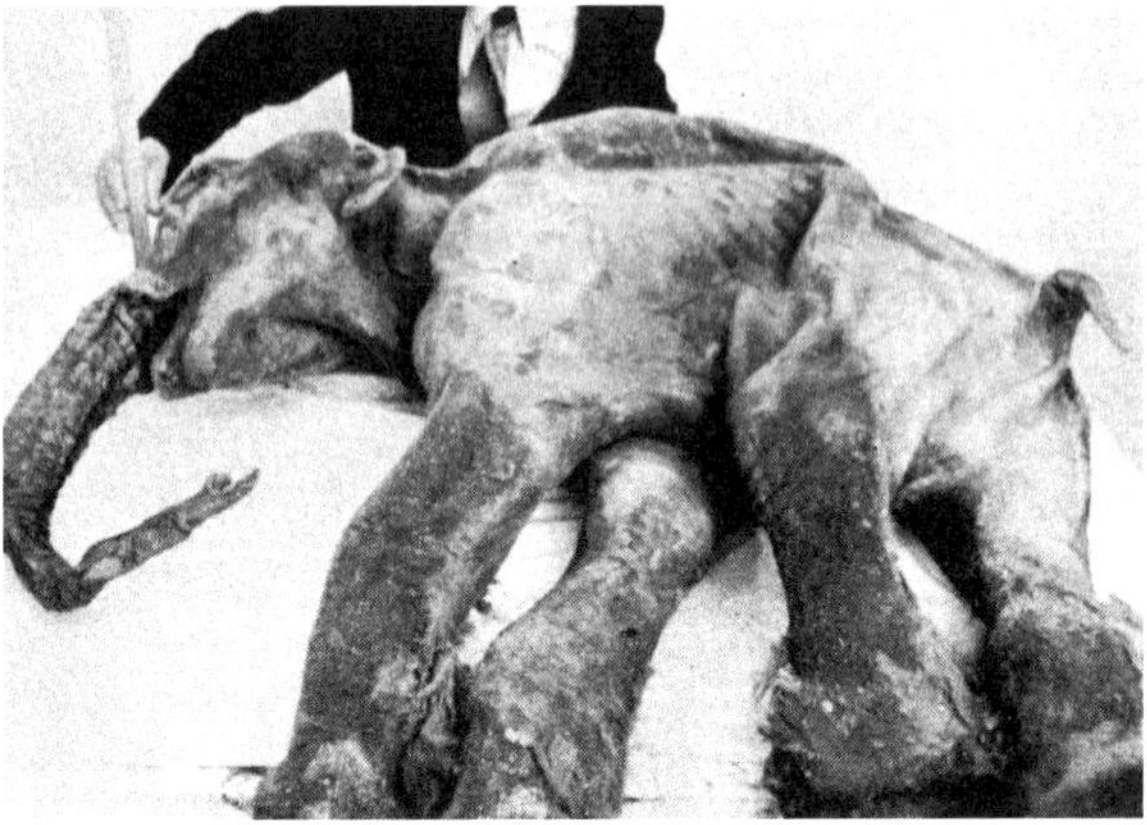

↑シベリアの永久凍土の中に氷漬けされたマンモスの死体。

このときに起こった天変地異である。

さらに、今から2700年ほど前、巨大彗星メノラーは火星へ超接近。自身は軌道を安定させ、太陽系第2惑星となったものの、はじきだされた火星はなんと地球へと超接近し、またもやポールシフトが発生した。このときは両極が入れ替わることはなかったが、温帯な地域に棲んでいたマンモスは現在の北極圏へと運ばれ、一気に絶滅した。あまりの寒冷化に、マンモスの死体は腐ることなく、そのまま永久凍土の中に封印された。

同時に、南極大陸は文字通り南極圏となり、一気に氷床が発達し、見渡す限り雪原が広がる世界となった。ポールシフトが起こると火山が噴火し、地球規模で気候変動が起こり、湿った暖かい空気は両極に集められ、豪雪となって降り注ぐのだ。オーパーツとして知られる「ピリ・レイスの地図」には氷床のない時代の南極大陸の海岸線が描かれているが、これは２７００年前の情報をもとにしている。まだ氷に覆われていなかった紀元前９世紀以前の人間が南極大陸に出かけ、そこで測量した地図が存在したのである。

ノアの箱舟に乗ったヒト

ノアの大洪水以前、この地球上には古生物ならず、すべての現生動物が存在した。大洪水に巻き込まれて死んだ動物の死体は化学的な性質によって順次、水底へと沈み、土砂とともに沈殿した結果、地層が形成され、最終的に化石となった。メカニズムはいたってシンプル。これが事実である証拠に、何億年を経て形成されたはずの地層を貫く樹木の化石が発掘されている。アカデミズムの定説を揺るがすような化石は往々にして無視され、なかったことにされる。取り上げるのは月刊「ムー」ぐらいだ。

ノアの箱舟に乗ったノアの家族と清い動物は生き残った。アララト山系に漂着した箱舟から地上に降りたヒトと陸生動物は、更新された世界に広がっていった。拠点となったのは、アキャイラ連山であり、現在のトルコとアルメニアである。

ここから南下すると、そこにはチグリス・ユーフラテス川があり、その下流域に最古のシュメール文明が花開いた。シュメール文明には、最初からすべてがあった。言葉や文字、算数はもちろん、思想や哲学、社会システムなど、ほぼ現代社会と基本的に同じ。当然である。ノアの大洪水以前、すでに高度な国家と社会があったからだ。その知識と経験のあった人間が作った国なのだ。完璧なのは当たり前なのだ。

預言者ノアには3人の息子がいた。セムとハムとヤフェトだ。このあたり「創世記」の記述には混乱があり、矛盾した内容が散見されるのだが、どうも長男はヤフェトであり、セムが次男、そしてハムが三男らしい。家長を継いだのはセムである。末裔はノアとともにシュメール文明を築いた。ヤフェトの末裔はヨーロッパに広がり、ギリシア文明やペルシア帝国、インド文明を築く。ハムの末裔はメソポタミアからアフリカに広がり、バビロニア文明やエジプト文明を築いた。

さて、ここで問題となるのが化石人類である。先に見たように進化論は虚構である。サルから猿人、原人、旧人、新人へと進化したというテーゼは成り立たない。分岐論を持ちだすまでもない。境界は猿人と原人である。猿人はサルである。染色体の数は24対48本である。これに対して、原人と旧人、そして新人は23対46本である。彼らはヒトである。ただし初期の原人ホモ・ハビリスはアウストラロピテクス、つまりは猿人であり、サルである。ホモ・ハビリスからフローレス人、ネアンデルタール人、デニソワ人は、みなホモ・サピエンスと同じ種である。猿人の化石がアフリカから見つかるのは、アララト山から移住したからだ。大洪水以後、彼らにとって棲みやすい環境がアフリカ大陸にあったからにほかならない。チンパンジーやゴリラがいるのも、それが理由だ。

ミトコンドリア・イヴおよびアダムは、預言者ノアとその妻である。ノアの息子ハムの末裔がアフリカに広がったので、アフリカ起源のように見えるだけのこと。あくまでも原初のミトコンドリアDNAを共有する集団の一部がアフリカにいて、その子孫が今でもいることを示しているにすぎない。かつてはアララト山系にもいたのだが、今はいないだけの話である。

興味深いことに、化石人類の化石は超大陸パンゲアのテーチス海沿岸から出てくる。陸生動物にとって必要なのは水である。環境に適応する際、やはり水場に棲みかを求めるのは必然。アララト山系から川沿いに下り、やがて海の沿岸部へと生息域を広げた。西に行けばアフリカ大陸で、東に行けばアジアである。人類学でいう出アフリカは、本来は「出アララト」なのだ。

こういうと、まるでユダヤ教やキリスト教、そしてイスラム教の原理主義者の言説のように思われるかもしれないが、すべてはアメリカ軍がもつ極秘資料をもとにした世界観を語っているだけだ。誤解のないように断っておくが、何も『聖書』の記述がすべて正しいといっているのではない。『旧約聖書』と『新約聖書』は完璧ではない。宗教的には神の言葉だが、文献史学的に改竄《かいざん》されていることは、まぎれもない事実。どこまでが真実なのか、これを見極める必要がある。あくまでも『聖書』は真実へ至る道標なのだ。

さて、アカデミズムの人類学とアメリカ軍の極秘情報をもとにした世界観を見ていただいたところで、次章からは、いよいよ獣人UMAの正体に迫っていく。原理主義者や創造論者は、獣人UMAの祖先は、みなノアの箱舟に乗っていたと期待するかもしれないが、最後の最後で、それが裏切られることになるかもしれない。

第2部
正体は猿人か、原人か!?
ネアンデルタール人の
村を発見!!

超常怪奇ワールド!!

この世界には
謎に包まれた
未確認動物UMAが数多く存在する!!

私は
あすかあきお
漫画家です！
そして
世界の
不思議世界を
研究する
サイエンス・
エンターティナー
でもあります!!

その肩書きで
世界中を
飛び回り
メディアを通して
最新情報を
公表して
きました！

そのため
さまざまな
分野で
名をなした
有名人や
著名人と
情報交換する
ことも多く
なりました！

ＦＢＩ超能力捜査官／マクモニーグルと

公表した
最新データと
情報により

世の中で
何が起こり
何が変わるかは
わかりません!

そういう中で
今回は
ミッシング・
リンクの謎

ネアンデル
タール人
の最新情報を
公開します!!

今回も
あの男との
コンタクトから
物語が
はじまる!!
男は
謎の組織からの
メッセンジャー…
ミスター・
カトウ
である!
あすか先生!
教授からの
メッセージを
お伝えします!

今から旧ソ連領まで同行していただかねばなりません！
き旧ソ連領……ですか⁉
はい！
しかしそれがどこかは申し上げられません！
なぜですか？
もし場所が洩《も》れた場合大変な騒ぎになるからです‼

大変な騒ぎって？
クイクイ
彼は私の弟子サイ九郎である！
ひとつの場所の平和が永久に失われるということです！
平和がですか？
はい！
最悪の場合それに関わる人間が連れ去られてしまうでしょう!!

ミスター・
カトウの
謎めいた言葉を
胸に
私たちは
中央アジアに
向けて
飛び立った！

その入口として
向かったのが
ウズベキスタン!!
ここより先は
国を含めて
場所を
明かすことは
できない!!

タシケント（ウズベキスタン）
先生 ぼくたち 何をしに 来たの？
まったく わからない！
ASUKA

海外でこういうケースは初めてだから戸迷《とまど》うが――
どうせ着けばわかることだからあせることはない！

ここから先のルートは、民族問題と国連が定めた人権問題とも微妙に関係してくるため、一部を割《かつ》愛《あい》させていただかざるをえない――!!

中央アジア山岳部

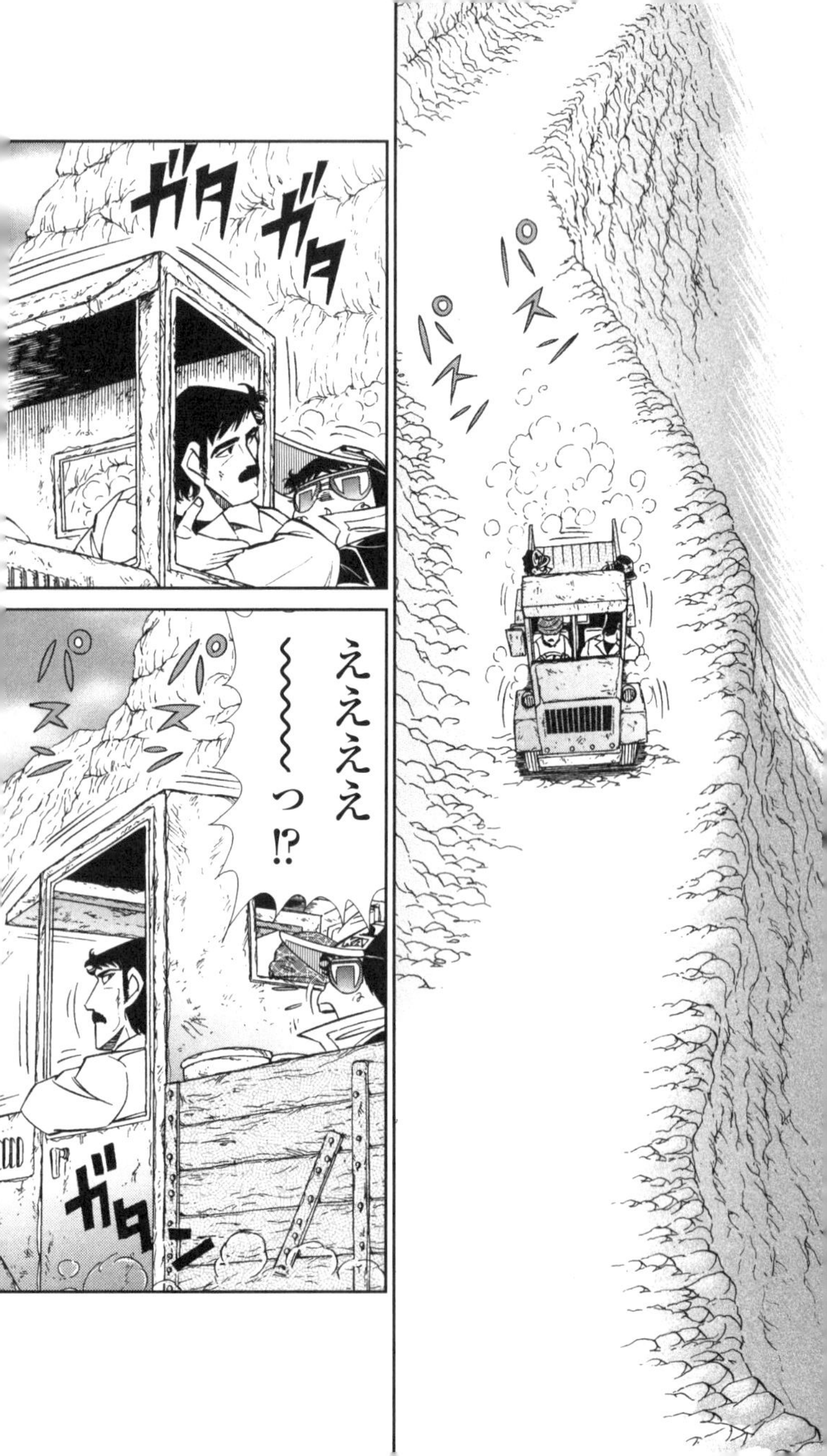
パスン
パスン
ガタ ガタ
パスン
パスン
えええええ〜〜〜っ!?
ガターン

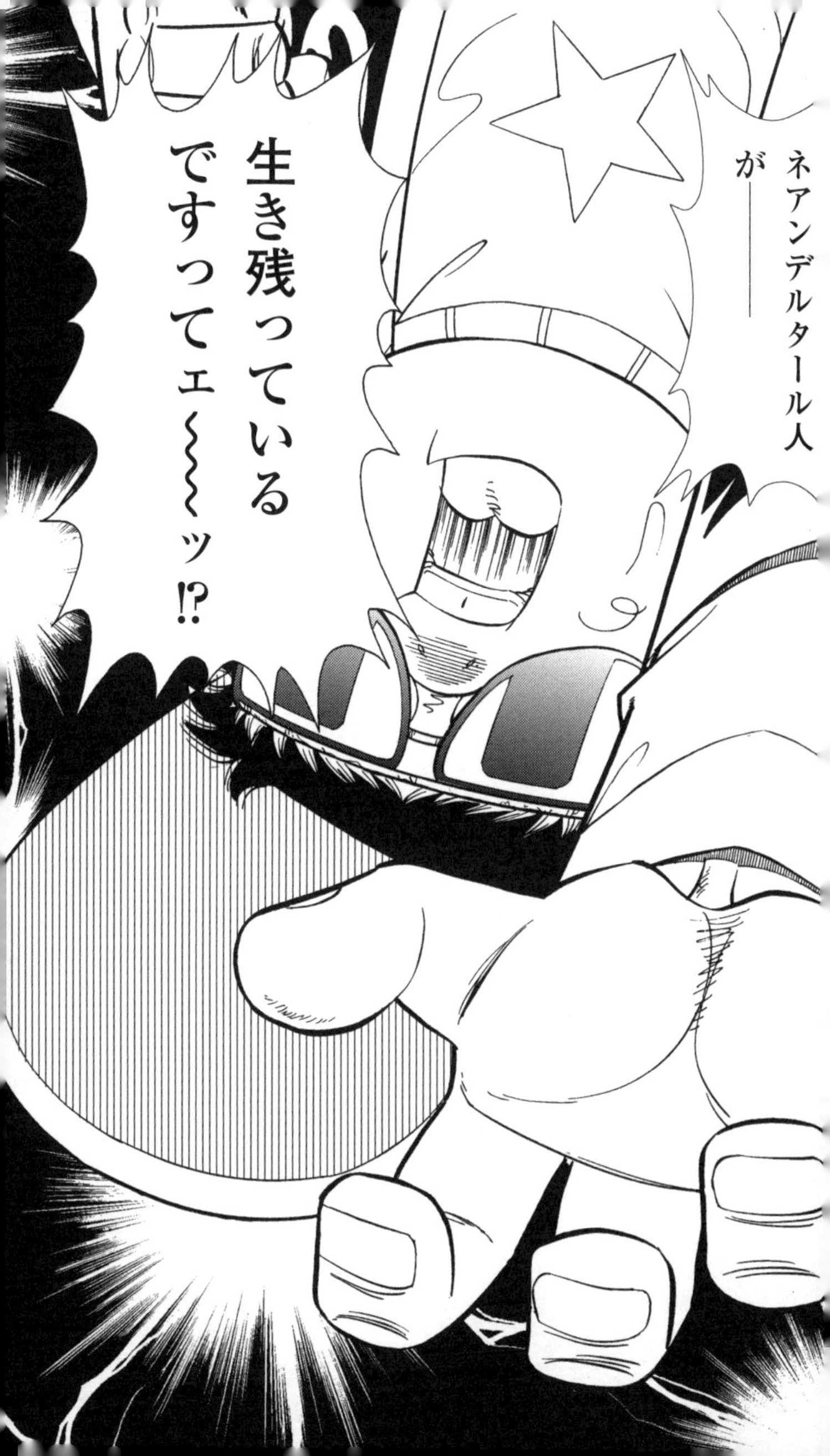
ネアンデルタール人が――
生き残っているですってエ〰〰ッ⁉

これはまだ情報の段階です！
それが事実かどうかを今から確認しにいくのです！
その答えが山岳地帯のむこうにあるというのですネ？
ゴトゴト
はい！
まだここより先の奥地ですが！
ガタンガタン
それが事実ならアカデミズムが引っくり返るような大騒ぎになるぞ!!

先生そのネアン何とかって……何なの？
ガガガタタ
なんだ知らないのか？
ゴトガタ
うん！
1856年ドイツのデュッセルドルフ近郊の洞穴《どうけつ》で発見された古い人骨からつけられた旧人の名だヨ！
つまり原始人ということだ!!
ガタガタ
パスン
パスン

最初に発見されたのは頭頂部だけだったが現代人よりも厚い骨と眼窩《がんか》上が隆起《りゅうき》していたことから原人と現生人類の中間に位置する旧人と考えられている！

その骨が
見つかった谷を
ネアンデル
渓谷《けいこく》と呼んでいた
ことから
旧人の名を
——
ネアンデル
タール人
——と名づけた!!
17ページ

ネアンデルタール人ってどれぐらい前の原始人なの？
ガタゴト
ガタ
学者たちは今から12万年前から地上にいたと考えているネ！
そ　そんな昔からいたんだ…！
じゃあ現代人のご先祖様だったの？

当初進化論者たちはネアンデルタール人が滅びてから現代人の祖とされるクロマニョン人が現れたと考えていたが
最近では共存していたことがわかっている!!

じゃあ
ネアンデルタール人とクロマニョン人はケンカしてたのかな？
したという学者もいるし
互いに離れて共存したという学者もいる
パスン パスン
ガタ ガタン
ガラン ガラン
じゃあネアンデルタール人が滅びた理由は何だったの？
ガタ ガタ
それがよくわからないらしい
ゴト ゴト
エエ〜〜〜ッ!?

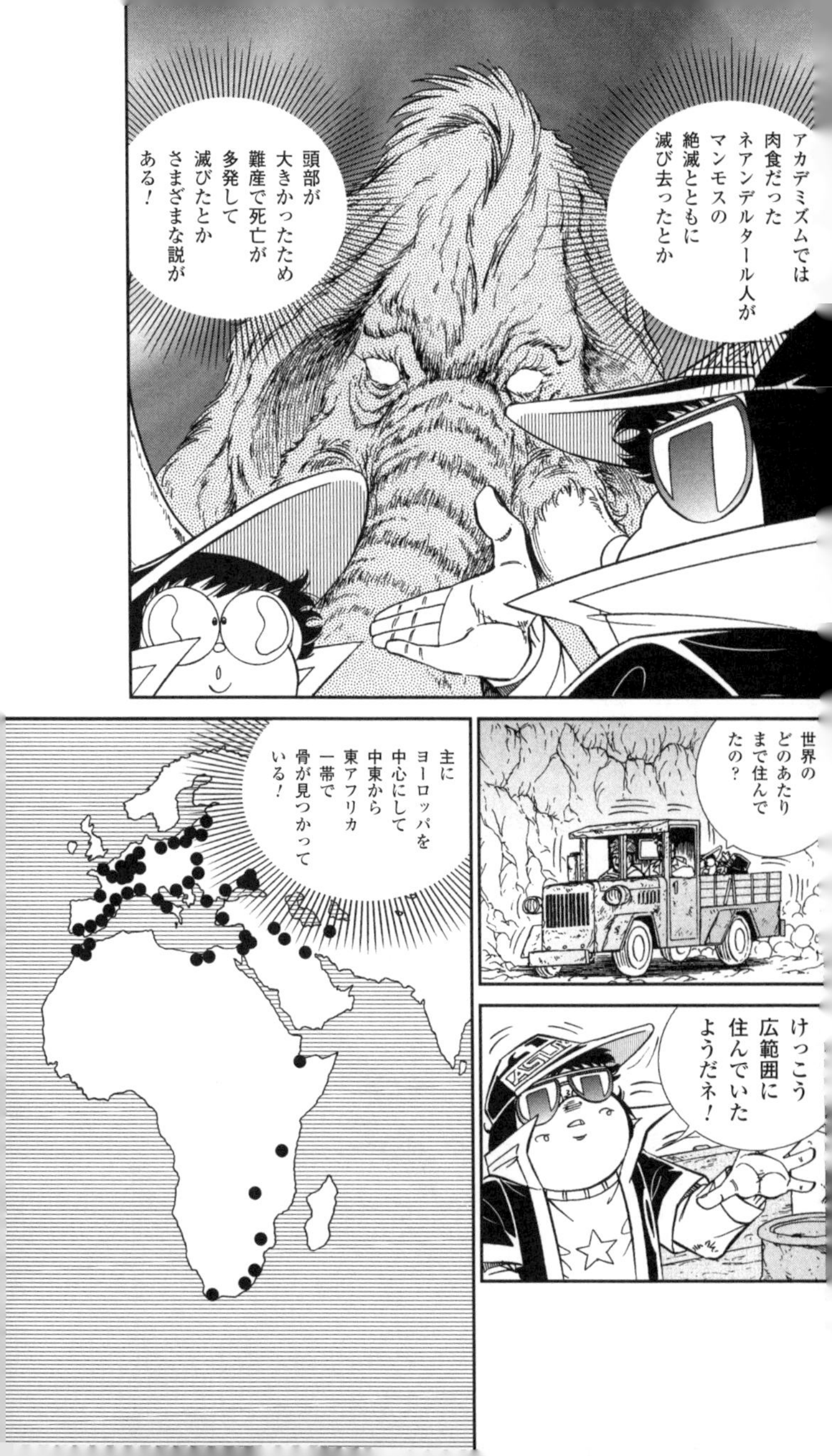
アカデミズムでは肉食だったネアンデルタール人がマンモスの絶滅とともに滅び去ったとか
頭部が大きかったため難産で死亡が多発して滅びたとかさまざまな説がある！

世界のどのあたりまで住んでたの？

主にヨーロッパを中心にして中東から東アフリカ一帯で骨が見つかっている！

けっこう広範囲に住んでいたようだネ！

ところでサイ九郎絶滅動物で何か重大な生物を忘れていないかい？
エッ？
あああ……き恐竜だぁ〜〜!!

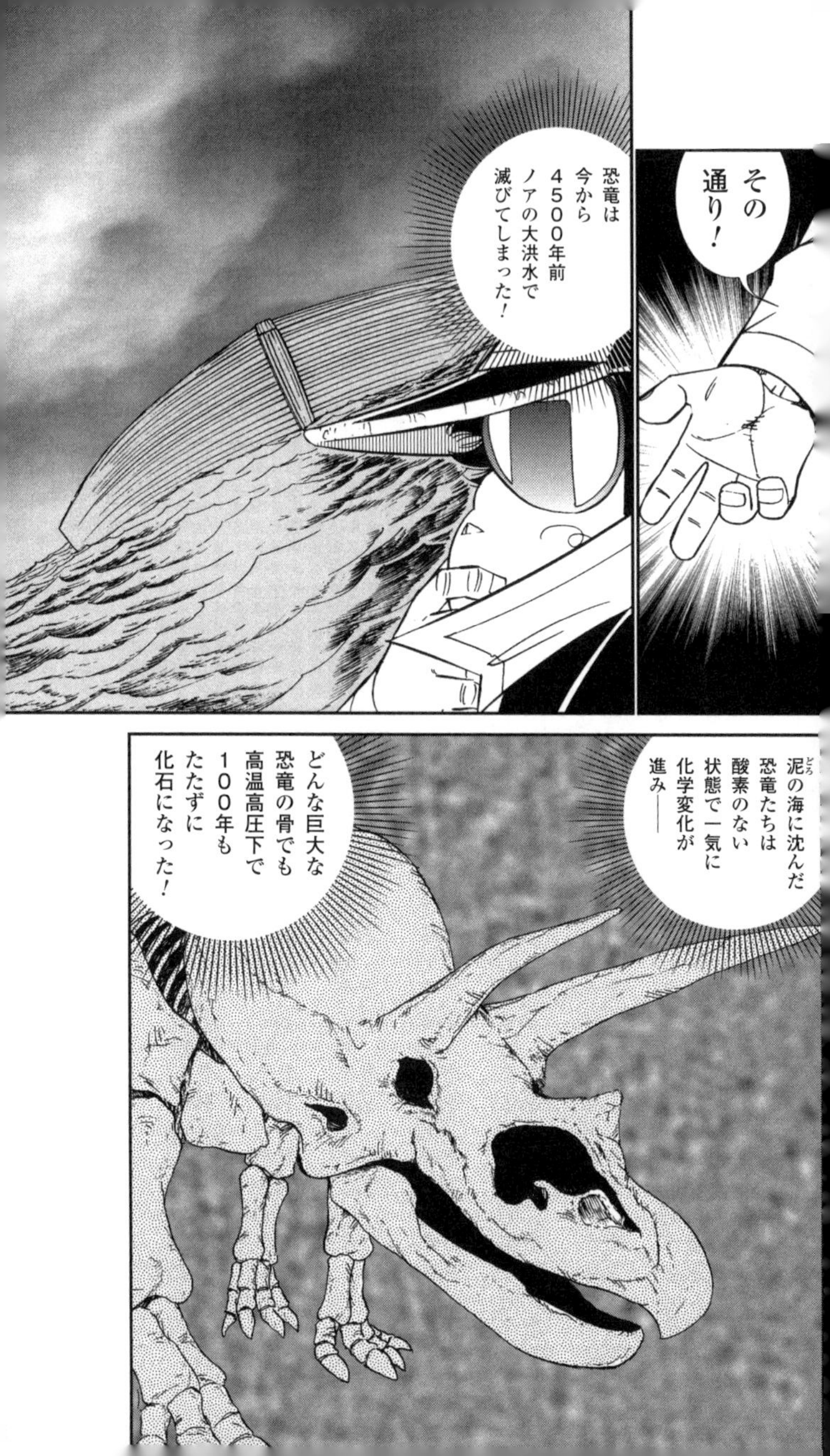
その通り！
恐竜は今から４５００年前ノアの大洪水で滅びてしまった！
泥《どろ》の海に沈んだ恐竜たちは酸素のない状態で一気に化学変化が進み――
どんな巨大な恐竜の骨でも高温高圧下で１００年もたたずに化石になった！

なのに恐竜絶滅の後地上に出てきたとされる旧人の絶滅が約2万年前というのはおかしいだろう?

おまけにネアンデルタール人の骨は化石になっていない!

へっ!?

だからDNAを抽出《ちゅうしゅつ》できるのサ!

化石では不可能だからネ!

じゃあ……ネアンデルタール人の骨って——

最近のものなの!?

そういうことだ!!!

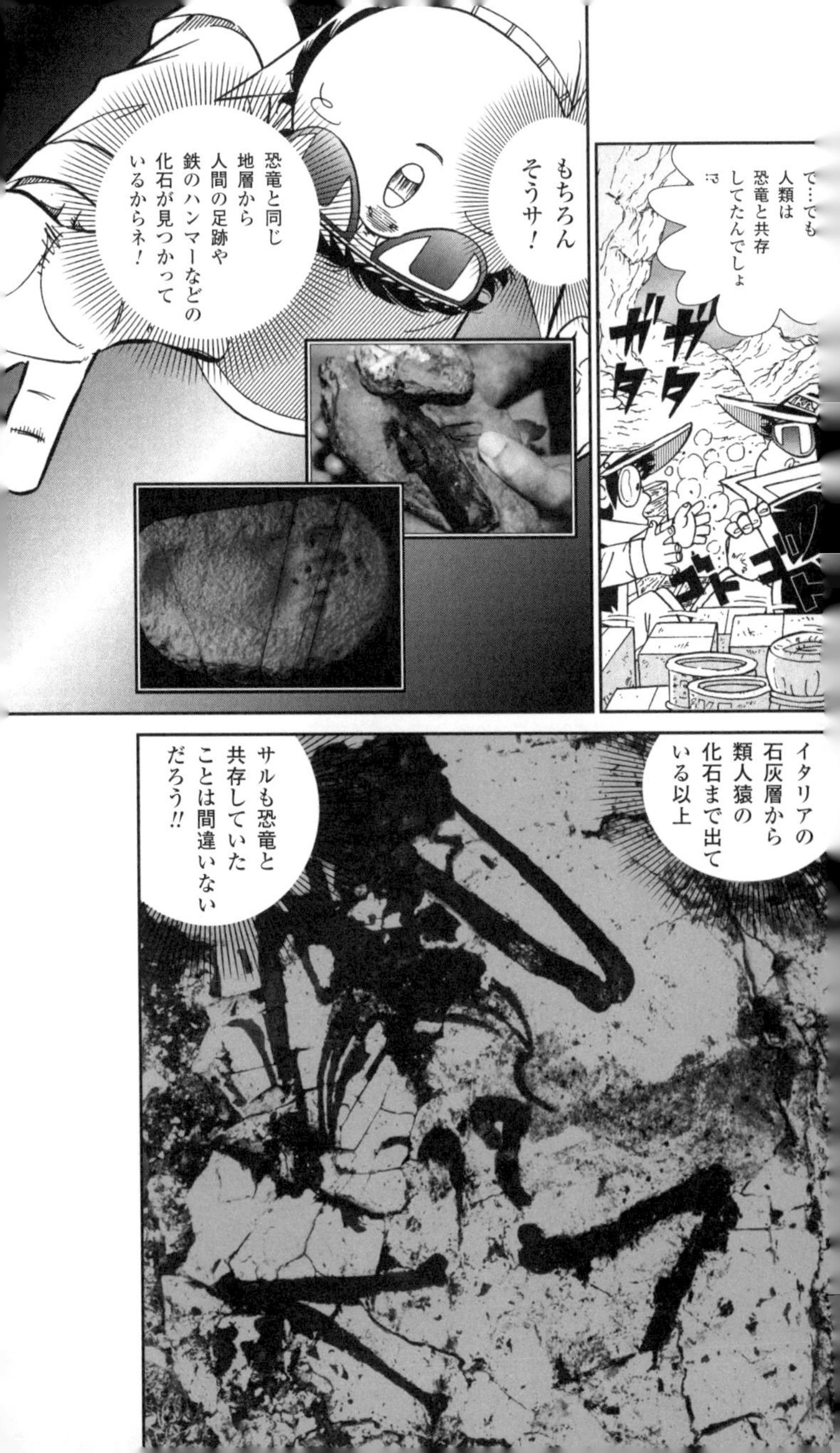

で…でも人類は恐竜と共存してたんでしょ!?
ザタ ザタ
もちろんそうサ！
恐竜と同じ地層から人間の足跡や鉄のハンマーなどの化石が見つかっているからネ！
イタリアの石灰層から類人猿の化石まで出ている以上
サルも恐竜と共存していたことは間違いないだろう!!

じゃあネアンデルタール人って最近までいた類人猿だったの？

それはネアンデルタール人に対して失礼だ！

エッ？

確かに少し前まで猫背でガニ股《また》のサルのように考えられてきたが――

今では背筋を伸ばした金髪姿で服を着れば町を歩いていても気がつかないとされている！

キキキキ〜〜イイッ
全員車から降りろ!!
ぐ
軍人!!
先生
ライフル銃を
もってるヨ!
ここから先は立入り禁止だ!
貴様らはどこの何者だあっ!?

これが
この国の政府
発行の許可証
です！
なに……!?
私は関係者以外はだれひとりとして
峠《とうげ》を越えさせてはならないという
厳命《げんめい》を受けている！
というと
この政府の
許可証は
どうなります
か？
政府の許可証だけではなく
軍からの許可も必要だ!!

先生
ややこしい
ことに
なってきたヨ
……!
う〜む!
私たちに
そこまで関わる
時間はない
!
では
これでどう
かネ!?
なんだこの手帳は?
!!
わ……わかったあっ!
ここを通ってもいい!!

どうかしましたか少尉《しょうい》？
こ……これだ!!
!?
なるほど……わかりました!
しかし……
峠を越えるには
監視員が同行せねばなり
ません!
ですから私が同行しますが
私は軍と共同調査をしている
ゲオルグといいます!
ゲオルグ・ブロズ・テ・スカンデル

こちらは異存ありません！
政府の許可証には写真撮影も許すとなっていますが……
あくまでも写真撮影は一部にすることとこの場所の正確な位置と名の公表をしない約束をしていただきたい!!
そうでないとここは世界中の好奇《こうき》の目にさらされ押し寄せる人々によって瞬《また》く間に踏み荒らされてしまいます!!

それは十分に心得ていますのでご安心ください!
了解! ここから先は歩いて山を越えることになります!
イッ!?
道路が通っていないのですよ!
徒歩でまる3日かかりますのでそれぞれ必要物資はリュックで運ぶことになります!
ドヘ〜〜〜ッ! 大変なことになってきたよ!
ということはそこが周囲から隔絶《かくぜつ》された場所ということか……!!

早速 私たちは それぞれの 生活品を 背負って 出発した！
ジャリ
ジャリ
こんなところを 歩くなんて これから先が 心配になって きたよ〜〜〜
この深い 山岳地帯の 彼方に——
人類の謎を 解き明かす ネアンデルタール の生存する 世界が 待ち受けて いるのだ!!

そこはまるで別の惑星のような光景が連なる異様な世界だった！
無数の奇岩がむき出しになっていて今にも私たちめがけて襲ってくるかのようだ!!

あらためて
こういう世界を
見ると
道路が文明を
測る尺度《しゃくど》である
ことが
思い知らされる！
道路がなければ
人々は世界から
隔離《かくり》され
何世紀も
文明化されない
生活を余儀《よぎ》なく
されても
おかしくない!!

あなたは
軍の人間には
見えませんが
？
人類学者です！
では
現地での
調査は
終了したの
ですか？
いや　まだ途中です！
というより遺伝学的には
これからという段階ですネ！
では
ネアンデルタール人
が生存する
話は本当
なんですね？
ええ事実です！
村人すべてが
ネアンデルタール人ですから!!

なっ なんですってえっ⁉ 村人すべてえ〜〜〜っ!!
ええ!! 57人の村人全員に ネアンデルタール人の特徴が 確認できます!!

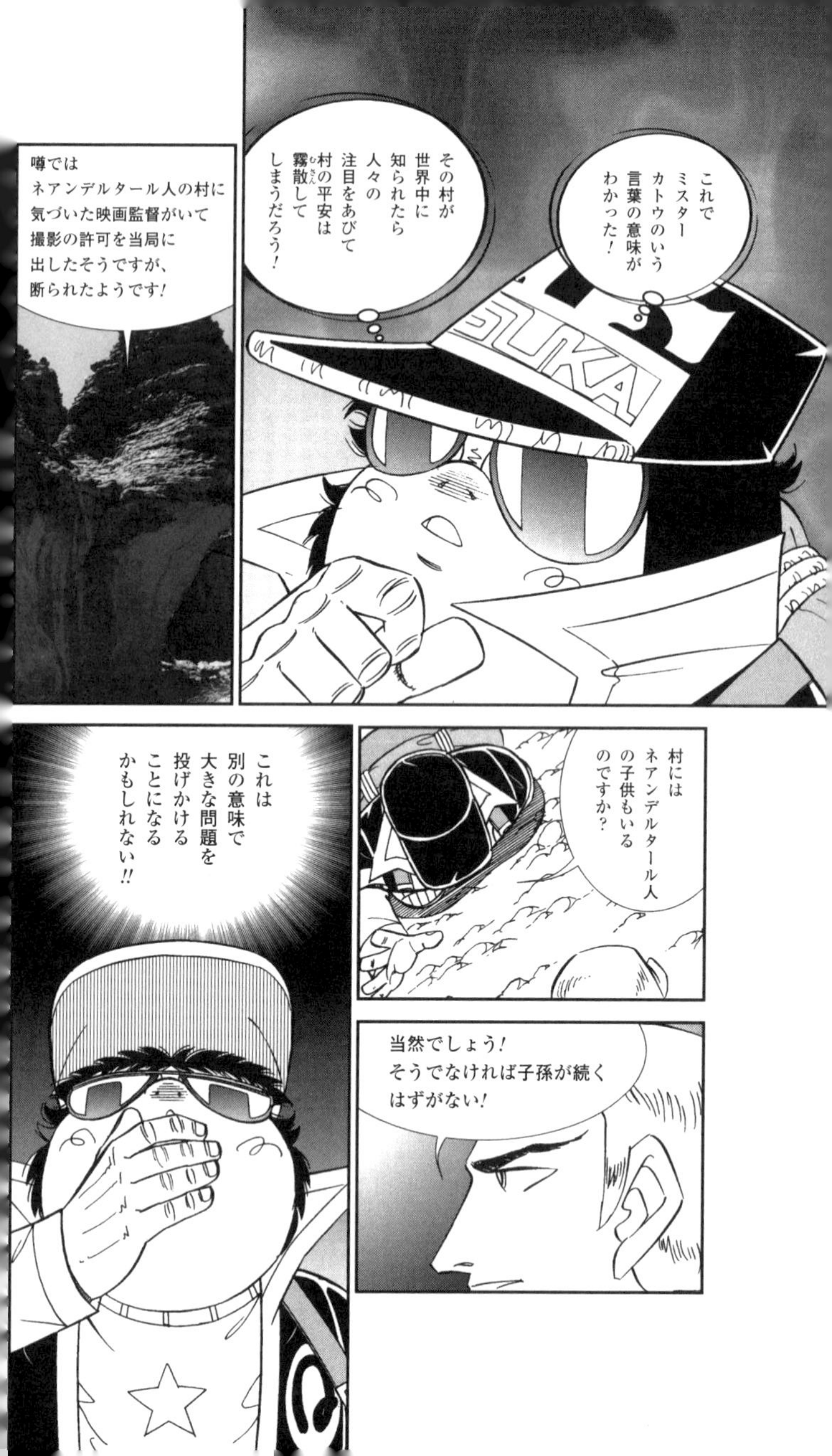
噂では
ネアンデルタール人の村に
気づいた映画監督がいて
撮影の許可を当局に
出したそうですが、
断られたようです!
これでミスターカトウのいう言葉の意味がわかった!
その村が世界中に知られたら人々の注目をあびて村の平安は霧散《むさん》してしまうだろう!
村にはネアンデルタール人の子供もいるのですか?
当然でしょう!
そうでなければ子孫が続く
はずがない!
これは別の意味で大きな問題を投げかけることになるかもしれない!!

先生……ネアンデルタール人は言葉を話せるの？
昔はサルのように思われていたが
最近では舌骨《ぜっこつ》が発見されて言葉が話せたことがわかってきた！
それに脳の大きさも現代人と同じか大きいため
知能も現代人とまったく変わらないはずだ！
じゃあどうしてほとんど滅亡しちゃったの？
その謎を今から解き明かしに行くんじゃないか!!

彼らはどんな言葉を使うのですか？

独特の訛《なま》りはありますがこの地方の言葉です!!

!!

昔から彼らは隔離された村に住んではいても時折、山を下りて地元の町で働いたりしていたようです!

時には顔を布で巻いて隠していたので、妙な連中が山奥にいるという噂が昔からあったようです!

で…でも全身が毛むくじゃらじゃあみんな怖がったんじゃないの⁉
ところがそうではないのです!
そうじゃない……って?
彼らは全身に毛がなくわれわれと同じ程度の毛しか生えていないのです!!
どどうしてなの?

その原因が突然変異なのか
進化なのかはわかりませんが
今のネアンデルタール人は
昔考えられていたような毛で
覆われた体をしていません!
彼らは衣服も身につけていますし
道具も使って畑を作っています!
それじゃあ現代人と同じじゃない!
う〜〜む!!

それから2日後
私たちはネアンデルタール人の村に入った!!

ASUK
こ……これはああ〜〜〜〜っ!!

その村は
犬を飼いながら
細々と暮らす
数十件ほどの
小さな集落
だった！
老若男女の
だれもが
人類としての
尊厳《そんげん》の中で
生活し
貧《まず》しくても
明るく暮らし
ていた!!

ただし
頭部はやや
変形し
顎《あご》と腕は
私たちよりも
大きく見えた！

先生
これじゃあ
ぼくたちと
あまり
変わらない
ヨ!
彼らと
似たような
人も
けっこう
いるからネ!
おそらく彼らは氷河期を生き抜き
進化の途中で全身の毛がなくなり
われわれに近づいたのでしょう!
いや!!
それは
違う!!

エッ？
何が違うのですか？
ネアンデルタール人は進化などしていない！
あなたは何をいっているのですか？
ネアンデルタール人は最初からサルのような姿ではなかったということです!!
それにネアンデルタール人という旧人など最初から地上に存在していなかったんだ!!

なにをバカなことを!
存在していないのなら
どうして彼らが目の前に
いるのですか!?
それに
ネアンデルタール人が新人の
遺伝子と違うことは証明
されていることだ!
では
彼らと
私たちの間で
子供は
できないと
いうのですか?
!?
クロマニョン人と
ネアンデルタール人
の混血が
ドイツ人の祖と
なったという
学者も
いますヨ!
私は医者では
ないが
この村に来て
ネアンデルタール人
の正体が
わかりました!!
エッ!?

この村の人々も
ネアンデルタール人と
分類された人々も
――
低成長と
骨の異常を
引き起こす――
クル病（骨軟化症）
患者《かんじゃ》だという
ことです!!

クル病は
子供がかかり
やすい病気で
成長とともに
骨が異常に
変形していき
ます！
じゃあ遺伝子の微妙な
違いはどうなる…？
ところが
遺伝子異常
で発生する
クル病もあり
場合によって
子孫にも
受け継がれ
ていきます！

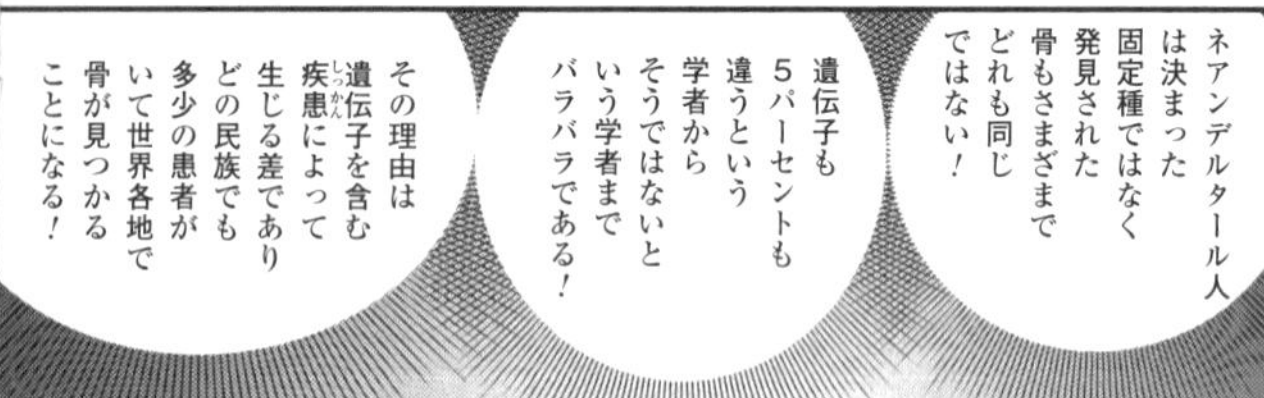
ネアンデルタール人
は決まった
固定種ではなく
発見された
骨もさまざまで
どれも同じ
ではない！
遺伝子も
5パーセントも
違うという
学者から
そうではないと
いう学者まで
バラバラである！
その理由は
遺伝子を含む
疾患《しっかん》によって
生じる差であり
どの民族でも
多少の患者が
いて世界各地で
骨が見つかる
ことになる！

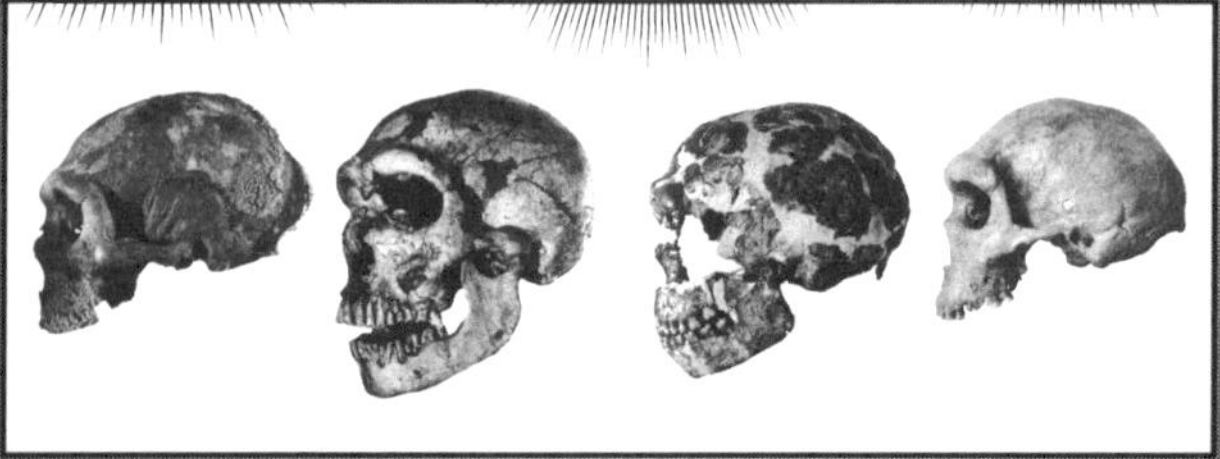

「ノアの大洪水」の後、世界は日照不足から何度も大きな飢饉《ききん》に襲われていた。クル病の主な原因は、太陽光の不足によるビタミンD不足とされ、骨の石灰沈着《ちんちゃく》障害により脊椎《せきつい》や四肢《しし》骨が変形したり、歯の異常から胸郭《きょうかく》や腰《よう》椎《つい》の異常まで引き起こし、時には頭部の変形も起こす！

遺伝子異常の場合、腎臓《じんぞう》の尿細管《にょうさいかん》がリン酸塩の再吸収を行わなくなり、肝《かん》疾患《しっかん》により発生するとされている！

彼らは外見的な違いから隔離されたり、集団から追い出され、洞窟《どうくつ》などに身を隠して生活していた可能性もある。

第4章

ネアンデルタール人は生きている!!
雪男イエティとアルマスの正体

ネアンデルタール人の映画

世に『猿の惑星』なる映画がある。サルが高度な知能をもち、ヒトを支配している惑星の物語だ。描かれたサルは類人猿というより、化石人類のイメージだ。顔はサルだが、直立二足歩行をしている姿は、まさに原人や旧人を思わせる。もしネアンデルタール人が絶滅しなかったとしたら、彼らがホモ・サピエンスに代わって、この地球上を支配していたかもしれない。ふと、そんな思いにかられる作品だ。子供のころ、最初に見たときの衝撃的なラストシーンが今でも忘れられない。

定説では、ネアンデルタール人は3万年前に滅んだとされる。現代人の遺伝子にはネアンデルタール人のDNAが入っているとはいえ、種としては絶滅したと認定されている。が、それははたして本当だろうか。今も地球上のどこかで、ひっそりと生き残っているのではないか。

1990年代半ばのころだったと記憶している。三神たけるが与那国島海底遺跡の取材をしていたとき、妙な噂を聞いた。かねてから海底遺跡に興味をもっているダイビングの巨匠ジャック・マイヨールが来日した。彼は与那国島を訪れ、海底遺跡を自ら調査した。かなり満足した様子だったようで、そのとき映画の話になった。新しいドキュメント映画を構想しているという。リュック・ベッソン監督が撮影したマイヨールの自伝映画『グラン・ブルー』は有名だ。

イルカに関する著作もあるので、海に関する映画だろうとだれもが思っていたのだが、彼の口から出た言葉は意外だった。

映画のテーマはネアンデルタール人だというのだ。海ではなく陸が舞台というだけでも衝撃的なのに、化石人類を扱うとはこれいかに。周囲の人間も驚いたようだが、続けて彼は、こういった。ヒマラヤの奥地に生きたネアンデルタール人の村が発見された。ここを取材して、ドキュメンタリー映画を作りたいんだ、と。実際に聞いていた人の表情が想像できるくらい、これは衝撃的な話である。

残念ながら、その後、マイヨールはうつ病を患い、精神的に不安定になった。しばらくして、不幸なことに、彼は自ら命を絶ってしまう。ネアンデルタール人の話が本当だったのか。それを確かめることはできなくなった。ひょっとしたら、噂自体、真実ではないのかもしれない。

ずっと頭の片隅に引っかかっていたのだが、あるとき書店で一冊の本が目に止まった。『ネアンデルタール』（ソニー・ミュージックソリューションズ）である。ピュリッツァー賞作家ジョン・ダーントンの小説だ。タイトルにあるように、メインテーマはネアンデルタール人である。ご想像の通り、ネアンデルタール人は今も生きており、それを探索するのが大筋だ。なかでも、登場人物のひとりが生きているネアンデルタール人と出会い、恋に落ちるところがミソである。

何より目を引いたのは本の帯である。そこには「S・スピルバーグによる映画化決定」とあ

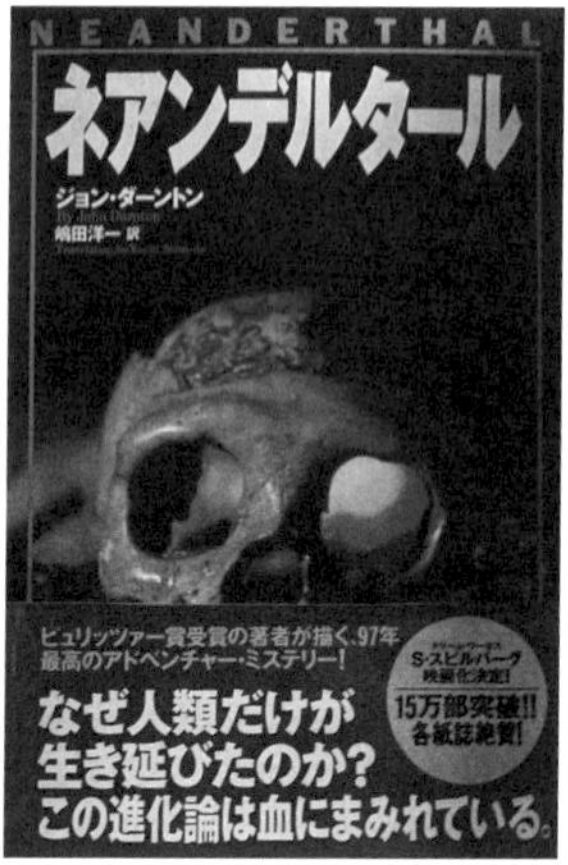

⬆スティーブン・スピルバーグが映画化することを考えていたという小説『ネアンデルタール』。

る。当時、スティーブン・スピルバーグは恐竜復活を描いたマイクル・クライトンの小説『ジュラシック・パーク』を映画化し、大ヒットさせていた。恐竜の次は化石人類か。さすが目のつけどころが違う。映画になったら絶対に見よう。そう思ったものだ。

ところが、だ。待てど暮らせど、一向に映画の話が聞こえてこない。ひょっとして企画は立ち消えになったのか。関係者をたどって調べてみると、やはり、そうだった。なんでも設定に無理があったらしい。ネアンデルタール人の女性とホモ・サピエンスの男性が恋愛するという設定がまずかった。当時の学説では、ホモ・ネアンデルターレンシスとホモ・サピエンスは別種であり、子孫はできないとされていたのだ。これが理由で映画化はお蔵入りになったのだとか。

しかし、今思えば、実際は真逆だ。現代人の体の中にはネアンデルタール人のDNAがある。ホモ・ネアンデルターレンシスとホモ・サピエンスが交配すれば、ちゃんと子孫は生まれることがわかっている。小説の設定は間違っていなかったのだ。なんとも悔やまれる話だ。今からでもいいので、あらためて映画化してくれないものだろうか。

実は、これには裏がある。小説の映画化にあたって、スピルバーグはある情報を入手していた。それが、あのネアンデルタール人の村である。リアルな映画を製作するために現地を取材し、本物のネアンデルタール人に会ってみたいと考えていたのだ。現地を管轄する当局と交渉が極秘裏に進められたが、最終的に許可が下りなかったらしい。

小説『ネアンデルタール』のストーリーよろしく、平和に暮らすネアンデルタール人たちをそっとしておこう。むやみに現代人と交わらせ、世間の注目を浴びることで、彼らの社会が壊れてしまうかもしれない。保護するのが最善の策だという判断だ。

しかし、これにもまた裏がある。裏の裏で、表のようだが、なんとアメリカがしゃしゃりでてきたのだ。アメリカ軍の手先、ＣＩＡである。彼らは現地の政府を動かし、ネアンデルタール人の村を封鎖し、アメリカ軍の管轄下に置いたのだ。

ネアンデルタール人の村

アジアの国々は、いまだに外国人には立ち入りを禁止している場所が多い。軍事的な問題はもちろんだが、そこには先住民がいる。さまざまな民族がいるのだが、それを対外的に公表していないのだ。パキスタンもそのひとつ。モヘンジョ・ダロ遺跡の取材に行ったカメラマンは途中、目隠しを支持されたとか。隙を見て、ちらりと外を覗くと、なんと、そこには見たことのない人々がいた。みな身長が異様に高く、少なくとも2メートルあり、細長い体形をしていた。まるで巨人の村のようだったという。

ネアンデルタール人の村も、また、そうした未開放地区のひとつ。場所は中央アジアのウズベキスタン領内の山岳地帯である。険しい山々が続くため、ほとんど下界との接触がなかったらしい。それでも時折、里の集落にやってきて、地元の人と交流することがあったらしい。いつも顔を布で覆っていたので、少し奇妙に思っていたようだが、別に気にもしていなかったという。

姿かたちは民族によってさまざま。それが個性だとすれば、だれも特別扱いしないだろう。多様性が叫ばれる時代である。だれもが共存できる社会を目指そうとしている国際社会において、ネアンデルタール人がいてもいいのだ。

もちろん、地元の人たちは、彼らがネアンデルタール人だとは、だれも思ってもみなかっただろう。何しろ、外見がまったく変わらないのだから。雪男のように、前身、長い毛で覆われているなら、獣人UMAとして騒がれるだろうが、まったく現代人と変わらない。むしろ、彼らより毛深いホモ・サピエンスがたくさんいるだろう。男性も、あまり髭を伸ばしていない。

かつてネアンデルタール人の復元模型は、まさに獣人だ。典型的な原始人として描かれた。

⬆ウズベキスタンの山岳地帯にあるネアンデルタール人の村で暮らす少女たちと男性。

⬆髪と髭を整え、スーツを着た最新のネアンデルタール人の復元模型。現代人と変わらない。

背中をかがめ、がに股で歩く。太い手足に、ぼさぼさ頭。いつも裸足で、手に棍棒のようなものを持っている。着ているものは毛皮で、しかもまとっているだけ。顔はゴリラのようで、知性のかけらもない。

研究が進み、ネアンデルタール人の頭蓋骨にはホモ・サピエンスよりも大きい個体があることが判明し、知能が高いことがわかると、復元図にも改良が加えられた。背筋は伸びて、髪や髭を手入れし、服を着せた。そうなると、もはや現代人と変わらない。渋谷のスクランブル交差点にいても、だれも気づかないだろう。

しかし、実際はもっと現代人と同じだった。ネアンデルタール人の特徴である眼窩隆起はあるものの、さほど大きくもない。まったくないネアンデルタール人もいる。頭蓋骨の形状も、丸みを帯びているものの、ホモ・サピエンスと大きな差異はない。

小説『ネアンデルタール』では言語を話さず、コミュニケーションはテレパシーによって行っていたという設定だったが、彼らがみな超能力者というわけではない。ちゃんとヒトの言語を話す。言葉でコミュニケーションをとることは当たり前であり、互いを尊重して、平和な社会を築いている。知能的にも、まったく同じだ。

村には家屋があり、いくつか小屋のような建物もある。当時、人口は57人で、子供から老人までいた。家畜を飼い、畑を耕し、野菜や果物を収穫し、火を焚いて料理もする。何から何まで同じ。ちょっと田舎に行けば、同じような暮らしをしているホモ・サピエンスは、世界中、どこにでもいるだろう。それほどまでに違いがないのだ。

逆に不思議な感覚にとらわれるのだが、DNAを調べると、確かにネアンデルタール人の遺伝子なのだ。遠い昔から、ここに住みつづけてきたのだろう。まぎれもなく、ネアンデルタール人のコミュニティなのだ。

アメリカ軍は何を狙っているのだろうか。彼らの目的は何か。ふつうであれば、これを公表したところで、なんら問題はないはずだ。奇異な目から守るために、存在を秘密にするのはわかるが、ネアンデルタール人が現代にまで生き残っていた事実を隠蔽することはないだろう。

場所を隠せばいい。

なのに、そうしない理由は、ほかでもない、ネアンデルタール人の本当の姿がわかることで、人類学の定説が揺らぐことを心配しているのだ。彼らは、このままでいいと考えている。世の学者たちは真実を知らなくていい。このまま進化論を信じて、100万年にも及ぶヒトの歴史が真実だと思っていてほしいのだ。自分たちだけが真実を知っていればいい。そのことが国際戦略上有利だからだ。

ネアンデルタール人の正体

外見上、現代人とまったく変わらないネアンデルタール人。彼らの正体は、いったい何か。難しく考える必要はない。ホモ・サピエンスである。一部には、ホモ・ネアンデルタレンシスではなく、ホモ・サピエンス・ネアンデルターレンシスとし、ホモ・サピエンス・サピエンスにより近い種とするべきだという説があるが、これとて正確ではない。ネアンデルタール人は現生人、ホモ・サピエンス・サピエンス、そのものなのだ。

アメリカ軍が生きているネアンデルタール人の血液や骨、そして遺伝子などを総合的に分析した結果、特徴的な形質の原因がわかった。病気である。「クル病」という骨の病気にかかっていたのだ。クル病とは、幼少期にカルシウムとリンの吸収ができずに、骨が弱くなって変形してしまう病気である。大人になってから発症した場合は「骨軟化症」と呼ぶことになっている。いずれも、ビタミンDが欠乏したり、代謝に異常が生じることが主な原因とされている。

一般に、クル病は十分な栄養を取らず、日光に当たる機会が少ないと発症する。とくに日照時間が短い地方での発生が多い。これは骨の形成に必要なビタミンDを生成するために日光に当たる必要があるためだ。

恐ろしいことに、クル病には遺伝性のものがある。ビタミンDを摂取しても、これを利用できずに、結果として骨が弱くなってしまう病気である。ビタミンD依存性クル病は難病に指定されている。

ネアンデルタール人は遺伝性のクル病である。最初にネアンデル渓谷で骨の化石が発見されたとき、これを見たドイツの病理学者ルドルフ・ルートヴィヒ・カール・フィルヒョウはクル病の患者であると見抜いていた。幼少期にクル病を発症し、成長して関節炎を患った現代人だと診断していたのだ。

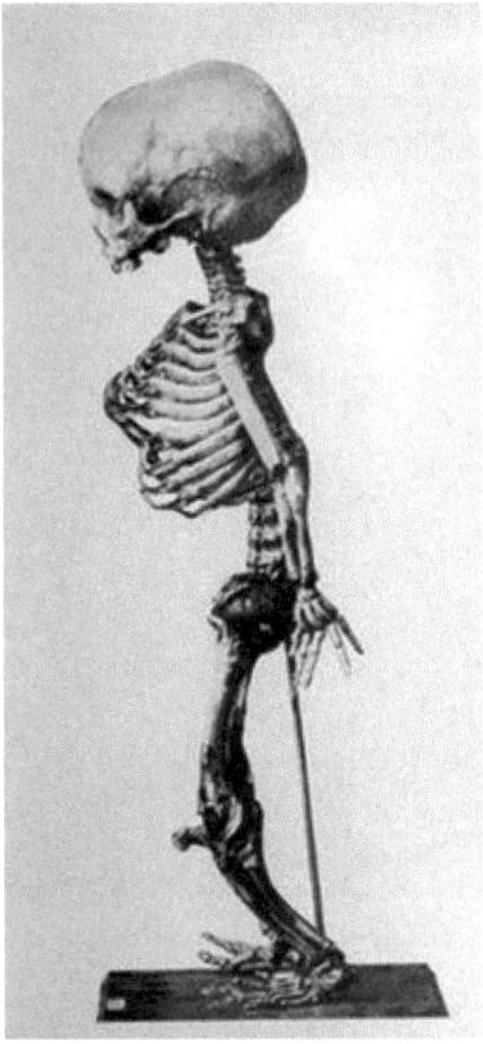

⬆クル病患者の骨格。カルシウムやリンの不足で骨の石灰化が妨げられることによって骨が変形している。

⬆ドイツの病理学者で白血病の発見者として知られるルドルフ・ルートヴィヒ・カール・フィルヒョウ。

残念ながら、ネアンデルタール人の化石が次々に発見されるに及び、これが個人的な病気ではなく、こうした形質を生まれながらにもっているヒトで、現生人類とは違う種だという説が強くなり、今日に至っている。おそらく、今後も大きな発見がない限り、アカデミズムはネアンデルタール人をホモ・サピエンスとは別種だと見なすだろう。アメリカ軍にとっては、非常に好都合である。

なぜ、ネアンデルタール人はクル病を発症したのか。原因は、やはり日照不足である。ノアの大洪水以降、地球の地殻変動は活発になり、大陸は高速で移動。造山運動が激しくなり、大規模な火山噴火も相次いだ。これが原因で気候変動が続き、日照時間が少ない地域もあった。何より寒冷化したことで、食料不足にも見舞われた。

当時、ヒトが住むにあたって、一番安全だったのは地下だった。地下に居住すれば、下界の影響を受けずにすむ。トルコのカッパドキア遺跡は、地球環境の変化、特に気候変動により作られたものだ。地下空間を利用して大規模な都市を作り上げたのだ。地下都市を作るまでいかなくても、洞窟に住むヒトは多かったはずだ。ご多分にもれず、ネアンデルタール人の骨はすべからく洞窟から発見されている。

中で火を焚いて明かりをとったとしても、十分なビタミンDを合成できるわけではない。少なからずクル病を発症した個体がいた。それもひとりやふたりではなく、集団で発症した。原因がわからないため、彼らは対処のしようがなかった。結果、遺伝性のクル病として定着してしまったのである。

現在、ウズベキスタンの山奥で暮らすネアンデルタール人に、発掘された化石のような眼窩隆起や骨の変形があまり見られないのは、ビタミンDの摂取が十分できており、かつ日光にも当たっているからだ。よって、本格的な治療をほどこせば、これまでネアンデルタール人の特徴とされてきた身体的特徴も、将来的になくなってしまうかもしれない。DNAとしては残るだろうが、外見上のネアンデルタール人は、いずれ消滅するのだ。もっとも、世の人々は、とっくの昔に滅んだと思ってはいるのだが。

原人の正体

ネアンデルタール人が本質的にホモ・サピエンスであるならば、それ以前に分岐して進化したとされる原人は、どうなのか。彼らもまた、病気にかかった現生人類、ホモ・サピエンスなのだろうか。

まず初期の原人とされるホモ・ハビリスとホモ・ルドルフエンシスだが、これらはともにサルである。猿人アウストラロピテクスと同種である。おそらく染色体の数は24対48本であるはずだ。生きていれば、外見も体毛に覆われ、大型のサルとして認識されるだろう。言語をもたず、複雑な道具を作ることはできなかったはずだ。原始的な石器ならば、多少なりとも作れたことだろう。その程度のことは、チンパンジーのボノボにもできる。

問題は原人の中核をなすホモ・エレクトゥスだ。彼らはヒトである。最初のヒトとは、ホモ・エレクトゥスのことを指すべきだが、それでも十分ではない。結論からいって、原人はホモ・サピエンスである。ネアンデルタール人と同様、クル病にかかり、骨が変形したヒトである。

その証拠に、多くの化石は洞窟から発見されている。北京原人は中国の周口店龍骨山の洞窟、フローレス人はインドネシアのリアンブア洞窟、ホモ・ナレディは南アフリカのライジングスター洞窟、ハイデルベルク人はスペインのシマ・デ・ロス・ウエソス洞窟から発掘されている。なぜ、洞窟なのか。当たり前のようだが、そこに住んでいたからだ。洞窟で生活し、そこで死んだのだ。

一日のほとんどを洞窟で暮らせば、さすがにビタミンDの生成量が少なくなる。ビタミンDを含んだ食べ物を摂取していればいいが、そんな知識があるはずもない。集団で慢性的なビタミンD不足のなか、やはり遺伝性のクル病を患ってしまった。日光を浴びているヒトは正常な体をもち、それをホモ・サピエンスと呼んだまで。

原人はヒトであり、染色体は23対46本のはずである。クル病を発症していたとはいえ、ホモ・サピエンスである。外見も、現生人類とほとんど変わらなかったはずだ。いまだに復元想像図は、サルの要素が入った原始人として描いているが、実際はネアンデルタール人と同様、こざっぱりした髪と髭を剃り、服を着せたら、現代人と変わらない。

現在のところ、原人のDNAは抽出できていないが、ゲノムを解読できれば、現代人の体にも遺伝子が入っている可能性は十分ある。おそらく原人と旧人と新人は、ともに交雑して子孫を残せたはずだ。これに関して、分子人類学者の篠田謙一氏は著書『人類の起源』(中公新書)のなかで、こう述べている。

「そもそも種という概念自体も、それほど生物学的に厳密な定義ができるわけではありません。よく用いられる種の定義として、『自由に交配し、生殖能力のある子孫を残す集団』という考え方があります。これにしたがえば、人類学者が別種と考えているホモ・サピエンスとネアンデルタール人、デニソワ人のいずれも、自由に交配して子孫を残していることから同じ種の生物ということになり、別種として扱うことはできなくなります。おそらく他の原人もすべて私たちと同じ種として考えなければならなくなるでしょう」

まさに卓見である。おそらく近い将来、化石人類のDNAが解明され、人類学の定説が根底から覆るときが来るだろう。原人と旧人と新人は、すべてホモ・サピエンスとして分類される。そもそも種の違いではなく、病態の差でしかない、と。

獣人ザナ

謎の女性の正体はネアンデルタール人か、それとも原人か。19世紀、ロシアで起こった事件が昨今、あらためて注目されている。19世紀、コーカサス地方でひとりの獣人が捕獲された。罠にかかっていた獣人は地元の商人によって捕獲された。身長は約2メートルと大きく、肌は色濃く、全身が茶色い毛で覆われていた。姿からメスだった。ヒトのように直立二足歩行をしたが、言葉を理解することはできなかった。一方で、サルのように運動神経が抜群で、50キロの麦袋を片手でもち、走るとウマよりも速かった。

ほかの動物よりは知能が高そうだったので、彼女は「ザナ」と名づけられ、召使いとして働くことになった。愛嬌があったのだろう。ザナは村人に愛された。ペットとしてではなく、まさにヒトとして愛された。結果、なんと4人の子供を産んだ。子供たちに見守られて、彼女は1890年に亡くなり、墓に埋葬された。

死後、ザナのことがマスコミで報道されると、正体は獣人UMA「アルマス」、もしくは雪男「イエティ」ではないかと大騒ぎとなった。ただの目撃事件と違い、さまざまな情報やデータがあり、何しろ本人と子供の骨がある。DNAを分析すれば、獣人の正体が明らかになるかもしれない。

2015年、オックスフォード大学の遺伝子学者ブライアン・サイクスはザナの息子の墓を特定、そこから骨を採取し、ミトコンドリアDNAを分析した。ミトコンドリアDNAは母系遺伝なので、ザナのルーツを特定できる。結果、驚くべきことに、彼女のルーツは遠くアフリカだった。しかも、現存するヒトのDNAとは異なっており、現生人類ホモ・サピエンスとは異なる系統であることがわかった。これを受け、UMA研究家らは化石人類を含めて、ザナが獣人UMAアルマスやイエティであった可能性が高まったと色めき立った。

さらに、ザナの墓も特定されたことで、あらためて、2021年、コペンハーゲン大学の分子生物学者アショット・マーガリアンらのグループが骨から抽出したDNAを解析した。あらためてザナと息子の親子関係が証明され、そのルーツについても新たな発見があった。

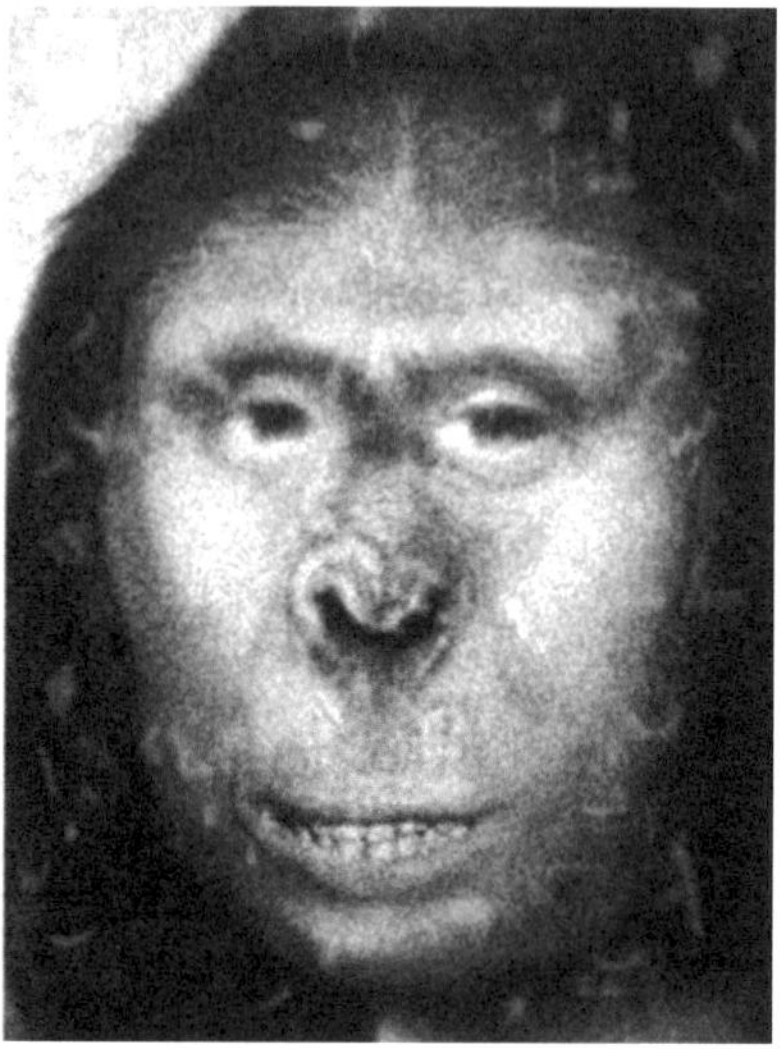

⬆コーカサス地方で人と一緒に暮らし、子供も産んだ獣人ザナ。言葉を話すことはできなかったが、そのルーツはアフリカにあり、正体はホモ・サピエンスだった。

まず、アショット博士は化石人類であるネアンデルタール人とデニソワ人、それとヒトにもっとも近いチンパンジーのＤＮＡと比較したところ、どれにも該当しなかった。ザナの遺伝子とはいずれも遠く、近縁ではないことが明確になった。

サイクス博士の分析を詳細に検証し、あらためて全世界のミトコンドリアＤＮＡと比較した。結果、やはりアフリカ系であることがわかった。現在、アフリカ東部および西部に住んでいるヒトと極めて近く、彼らと共通の祖先がいることが判明した。つまりは現生人類、ホモ・サピエンスであることが確定したのだ。

見た目はサルのようで、人語を話すことはなかったが、まぎれもなくヒトであり、ふつうの現代人、ホモ・サピエンスだったのだ。村人との間に子供をもうけたところを見ても、同じヒトであり、ホモ・サピエンスであることは明確だ。

おそらく体毛が濃かったのは多毛症だった。生まれつき障碍があったのだろう。発達障害もあって、悲しいことに奴隷のように売られたが、後半生は村人たちに愛されて幸せな人生を過ごしたのだ。獣人UMAではなかったが、これもひとつの重要な研究結果だといえるだろう。

コーカサスの獣人アルマス

獣人ザナのルーツはアフリカだった。が、コーカサスで捕獲されたがゆえ、獣人UMAアルマスではないかと考えられた。あらためて、アルマスとはいったいどんな獣人なのか。目撃報告を総合すると、身長は約2メートル前後。推定体重は約200キロ。全身、長さが15センチにもなる体毛で覆われており、見た目の印象は大型のサルである。

アルマスとは獣を殺す者という意味で、性格は凶暴だ。コーカサス地方はもちろん、パミール高原から中国新疆《しんきょう》ウイグル自治区、さらにはモンゴルまでと、非常に広範囲に目撃されてきた。地図を見ればわかるように、中国で野人、ネパールで雪男、さらにロシアでスノーマンと呼ばれる獣人UMAも、ひょっとしたらアルマスと同種なのかもしれない。

アルマスの姿を描いた絵として、しばしば書籍に掲載されているのは、1958年に行われた調査の記録である。当時、アルマスの噂を聞き及んだ旧ソ連のレニングラード大学（現サンク

⬆「獣を殺す者」という意味をもつアルマスの目撃スケッチ。長い毛で覆われており、性格は凶暴といわれる。

トペテルブルク大学）の水文学者A・G・プローニンがパミール高原を探査したとき、バリャンドキーク川の対岸に獣人を発見した。突如、茂みから姿を現したアルマスは手が長く、足はがに股をしていた。前身、体毛で覆われていた。しばらく雪の上であたりを見渡していたが、そのまま姿を消した。

　この一件より40年も前、モスクワ大学の動物学者V・A・カークロフは中央アジアのズンガリア地方で、アルマスに関する詳細な調査を行っている。興味深いことに、現地の人にとってアルマスは珍しくもなく、ふつうに共存しており、なかには捕獲して、しばらく飼育していた人もいた。

　彼らの証言によると、アルマスは全身、毛で覆われているが、裸で過ごし、寝るときは地面にうずくまり、手を頭の後ろにまわすのだという。

　顔には眼窩隆起があり、鼻は低いが、鼻の穴は大きくサルのようだ。耳たぶはなく、上は尖っていた。足の裏はヒトと同じく、足跡は非常に似ている。基本、生肉だけを食べる。明らかにヒトというよりは、サルである。

そこで、長い間アルマスを見てきた村人たちにチンパンジーとゴリラ、そしてネアンデルタール人の絵を見せたところ、迷わず全員がネアンデルタール人を選んだ。どうもアルマスはネアンデルタール人そっくりらしい。

UMA研究家のみならず、アルマスを追いかける学者は一様に、ネアンデルタール人説を支持する。確かに、コーカサス地方からはネアンデルタール人の化石が見つかっている。アルマスは洞窟に棲んでいるというから、状況的にぴったりだ。何より、足跡はヒトに似ており、ネアンデルタール人とそっくりだ。

逆にゴリラやチンパンジーではないことは明白である。ネアンデルタール人が絶滅したのは3万年前と、地質年代からすればつい最近のことである。アルマスの正体がネアンデルタール人だと推定するのも無理もない話である。

しかし、目撃者が見せられたネアンデルタール人の絵は古い復元図である。今は、ほぼ完全否定されている姿だ。ステレオタイプの原始人の絵を見て指をさしたということは、逆に正体はネアンデルタール人ではない。まったく別の動物だ。全身、長い体毛に覆われており、腕が膝まで届くほど長いというあたり、原人でもない。原人がクル病にかかったホモ・サピエンスだとすれば、まったくもって当てはまらない。

では、アルマスの正体は何か。ずばり猿人である。アウストラロピテクスだと考えて間違いない。アウストラロピテクスは絶滅などしていない。彼らはヒトではなく、サルである。ノアの箱舟に乗って、大洪水を生き延びた清い動物だった。生き延びたつがいは基本種だった。今日、さまざまな犬種が知られるイヌのように、アウストラロピテクスの基本種から子孫が増え、それぞれ変異を繰り返しながら世界に広がったのだ。

アウストラロピテクスのうち、高地に適応したのがアルマスとなった。猿人とはいえ、ビタミンDは必要だったはずだ。猿人の化石も、しばしば洞窟から発見される。厳しい外界から逃れて、ヒトのみならず、サルたちも洞窟へとやってきた。

ひょっとしたら、現代人とチンパンジーやゴリラが行うように、コミュニケーションが取れていたのかもしれない。漫画『はじめ人間ギャートルズ』に出てくる原始人ゴンと相棒の類人猿ドテチンのような関係があったとしても不思議ではない。

アジアにおける獣人UMAの正体はアウストラロピテクスである。人類学者はアウストラロピテクスの化石はアフリカ大陸からしか発見されていないので、ユーラシア大陸には進出していないと考えているが、はたして、そうだろうか。たったひとつの化石が定説を覆すことは科学史において珍しくもない。

雪男イエティ

アジアの山岳地帯には古来、さまざまな獣人伝説があった。なかでも、世界的に有名な獣人といえば、ご存じヒマラヤの「雪男：イエティ」である。ブータン人による「自国にUMAはいないけど、雪男はいるよ」というジョークは有名だ。高山に住んでいる人々にとって、イエティは古来、身近な存在だといっても過言ではない。

彼らによると、雪男には大きく2種類ある。ひとつは大型の「チュティ」、もうひとつは小型の「ミティ」だ。チュティは身長が2メートル以上で、全身が黒い体毛で覆われている。足跡は40センチを超える。性格は凶暴で家畜を襲うといい、懐疑派はヒマラヤグマではないかと指摘する。

これに対してミティはヒトと同じぐらいの大きさで、アルマスと同じ種類ではないかと見られている。地方によってはメーテー、ミゴ、ソクブなどとも呼ばれている。体はがっしりとしていて、頭は尖っている。体毛は主に赤茶色で、足跡は身長の割には大きく、親指が膨らんでいる。

さらに、ミティよりも小さい獣人がいるという説もある。身長は1・2メートル。体毛は赤茶色で、たてがみがある。足跡はヒトと同じで、少し親指が大きく、土踏まずがある。性格はいたって臆病で、人前に出てくることはほとんどない。

　イエティが有名になったきっかけは、1932年。ネパール駐在のイギリス政府高官のB・H・ホジソンが、地元の人間がいうには、ヒマラヤには全身毛で覆われた獣人がいると報告したことによる。雪男という呼び名は1920年、登山家ハワード・ベリー英国軍中佐がエベレスト山系のラクパラ峠でヒトではない動物の足跡を発見し、これをつけたのはヒトに似た「メ

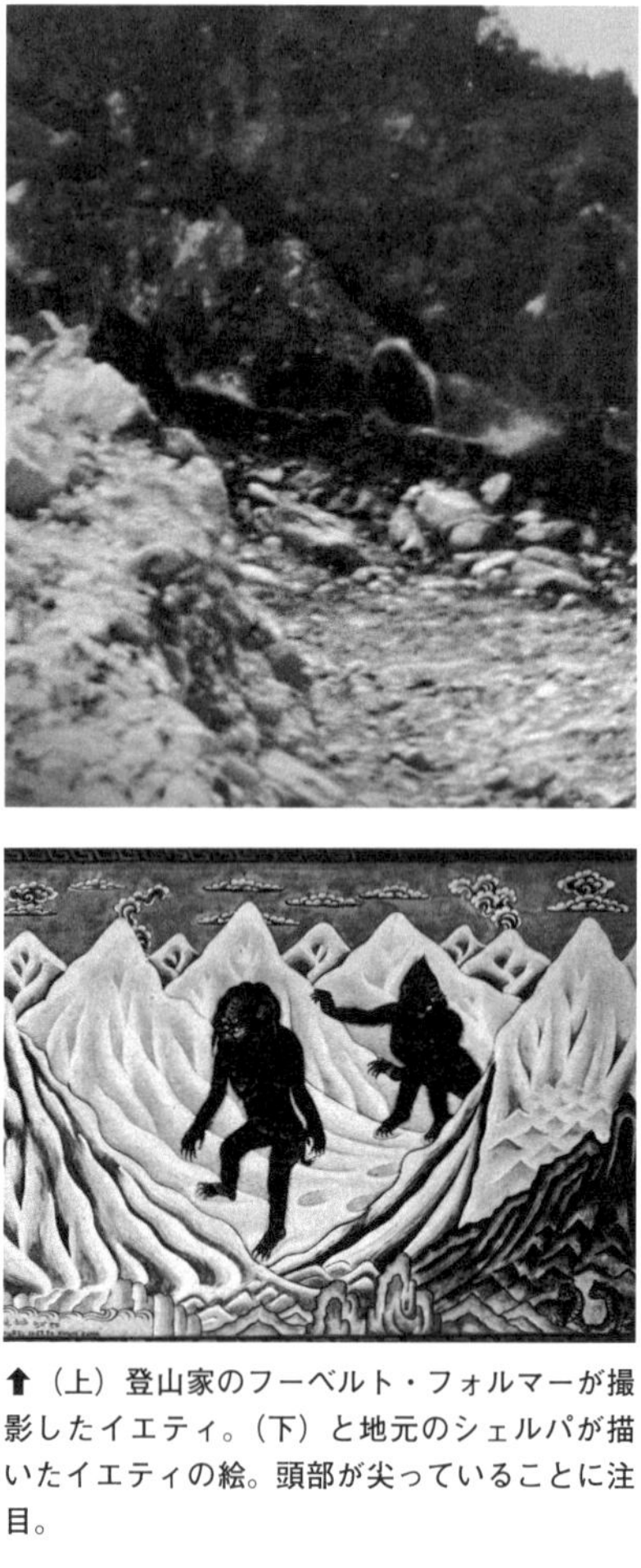

⬆（上）登山家のフーベルト・フォルマーが撮影したイエティ。（下）と地元のシェルパが描いたイエティの絵。頭部が尖っていることに注目。

トーカミング」だと現地人は語っていると述べたことがきっかけだ。本来は「雪の獣」という意味だが、これをマスコミが「恐ろしいスノーマン」と表現したことで、雪男という言葉が定着した。

何より、雪男の存在を印象づけたのは「足跡」である。一般の人間が入ることができないヒマラヤの奥地をたったひとりで歩き回っている二足歩行の動物がいる。足跡の形状を見ると、

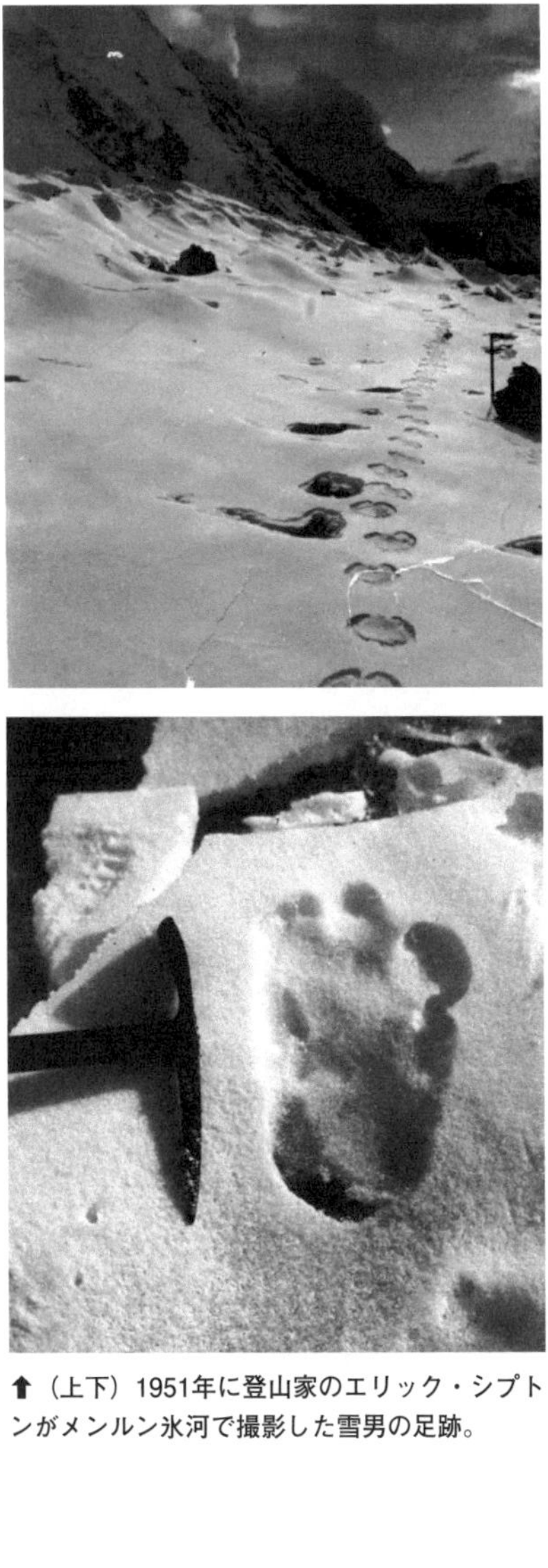

⬆（上下）1951年に登山家のエリック・シプトンがメンルン氷河で撮影した雪男の足跡。

明らかにクマやヤギ、シカなどではない。四足歩行する動物が歩く際、前脚の跡を後ろ足で踏むので、形状がヒトの足跡に似るのだという指摘もあるが、これは早い段階で否定されている。ヒトの足跡のようだが、何しろ裸足である。サイズも明らかに大きいのだ。

　雪男の足跡が世界中に知られるようになったのは、なんといってもイギリスの登山家エリック・シプトンが１９５１年11月８日に、メンルン氷河で発見し、鮮明な写真を撮影したことが大きい。長さが約30センチで、幅13センチ。見た目は４本指で、奇妙なことに、親指が異様に大きく、外に向いている。明らかにヒトではない。

　同行したセン・テンジは足跡の主は雪男に違いないと断言した。足跡は周囲にたくさん残っており、一行は１・６キロにわたって足跡を追跡したが、最後は氷壁に阻まれて断念したという。雪男の存在に魅了されたシプトンは登山を中止して急いで本国イギリスに戻り、動物学者に意見を求め、地理学協会で詳細を発表している。

　客観的に見て、ヒトに似た謎の動物が存在する可能性は高い。人類学者たちも、報道を見て雪男に興味をもつようになる。１９５４年、新聞「デイリーメイル」の主催で、ついに本格的な雪男探索隊が組織され、ヒマラヤ調査が行われた。いくつか、それらしき足跡が見つかったほか、何より専門の動物学者や人類学者によって、人間のいたずらや誤認ではないことが確かめられ、雪男が実在することを学術的に裏づけることとなった。

日本でも雪男の存在が話題になった。1959年、東京大学の小川鼎三博士、札幌医科大学の山崎英雄博士、多摩動物公園の林寿郎園長が探検隊を組織。雪男のものらしき足跡を発見し、雪男の頭皮を実見し、体毛をいくつか持ち帰っている。詳細は林園長によって『雪男 ヒマラヤ動物記』（毎日新聞社）にまとめられた。これをきっかけに、テレビ番組などが放送され、広く日本人に知られるようになった。

雪男とネアンデルタール人

雪男の正体は何か。最初に確認しておきたいのが、既知の動物である。よく指摘されるのがクマである。全身毛で覆われて、二本足で立つこともある。ヒマラヤ山中にも多く生息しており、かなりの標高にまでやってくる。足跡も雪が解けてくると、それらしい形状になる。遠目に見て、獣人だと勘違いしたとしても無理はない。

興味深いことに、足の裏を左右逆にすると、ヒトの足の裏に見えてくる。2003年、シベリアで発見された獣人アルマスのものと思われる片足のミイラが発見された。毛で覆われており、レントゲン写真に写った足の裏の骨格は、確かにヒトのように見えるため、かなり話題になった。が、これは左右が逆なのだ。右足ではなく、左足なのだ。そうすると、クマの骨格と一致することがわかる。おそらくヒグマのミイラだ。

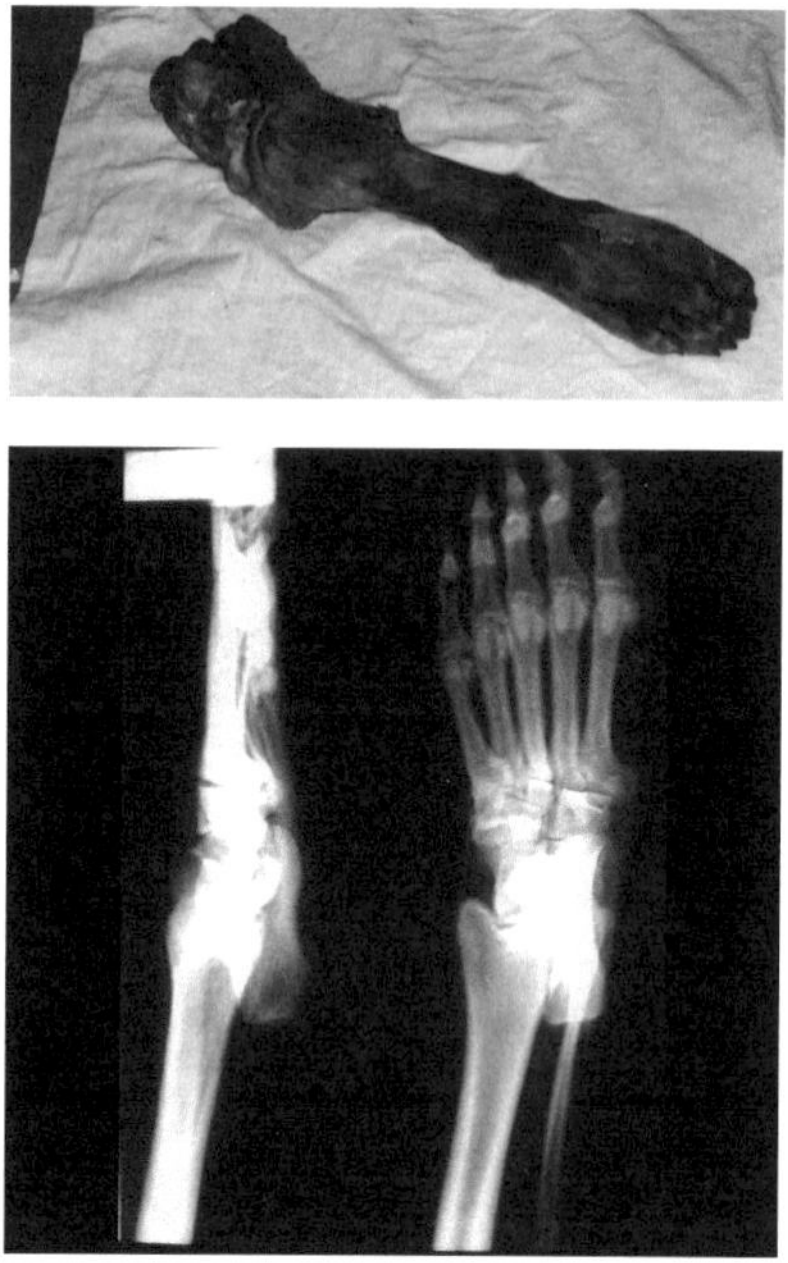

⬆（上）雪男の足とされたミイラ。（下）そのレントゲン写真。これはクマの足だ。

ヒマラヤグマをもって雪男だと誤認した例は多いだろう。だからといって、未知の動物が存在する可能性は否定されるものではない。何しろ、はるか昔から地元の人たちが目撃し、語り継いできたのだから。

とはいえ、現地の人の証言を鵜呑みにできるかといえば、これが危うい。昔話は尾ひれがついた物語で、ほぼフィクションだ。証言もかなり信憑性に乏しい。何より、雪男の存在を吹聴して、それにまつわる品々を買わせようとする。多いのが雪男の皮だ。専門家が見れば、それがヤギの皮だとわかる。なかには雪男の骨を売ろうとする者もいる。もちろん、未知の動物の骨ではない。

ネパールのパンポチェ寺院には雪男の手のミイラが祀られている。ミイラといっても、ほとんど骨である。これについてイギリスで学術的な分析が行われている。ロンドン動物園のオスマン・ヒル研究員が分析したところ、手はヒトのものだと鑑定された。一方、エディンバラ動物園が遺伝子を抽出して分析したところ、やはりヒトの骨であることがあらためて裏づけられた。

⬆ネパールのパンポチェ寺院に祀られている雪男の手のミイラ。分析した結果、ヒトの手であることが判明した。

これは実に興味深い結果である。未知の動物ではないが、雪男の正体を知る手がかりになるからだ。雪男には大きく3つの種類があり、そのうち小型のタイプは、かなりヒトに近い。全身、体毛で覆われているが、これを多毛症だと解釈すれば、背の低いホモ・サピエンスである可能性がある。何より、足跡がヒトに似ている。土踏まずがあるのはヒトだけで、現生動物としてはホモ・サピエンスだけだ。

先に見たように、旧人ネアンデルタール人および原人ホモ・エレクトゥスは、みなクル病にかかったホモ・サピエンスだ。小型雪男がホモ・サピエンスだったとしても不思議ではない。雪男とアルマスは

⬆長い髪に覆われ、ライオンのように見える多毛症の男。

同じ獣人だという説もある。多少無理はあるものの、強弁すれば、アルマスがネアンデルタール人ならば、雪男もネアンデルタール人であり、それはクル病のホモ・サピエンスだという三段論法は成り立つだろう。

ただ、土踏まずをもった動物はホモ・サピエンスだけではない。化石人類として最初に土踏まずをもったのは猿人である。猿人が樹上ではなく、地上生活をしていた証拠だ。アウストラロピテクス・アファレンシスの足跡には、土踏まずがあることがはっきり確認できる。雪男の正体の本命は、まさに猿人なのだ。

雪男と猿人

雪男の手の骨を保管するネパールのパンポチェ寺院には、ほかに頭皮がある。頭蓋骨から剥いだ頭皮だ。そこには毛髪がある。雪男の本には、必ず写真が掲載されるので、見た方もいるだろう。円錐形の頭皮に赤茶色の毛が生えている。見た目は、毛皮の帽子のようである。

　意外に知られていないが、この雪男の頭皮、少なくとも3つある。保管されているのはネパールのソロ・クンブにあるパンポチェ寺院とクムジュン寺院、そしてナムチェバザールである。いずれも、形状は同じ。採取した毛を分析した東京大学の小川鼎三博士は3つとも同じ動物の毛であるとしながらも、動物の種類を特定することはできなかったと述べており、『雪男　ヒマラヤ動物記』の中で「問題の〝頭皮〟の毛が霊長類ことに類人猿や人に近いものに属する可能性は、あながち否定できないとおもう」としている。

　だが、結論は出ている。頭皮は反芻動物のもの、ヒマラヤに生息するカモシカに近い動物、シーローの毛皮であることが判明している。雪男どころか、霊長類の頭皮でもない。きついいい方をすれば、捏《ねつ》造《ぞう》である。雪男の名を騙ったまがいものだった。所蔵しているのが寺院なので、宗教的な信仰の対象だといわれればそれまでだが、科学的には雪男の物的証拠とはなりえない。

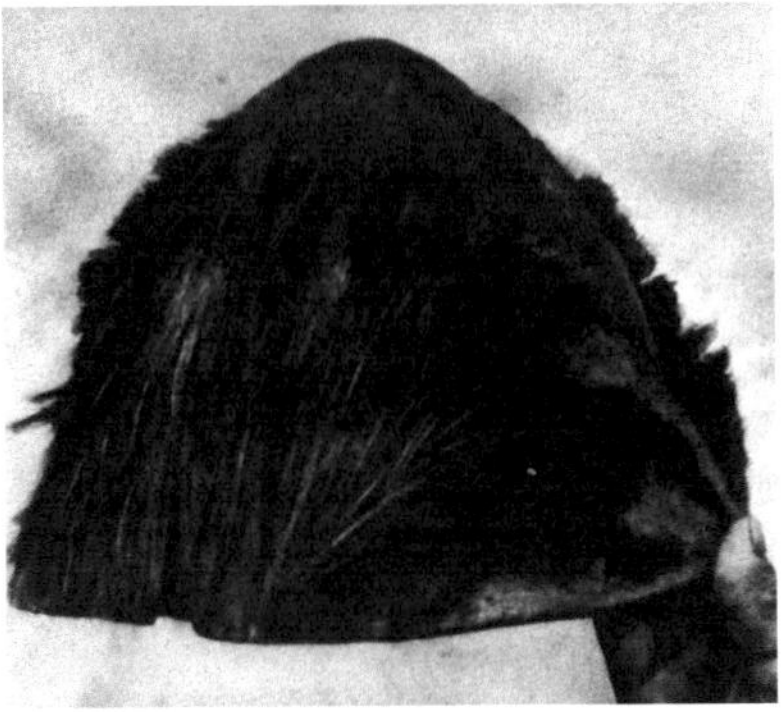

⬆パンポチェ寺院に保管されている雪男の頭皮。これも採取した毛を分析したところ、シーローという動物の皮であるという結果が出た。

これをもって、雪男などいないと主張する人は多い。つまらない話である。最初に捏造した人たちは、雪男の頭皮として作った。偽物ではあるが、本物に似せて作った。本物に限りなく近いからこそ、大衆が騙された。それほどリアリティがあった。そうでなければ、とっくの昔に偽物だと見破られたはずだ。重要なのは、本物だと思わせた外見だ。ここに注目するべきなのだ。

あらためて3つの頭皮を見ると、どれも頭が尖っている。こんな現生人類はいない。ゼロとはいわないが、いたとしても平均値から遠い。かねてから現地人にとって、雪男の頭は尖っているという認識があった。ふつうの人間とは異なる特徴だからこそ、作られた頭皮を目にしても雪男のものだと納得したのだ。実際、古くから現地の方が描いたイエティは、すべからく尖頭をしている。

仮に雪男の正体がネアンデルタール人だとして、尖頭のイメージはない。ネアンデルタール人は、ホモ・サピエンスより丸い頭蓋骨が特徴だ。除外していい。原人ホモ・エレクトゥスも同様だ。同じ原人に分類されるホモ・ハビリスとなると微妙だ。初期のホモ・ルドルフエンシスの頭は尖っている。研究者によっては原人ではなく、猿人に分類するのが妥当だとし、アウストラロピテクスだと見なす学説もある。アウストラロピテクスの頭蓋骨には「矢状稜《しじょうりょう》」がある。これはゴリラにもある特徴で、外見上、尖った頭に見える。頭蓋骨を見ていただくとわかるが、ウルトラマンに似た「トサカ」が尖頭の原因だ。これが雪男にはある。

アカデミズムには基本テーゼとして出アフリカがある。猿人はアフリカ大陸から出たことはない。ヒトはすべてアフリカで進化した。したがって、猿人の化石がほかの大陸で発見されることなどない。あったとすれば、すべて捏造だ。ミトコンドリア・イヴ騒動以降、この勢いは止まらない。ヒマラヤに猿人がいたなど、認めるはずがない。ある意味、しようがない。彼らの世界観の根底には進化論があるからだ。虚構をもとにした論争に付き合う暇はない。

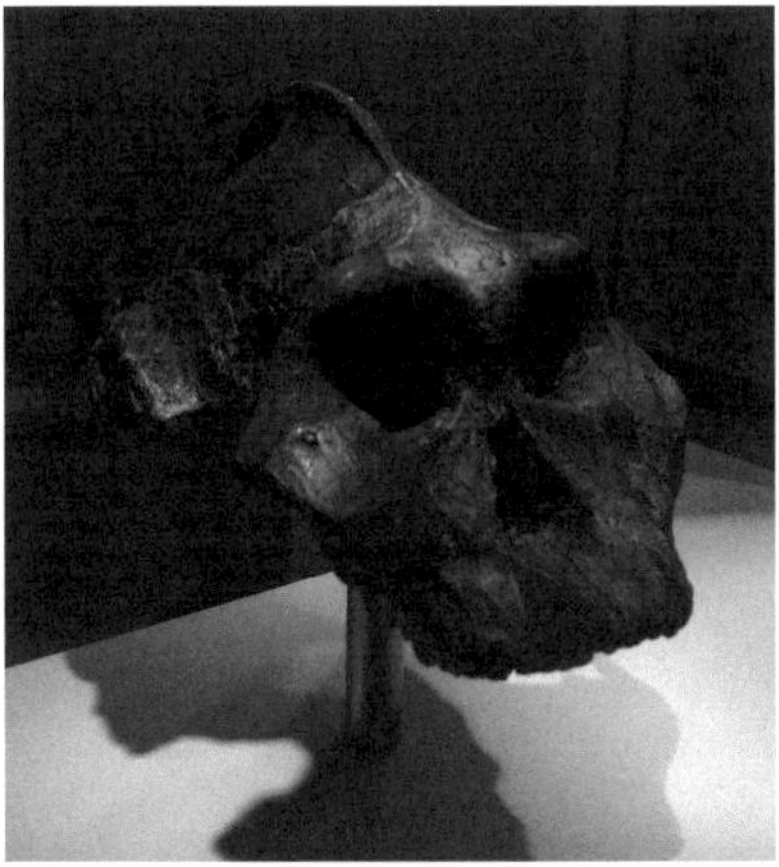

↑アウストラロピテクスの一種であるパラントロプス・エチオピクスの頭蓋骨の矢状稜《しじょうりょう》。

雪男の正体は猿人である。ヒトではない。大型のサルである。アカデミズムでいうアウストラロピテクスだ。サルゆえ、言語によるコミュニケーションが難しい。もしヒトの言葉を話せたならとっくの昔に交流ができて、それこそゴリラのように学術認定されただろう。

雪男とギガントピテクス

雪男をモチーフにしたマスコットに「ムック」

⬆雪男の正体といわれるギガントピテクスの想像図。

がある。フジテレビの子供向けテレビ番組「ひらけ！　ポンキッキ」の着ぐるみ系キャラクターだ。設定では、北極近くの島出身で、永遠の5歳なのだとか。相棒は「ガチャピン」。こちらは恐竜だ。ステゴサウルスの子供で、こちらは南国出身。恐竜と雪男のペアは映画『ゴジラvsコング』を思わせる。ゴジラがガチャピンで、キングコングはムックだ。キングコングと雪男。両者を結ぶ存在が巨猿「ギガントピテクス」だ。キングコングのモデルにして、雪男の正体として最有力候補で学術的にもイチ押しなのが、まさに、このギガントピテクスなのだ。

第2章で紹介したように、ヒト亜科の動物は大きく3つ。ヒト族とゴリラ族とギガントピテクス族である。名前は巨猿だが、実態は巨大なゴリラといったほうが近い。推定身長3メートルで、体重300キロ以上。史上最大の霊長類で、今から約100万年前にアジアに誕生した。しばしばナックルウォークで歩く想像図が描かれるが、発見されている部位は少ない。わず

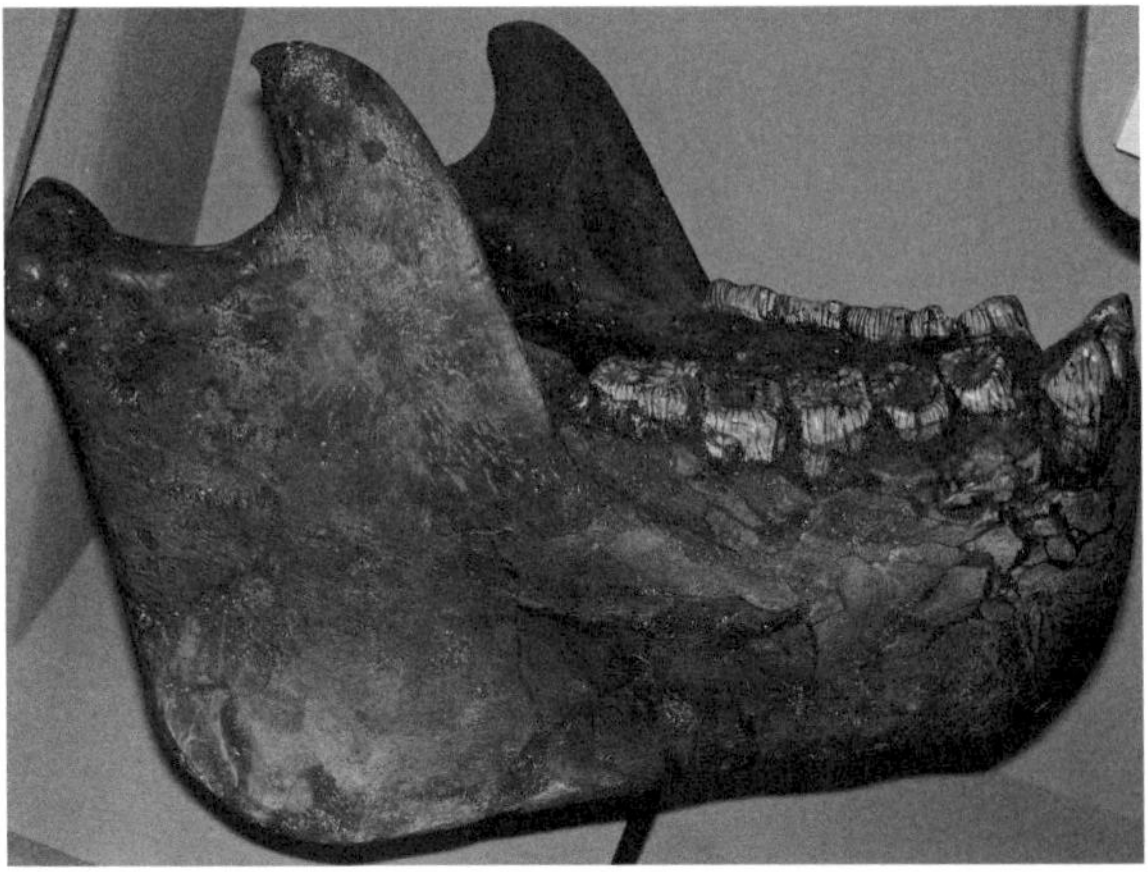

⬆ギガントピテクスの下顎の化石。食べ物をかみ砕く力が強いことがわかる。

かに臼歯と顎の一部だけだ。1935年、香港にある漢方の店で売られていた臼歯を古生物学者のグスタフ・ハインリッヒ・ラルフ・フォン・ケーニヒスワルトが偶然に発見。類人猿の歯であることに気づいた。ただ、大きさが2・5センチもあり、歯の主はただならぬ巨体に違いなかった。これが新種として認められるのに時間はかからなかった。

その後、アジア各地で化石が発見され、ふたつの種類が確認されている。ひとつは中国南部やベトナムにいた「ギガントピテクス・ブラッキー」で、もうひとつはインドに生息していた「ギガントピテクス・ギガンテウス」だ。体格は前者のほうが大きい。祖先は1400万年前、ヒマラヤ地方にいたサルだと推定されている。

そう、雪男の生息地域と重なるのである。そのため、雪男の正体はギガントピテクスではないかという説がかなり根強い。動物学者ウラジミール・チェルネツキーや動物学者ベルナール・ユーヴェルマン、さらに南山宏氏と並んでUMAの名づけ親である實吉達郎氏が主張している。雪男が実在するとすればという前提で、その正体をアカデミズム的な視点で考察するならば、現時点で、もっとも可能性が高いのはギガントピテクス、もしくは、その亜種だろうという意見が多い。

歯と下顎の化石から想像される姿は、まさに巨大なゴリラであるが、ひょっとしたら直立二足歩行をしていたのかもしれない。巨大な歯で食べ物をかみ砕く力が強いということは、それだけ頭部の筋肉が発達していたに違いない。頭の先はゴリラのように尖っていただろう。目撃される雪男の特徴とも一致する。

いずれにせよ、アウストラロピテクスやギガントピテクスも、ノアの箱舟に乗っていた。アララト山に漂着した後、巨大なサルや猿人は、新たな生息地を求めて、アフリカ大陸やアジア地域に広がった。その一群がヒマラヤ地方にも来たのだ。大洪水が収まった直後は、まだヒマラヤ山脈は存在しなかった。インド亜大陸がユーラシア大陸に激突したあたりだ。ヒト以外の霊長類の化石が主にテーチス海沿岸地方から出土するのは、彼らが海沿いに移動したことを物語っている。

第5章

オランペンデク、エブゴゴ、小人族、小型獣人UMAの正体

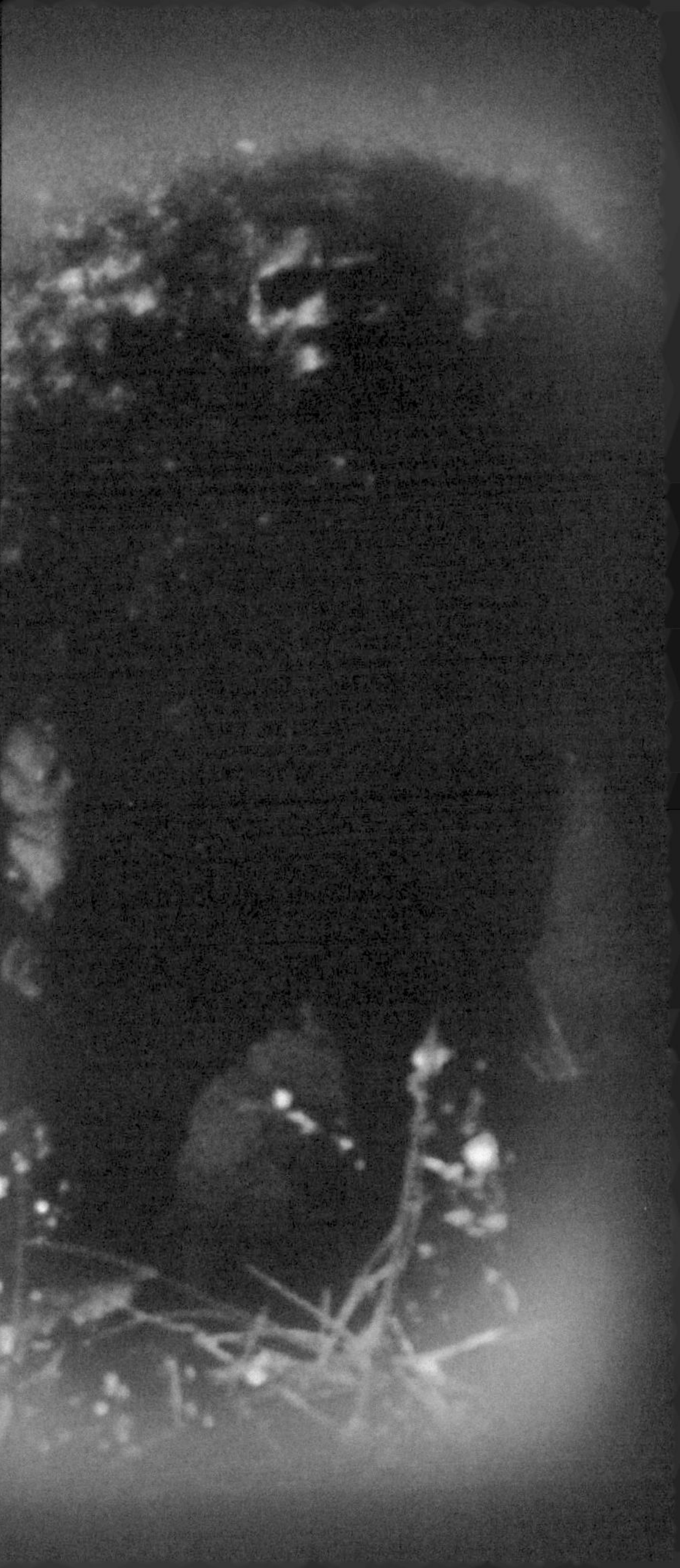

小型獣人オランペンデク

獣人には大柄な種類と小さな種類がある。小さな獣人UMAは、しばしば地元では小人伝説として語り継がれている。小人は妖精でもある。『白雪姫』に登場する7人の小人は、まさに「ドワーフ」である。多くは男性である。長い髪に髭をたくわえた姿で描かれる。毛深いという意味で、これは一種の獣人の記憶かもしれない。

7人の小人は森を住処としているが、霊長類のオランウータンは文字通り「森の人」を意味する。インドネシアのボルネオ島とスマトラ島だけに生息している。とくにスマトラ島には、もう一種類の「オラン」がいる。小型獣人「オランペンデク」である。意味は「背の低い人」。獣人UMAビッグフットならぬ「リトルフット」だ。身長は1メートル前後で、全身、茶色の毛で覆われている。地元では古くから知られており、目撃記録は13世紀に遡る。

多くはオランウータンの見間違いで処理されるのだが、ひとつだけ性質が違う。オランウータンは樹上性で、地上を歩くことは少ない。霊長類のなかではオランウータンだけである。が、オランペンデクは違う。地上を歩く。たくさんの足跡が発見され、学術的な計測もされている。大きさはオランウータンよりひと回り小さい。

ジャーナリストのデボラ・マーターは1989年から長期にわたる現地調査を行い、明らかにほかの動物とは異なるオランペンデクの足跡を発見。石膏型をとり、その存在を世界に知らしめた。1993年には、オランペンデクらしき動物と遭遇し、あいにく映像に残すことはできなかったものの、貴重な資料を採取した。このほか、欧米のサイエンス番組にも取り上げられ、その知名度は低くはない。いずれも、足跡の形状から、オランペンデクは直立二足歩行をする動物であることが確認されている。

では、いったい正体は何か。足跡の分析はもちろんだが、何より体毛が採取されている。これを遺伝子分析すれば、いい。2009年、ニューヨーク大学の人類学者トッド・ディソテルはオランペンデクの体毛からDNAを抽出。それをほかの動物と比較したところ、まぎれもなくヒトのDNAであることがわかった。あまりにも、はっきりと結果が出たため、ひょっとしたら、どこかでヒトのDNAが紛れ込んだのではないか。いわば汚染があった可能性もあるとしな

⬆小人の姿で描かれる妖精。

⬆インドネシアのスマトラ島に棲むオランペンデクの想像図。身長1メートルほどで、全身茶色の毛で覆われている。

がらも、ＤＮＡそのものについては「１００パーセント、ヒトだ」と結論づけた。ここでいうヒトとは、いうまでもなくホモ・サピエンスのことである。

　未知の霊長類を期待していた人にとっては、まさに残念な結果となった。存在に否定的な立場をとる学者にとっては、それ見たことか、獣人ＵＭＡなど存在しない、それが科学的に裏づけられたと躍起になった。

　だが、ここに盲点がある。オランペンデクの正体が未知の霊長類、ともすれば化石人類ではないかという期待があるからこそ、ＤＮＡが１００パーセント、ヒトであると結論づけられたことに失望感が漂うだけで、そもそもの前提が違う。オランペンデクはヒトである。ホモ・サピエンスなのだ。それが遺伝子で証明された。これは、極めて重要な手がかりとなる。まだ、アカデミズムは、その意味に気づいていない。

スマトラ島と同じくインドネシアには、フローレス島がある。ここから近年、非常に小さなヒトの化石が発見された。世にいうフローレス人、学名ホモ・フローレシエンシスである。定説では今から1万2000年前には生息しており、現在は絶滅したと考えられている原人である。このオランペンデクがフローレス人の生き残りだったとしたら、どうだろう。原人はホモ・サピエンスである。オランペンデクのDNAがホモ・サピエンスであっても、けっして不思議ではない。

フローレス人の正体

これまでの人類学の常識を根底から覆し、今もって論争が続いているヒト、それがフローレス人である。今から1万2000年前まで、彼らは生きていた。地質年代からすれば、つい最近のこと。縄文人と同時代である。本当に絶滅したのかさえ怪しい。生き残りがいたとしても、なんら不思議ではない。

いったいフローレス人とは何者なのか。学名は「ホモ・フローレシエンシス」。インドネシアのフローレス島で化石が発見された。化石は非常に新しく、先述したように状況から1万2000年前に絶滅したと推定されている。少なくとも、5万年前には確かに生存していた。

彼らは旧人であるネアンデルタール人やデニソワ人、そしてホモ・サピエンスと同時代に共存していたことがわかっている。ただし、交雑した証拠は今のところ確認されていない。

フローレス人に関する最大の謎は大きさである。化石が発見された当初、小柄なので子供の骨だと思われた。が、ほかにも骨が発見されるに及び、成人であることが判明。成人身長が1メートル前後。それに比例して、頭部も小さい。大きさはソフトボールほどで、脳の容積は426ミリリットル。チンパンジーの脳よりも小さいことがわかると、学界に衝撃が走り、激しい論争が巻き起こった。

サルとヒトの差は何か。知能に関していえば、脳の大きさにある。人類学者のアーサー・キースはヒトの進化は脳の巨大化にあるとした。脳の大きさにおけるサルとヒトの境界容積は700～800ミリリットルだとした。これを超えると知能が高くなり、ヒトになるという。これをジュリアス・シーザーの故事にならって「脳進化のルビコン川を渡る」と表現することもある。これに対して人類学者のルイス・リーキーは脳の容積が550ミリリットルのホモ・ハビリスを原人と見なした。つまり、ルビコン川を渡らずとも、ヒトであると考えたのだ。フローレス人は、さらにホモ・ハビリスよりも100ミリリットル以上、脳が小さい。

脳が小さいからといって、知能が低いわけではない。リアンブア洞窟からは石器や道具が見つかっており、火を焚いた形跡も確認されている。少なくとも原人ホモ・エレクトゥスと同レベルの知能があったことは間違いない。ともすれば、互いに言語を話していた可能性もある。

問題は、なぜ小さいのか。ここである。脳が小さくても、高度な知能があることは証明された。ほかの世界から海で隔離された島では、独自の進化が起こる。ダーウィンが着目したガラパゴス諸島の生物は、島によって生物の姿が異なっていた。とくに島の陸生動物は小型化する傾向がある。これを島嶼化と呼ぶ。フローレス島でも、かつて体長2メートルほどのピグミーステゴドンというゾウがいた。食料が限られる小さな島では動物は小型化する傾向がある。ヒトも同じだというわけだ。もっとも、食料事情に困らなければ、コモドドラゴンのように巨大化することもある。

フローレス人は島嶼化した原人である。アフリカを出て、東南アジアに到達したホモ・エレクトゥス、もしくはその共通祖先がフローレス島に定住したことで、独自の進化を遂げたという。

⬆インドネシアのフローレス島に生息していたホモ・フローレシエンシスの復元模型。

これに対して、時代的にあまりにも新しいこと、高い知能をもっていることなどから、フローレス人をホモ・サピエンスだと見なす研究家は少なくない。アフリカのピグミーは、みな身長が1・5メートル未満である。遺伝子やホルモンの異常により、下垂体性小人症のように低身長になるヒトもいる。頭蓋骨の形状も、ネアンデルタール人やホモ・エレクトゥスのように眼窩隆起が発達しているわけではない。論争は今も続いており、学術的に決着がついたわけではない。

しかし、前章で述べたように、原人はホモ・サピエンスである。ホモ・ハビリスはサルであり、猿人アウストラロピテクスの一種だが、ホモ・エレクトゥスはクル病にかかったホモ・サピエンスである。旧人ネアンデルタール人やデニソワ人も同様だ。フローレス人は島嶼化によって低身長となったホモ・サピエンスである。しかも、彼らは絶滅などしていない。密かに生き延びている。東南アジアのジャングルの中で身を潜めている。小型獣人UMAオランペンデクの正体は、まぎれもなくフローレス人である。フローレス人が現代にまで生き残っていることは、インドネシアの島々に残る伝説が物語っている。小型獣人UMA「エブゴゴ」である。

小型獣人エブゴゴ

フローレス島には古くから奇妙ないい伝えがある。現地のナゲ族が語る「エブゴゴ退治」である。かつて、この島にはエブゴゴと呼ばれる人々がいた。エブゴゴとは「なんでも食べる婆さん」という意味である。非常に背が低く、大人でも身長が1メートルほど。全身、体毛で覆われており、ヒトより手が長い。言葉が通じないが、こちらの呼びかけにはオウム返しで答える。コミュニケーションは、ほとんどとれない。

　野性的で性格は凶暴である。山奥の洞窟に棲み、時折、里に下りてくる。彼らの目当ては作物である。村の畑を荒らし、作物を盗んでいく。ときには家畜を襲い、子供たちをさらっていくこともあった。

⬆インドネシアのフローレス島に棲むエブゴゴの絵。村人に害を及ぼすため度々「エブゴゴ退治」が行われた。

　今から、およそ100年前のこと。エブゴゴの悪行に業を煮やしていた村人は子供たちが誘拐されて食べられてしまったことをきっかけに、彼らを退治することを決意した。徹底した山狩りが行われ、エブゴゴの棲みかである洞窟へと追いやった。逃げる場所がない状態にした上で、村人たちは洞窟の中に木を放り込み、火をつけた。エ

⬆手に庖丁と桶を持った秋田のナマハゲ。もとになっているのは子供を食らう人さらいだ。

ブゴゴは業火に焼かれ、ついには死に絶えた。こうして、フローレス島からはエブゴゴの姿はなくなったという。

民俗学的にこうした話は世界的にある。日本でも、九州や東北に「鬼伝説」がある。山には得体の知れない人々がいて、時折、里に下りてきては悪さをする。ご多分にもれず、子供たちがさらわれて、食べられてしまう。怒った村人たちは鬼退治を決意する。鬼は殺され、村に平和が戻る。

もっとも、子供たちに聞かせる昔話としては、ヒトが食べられるとか、鬼を虐殺するという部分を伏せながら、やわらかい表現にしている。絵本に描かれる昨今の「桃太郎」は最後に鬼と仲良しになり、ハッピーエンドの結末なのだとか。が、実際のオリジナルは、かなり残虐である。秋田のナマハゲにしても、もとになっているのは人さらいである。ナマハゲは子供たちをさらい、切り刻んで食うのだ。そのために、ナマハゲは手に包丁と桶、そしてズタ袋を用意しているのである。

一般に、こうした昔話は事実ではないとされる。あくまでも子供たちを教育するための創作である、フィクションだ、けっして、そうした存在がいたわけではない、鬼は架空の存在だという。

しかし、昔話の根底には神話がある。神話には、もとになった歴史的事実が隠されているもの。これが遠い昔の出来事であればいいが、「エブゴゴ退治」の場合、わずか100年ほど前のことなのだ。

説話の類型としては、7世紀の記録にまで遡ることができるという。これも、定期的にエブゴゴが村人によって退治されてきたことを物語っていると考えて間違いない。

エブゴゴが実在したとすれば、正体は何か。そう、フローレス人である。外見はもちろん、洞窟に棲んでいるところまで、すべて一致する。北京原人やネアンデルタール人が食人していたことは遺跡からわかっている。フローレス人がヒトを食べていたとしても不思議ではない。現代のホモ・サピエンスもしばしばヒトを殺して、その肉を食べたという猟奇的な事件が起こるわけで、それはフローレス人も変わらないのだ。何しろ、彼らもまた、ホモ・サピエンスなのだから。

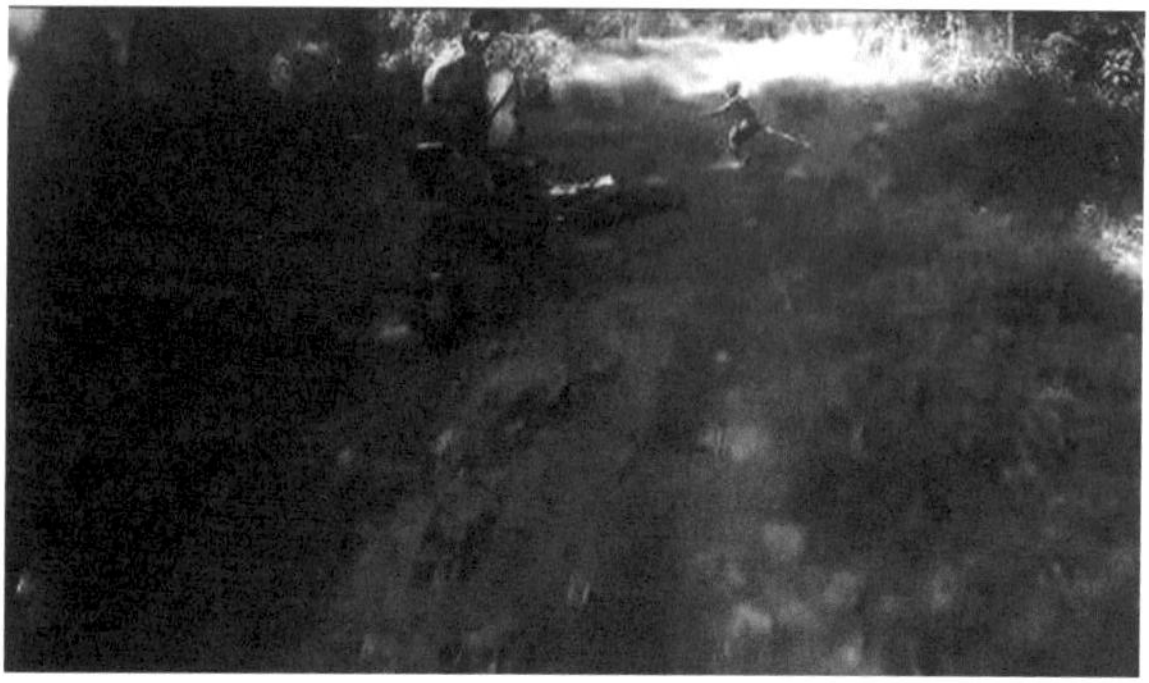

⬆バイクの前に突然現れたマンテ族と見られる小人。

スマトラ島のマンテ族

フローレス島のエブゴゴは退治された。少なくとも、ここ100年ほどは姿が確認されていないので、フローレス島にはいない。かといって、絶滅したかと断言できるわけではない。ほかの島に移り住んだか、もしくはほかの島にも生息している可能性は十分ある。その意味で、エブゴゴの正体であるフローレス人、もしくは近縁の種族は今もいるに違いない。東南アジアのジャングルは広いのだ。

2017年3月22日、フローレス人に関わる事件が起こった。インドネシアはスマトラ島の北端、バンダ・アチェの森をオフロードバイクでツーリングしていた人たちが、奇妙なヒトに出会った。舗装もされていない道を走っていると、突如、目の前にひとりの裸の男が現れた。身長は低く、見た目は1メートルくらいか。手には棒のようなものを持っている。ゆるやかなカーブの先、視界が開けたとき、道の真ん中に立っていたのだ。

予想だにしなかった事態に、先頭を走るバイクが転倒。向こうも、バイク集団を見て気が動転したのだろう。一瞬、凍りついたものの、すぐさま猛ダッシュ。走り去る男を仲間たちが追いかける。が、なかなか追いつかない。かなりの運動神経である。しばらくして、男は左側の草むらに飛び込むと、そのまま姿を消した。あたりを捜索したが、見つけることはできなかった。

後日、動画がネットにアップされると、小人が撮影されたと大騒ぎとなった。外見から推察するだに、おそらく現地の人間に違いない。あまり知られていない部族の人間がたまたま道を歩いていたところ、突如、バイクに追いかけられた。男にしてみれば、見たこともない連中である。それこそ殺されるのではないかと必死に逃げたのだろう。

しかし、気になるのは身長である。見かけではあるが、おそらく成人だろう。子供のようには見えない。身長が低い部族が存在するのかもしれない。まさに小人族だ。スマトラ島には小人伝説がある。身長は約1メートル前後。エブゴゴのように凶暴ではないが、山奥でひっそりと暮らしている。地元の言葉で「マンテ族」という。今では、ほとんど見かけることもなく、絶滅してしまったのではないかと見られていた。

今回、撮影された動画を現地の人に見てもらうと、やはり口をそろえてマンテ族だと語る。

どうも伝説の小人族は生きていたらしい。この事件を受けて、ムー編集部も企画協力していたテレビ番組「世界の何だコレ⁉ミステリー」（フジテレビ）は現地取材を慣行。小人族が今でも存在し、地元の人々もときどき姿を見るという証言を得ている。番組では小人族の人骨も紹介していたが、北スマトラ考古学センターによると、これは7500年前のヒトの骨であるという。おそらくマンテ族の人骨だ。

マンテ族が現代にまで生き残っており、その正体がフローレス人である可能性は地理的な状況からいって非常に高い。マンテ族の人は体毛が濃いわけではなく、エブゴゴのように体毛で覆われてはいないという違いはあるが、それは大した問題ではない。もし仮にマンテ族がフローレス人の末裔だとすれば、彼らは原人なのか。いや、そんなわけはない。マンテ族はホモ・サピエンスである。なぜなら、フローレス人がホモ・サピエンスなのだから。

台湾のシャオマ・レディ

台湾に伝わる妖怪のひとつに「モシナ：魔神仔」がある。身長が低く、およそ1メートル前後。子供のような姿で、全身が体毛で覆われている。山奥の森林に棲み、ときどき里に下りてくる。登山者を道に迷わせたり、誘拐したりする。今でも山で失踪事件が起こると、モシナの仕業だと噂される。まさに台湾版のエブゴゴである。

エブゴゴの正体がフローレス人であるように、モシナの正体も未知のヒトらしい。2022年、台湾東部の成功鎮小馬石窟で6000年前の人骨が発見された。身長は推定約1・4メートルと小柄で、女性であったことから地名をとって「シャオマ・レディ：小馬女」と名づけられた。台湾で発見された最古の人骨で、洞窟で発見されたことなどから、フローレス人のような原人ではないかという説も出た。

しかし、DNAを分析した結果、インドのアンダマン島に住むネグリト族と近縁であることがわかった。ネグリト族も身長が低く、だいたい1・5メートル。肌が黒く、髪が縮れた特徴をもつ。彼らは台湾の先住民とは種族が違う。少なくとも、現在の先住民よりも早い時期に台湾にやってきたらしい。事実、先住民の間には小人伝説がある。しかも、語り継ぐ部族は違うのに内容は同じストーリーなのだ。

伝説によると、かつて台湾には小人が棲んでいた。彼らは背が低く、森の洞窟に棲んでいた。肌は浅黒く、髪は縮れている。話す言葉は先住民とは違い、風俗も異なる。不思議な能力をもち、先住民の祖先たちにいろいろなことを教えてくれた。主食としている穀物も、もとは小人がくれた種がもとになっている。とてもいい人たちで、彼らの記憶は、祭りや伝統行事として今も残っており、なかには部族間で結婚も行われたらしい。シャオマ・レディの子孫がひょっとしたら、今も生きているかもしれない。マンテ族と同じである。フローレス人のような小人

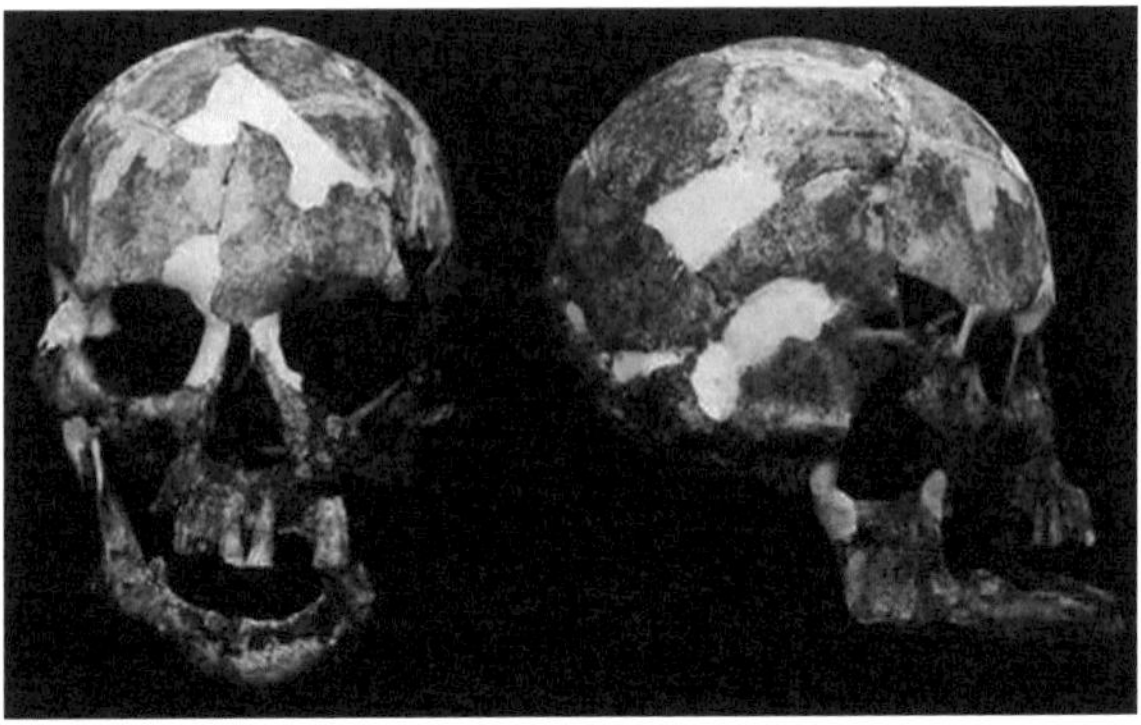

⬆「シャオマ・レディ」と名づけられた台湾のエブゴゴの頭蓋骨。DNA分析の結果、小人タイプのホモ・サピエンスだった。

は、ほかにもたくさんいるのだ。みな原人ではなく、ホモ・サピエンスである。

また、日本のアイヌに伝わる「コロポックル」もまた、日本版フローレス人の記憶なのかもしれない。伝説によると、北海道にアイヌが住む以前、コロポックルがいた。コロポックルとは「フキの下にいる人」という意味で、まさに小人のことだ。竪穴に住んでいたが、アイヌとの関係が悪くなり、ついに姿を見せなくなった。一説に、アイヌによってコロポックルはほかの地へと追いやられてしまったのだとか。

各地に残っている遺跡はコロポックルが作ったとされる。考古学者は一時、コロポックルを日本における最初の先住民だと考えた。これについては歴史学者や人類学者を巻き込んで、大論争へと発展。コロポックルは千島列島に住むアイヌのことだという説も現れた。現在、アイヌは日本の先住民として認められ、コロポックルの存在は否定されている。小人の骨も確認されておらず、あくまでも伝説にして史実ではないという。

しかし今後、フローレス人のように、小人の化石が発見される可能性はもちろんゼロではない。ノアの大洪水直後は気候変動が激しく、多くのヒトは洞窟に棲んでいた。コロポックルが竪穴に住んでいたのは同じ理由だろう。栄養状態がよくなく、浴びる日射量が少なければ、クル病を発症することもある。北海道にもそうした小人がいた可能性は十分ある。繰り返すが、背が低いとはいえ、彼らもホモ・サピエンスである。

イランの小人遺跡

小人は伝説の中だけの存在ではない。小人の遺跡もある。原人や旧人は洞窟に棲んでおり、そこから化石が発見される。が、当然ながら、ふつうに野外で建物を建造した小人も、存在する。小人だけの村もある。

2005年、イランのケルマーン州で今から5000年前の遺跡が発掘され、ちょっとした話題となった。遺跡は1946年に発見されていたのだが、世界的に知られるようになったのは、つい最近のことである。大量の土の下からは住居はもちろん、町がまるごと発見され、当時の様子がわかってきた。

何より興味深いことに、すべてが小さい。町の大きさはもちろん、建物や道など、何から何までサイズが小さい。建物の中にある調度品らしきものも、みな小さい。天井は低く、生活用品や食器も、幼い子がママごとに使うおもちゃのようである。もし、この町を生活の場にするならば、住民たちの身長は1メートル以下でなくてはならない。まさに小人の町そのものなのだ。実際、地元では「リトルピープル・タウン」や「ドワーフの町」などと呼ばれてきた。

ところが奇妙なことに、これほどすべてがそろった町なのに、ひとつだけ重要な施設がない。墓だ。ふつうなら共同墓地があるはずなのだが、どこにもない。墓がないので、そこに埋葬された人骨もない。ある日突然、この町は放棄され、住民たちはどこかへ集団移住してしまったとしか考えられなかった。

住民の姿がない小人の町。まさか、ミニチュアの町を作って楽しんでいたわけではあるまい。どこかに住民の遺骨があるはずだ。進展があったのは2005年8月である。ついに待望のミイラが発見されたのだ。身長は、なんと25センチ、推定年齢16～17歳。まさに予想通りの小人である。いや、予想を超えた小人だ。もし、この子が成人したとしても、身長は50センチにもならないだろう。

しかし、当局は発見されたミイラは約400年前のもので、直接この遺跡とは関係がない、科学的な分析の結果、ミイラが小さいのは自然乾燥によって縮んだからだと発表している。

⬆⬅イランで発掘された小人の町。すべてのサイズが小さい。

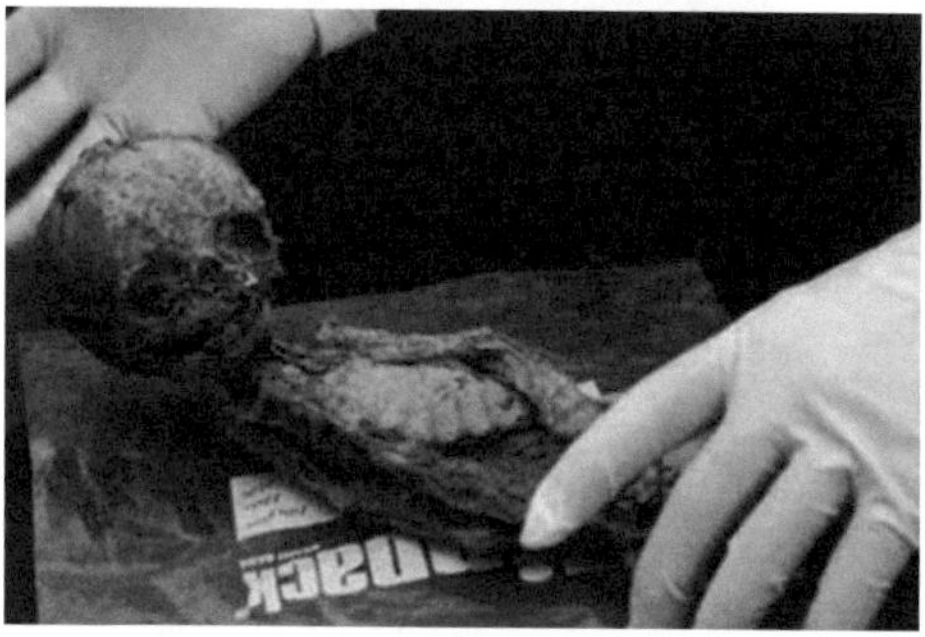

⬆小人の町で発見された身長約25センチの小人のミイラ。

これで騒ぎは収まったのであるが、あまりにも唐突である。公表されたデータは本当に正しいのだろうか。しばしば、こうした遺物や人骨は騒動のタネになる。オーパーツよろしく、アカデミズムの定説をゆるがすことにもなりかねない。発見されたミイラが1・2メートルほどであれば、事態は違ったのかもしれない。あまりにも常識から外れているため、真実は隠蔽されたのではないだろうか。

小人に関しては、とかく異星人との関係が指摘される。突如、放棄された小人の町も、どこかの星へ帰還したのだとか、異星人が迎えにやってきたなど、古代宇宙飛行士来訪説からすれば、実に興味深い遺跡である。学者にとって、こうした異説は業績にならないばかりか、ともすると学者生命を失いかねないため、往々にして無視され、その証拠は闇に葬られる。

はたして、小人の町の住民は異星人だったのか。発見されたミイラが住民だったとすれば、その正体はフローレス人同様、ホモ・サピエンスである。身長が非常に低いヒトである。一族はみな背が低い個性をもった人々だったのだ。

ロシアの超小人アレシェンカ

小人は、すべからく異星人と紐づけされるもの。ロシアで発見された小人もまた、異星人ではないかとして話題になった。名前は「アレシェンカ」。保護したロシア人タマラ・ヴァシリエフナ・プロスヴィリナによって名づけられた。身長は25センチ。発見されたときは生きていた。

1996年8月31日、ロシアのオジョルスク市の寒村カオリノヴィに住む高齢の女性プロスヴィリナが墓地で赤ん坊の泣き声を聞いた。声がする場所を捜すと、そこには見たことのない小人がいた。頭は先が大きく尖っており、体は不釣り合いなほど小さく華奢だった。不憫に思った彼女は小人を家に連れ帰り、大切に育てた。が、無実の嫌疑をかけられて拘留されている間に、アレシェンカは死亡。体が小さいからか、小人はミイラになった。

ミイラの外見は、およそヒトには見えない。頭は玉葱状で蕾のように尖っている。口の中には長い舌があり、歯も確認できた。体はゼリーのような質感で、手の指にはヒトと同じく爪があった。

プロスヴィリナの死後、アレシェンカのミイラは一時、行方不明となった。ロシア当局が動いたという噂もあった。大きさから胎児の可能性が高いということで、先天的遺伝子疾患ではないかという指摘もあった。原因はロシアが行っている核兵器実験で、母親が放射能で被爆していたのではないかという。もちろん、これについては憶測だけで、裏づけるデータはない。

一方、アレシェンカにもっとも色めきだったのはUFO研究家である。正体は異星人ではないのか。なんらかの事故でロシアに墜落したUFOから逃げ延びた異星人が地球人に助けを求

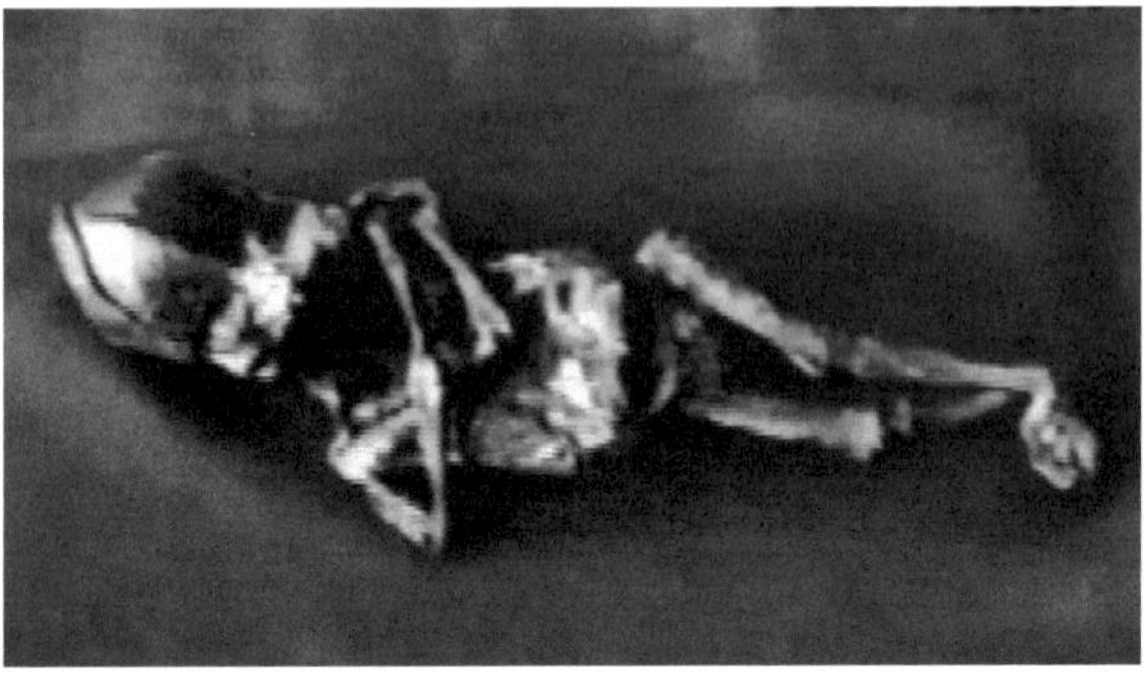

⬆異星人ではないかと話題になった身長25センチのアレシェンカ。遺伝子分析の結果、ホモ・サピエンスであることがわかった。

めたが、環境になじめずに死亡したというわけだ。2004年、この説を裏づけるために、UFO研究家のヴァディム・シェルノブロフがアレシェンカを包んでいた布から血液を採取し、モスクワ遺伝子研究所に解析を依頼した。

結果、アレシェンカはヒトだった。どう見てもヒトには見えないサイズと形だが、そのDNAは、まぎれもなくホモ・サピエンスだった。大きさから、おそらく胎児である。しかも、超未熟児である。なんらかの事情で、別の女性が産んだ胎児をプロスヴィリナが引き取って面倒を見ていたのではないかという。

だが、これも小人が存在するとすれば、筋は通る。身長1メートルのフローレス人よりも小柄な小人がいる。「超小人」だ。ホモ・サピエンスの超小人もいるとしたら、どうだろう。事実、ロシア以外からも身長25センチレベルの超小人ミイラが発見されているのである。

⬆2003年、チリのアタカマ砂漠で発見された超小人のアタカマ・ヒューマノイド。これも正体はホモ・サピエンスだという。

超小人アタカマ・ヒューマノイド

　超小人をめぐって医学および人類学的な論争にまで発展したミイラがある。南米チリの荒野で発見された「アタカマ・ヒューマノイド：アタ」である。身長は約15センチ。２００３年、チリのアタカマ砂漠の鉱山にある教会の廃墟で、布に包まれた状態で見つかった。一見して、ヒトの胎児のようだが、頭と体のバランス、さらには永久歯と見られる歯があった。そのため、アタカマ・ヒューマノイドは成人した後、死んでミイラになったと考えられた。

　興味深いことに、頭がアレシェンカと同様、体に比べて大きく、先が尖っている。浮きでたあばら骨は10対しかない。通常のヒト、ホモ・サピエンスは12対である。外見からして、ふつうの地球人ではない。医師でＵＦＯ研究家であるスティーブン・グリアは、アタカマ・ヒューマノイドは地球外知的生命体、すなわち異星人であると考えた。ミイラの存在が知

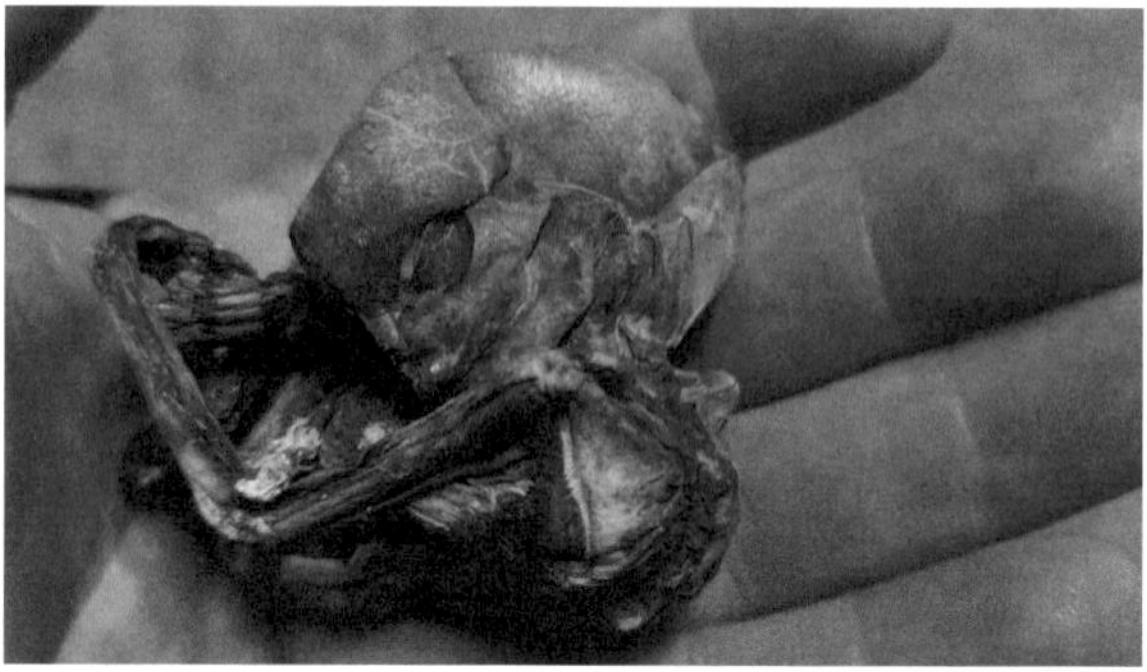

⬆2024年、メキシコのセロ・デ・ラス・ミトラス洞窟で丸まった状態で見つかったミイラ。

られると、正体をめぐってアカデミズムを巻き込む大論争が起こった。

　実は、アタカマ・ヒューマノイドと似たミイラが最近、２体見つかっている。ひとつは２０２４年にコロンビアで発見された。アタカマ・ヒューマノイドにちなんで「コロンビア・ヒューマノイド」と呼ばれている。体は丸まっているが、背を伸ばすと、身長は15センチほどだろうか。頭が大きく、先が尖ってトサカ状態になっている。お腹にはへその緒らしきものがあるので、どうも胎児の可能性がある。ただ、肋骨の数は、やはり10対しかない。

　もう１体は、同じく２０２４年にメキシコから発見された。ヌエボ・レオン州モンテレイにあるセロ・デ・ラス・ミトラス洞窟で見つかったミイラもまた、大きな頭部をもち、やはり肋骨の数が10対しかない。丸まった体を伸ばすと、身長は15センチほどだろう。近くでＵＦＯ

騒ぎがあったことから、ここでもミイラの正体は異星人ではないかと騒ぎになっている。

これら超小人の正体は何か。アタカマ・ヒューマノイドに関しては専門家による科学的分析が行われた。解剖学的に、頭部が尖っているのは尖頭症が疑われた。手足の骨が柔らかく、頭蓋骨の縫合線が開いていることから、胎児であることが推測される。解剖学者のウィリアム・ジンジャーは早産したヒトの胎児であると結論した。一方、遺伝学者のギャリー・ノーランは全ゲノムを分析し、骨を形成する遺伝子7つに64の変異を発見。小人症や脊柱変形、筋肉の形成に異常が認められた。つまり、多くの先天性の疾患を抱えたヒトの胎児で、性別は女児であることがわかった。ちなみに、ミトコンドリアDNAはネイティブ・アメリカンに近いことを示しているという。

おそらくほかの2体のミイラも同じような症状をもったヒトの胎児らしい。彼女らは異星人ではなく、ヒトだった。ホモ・サピエンスだったのである。

小人型異星人グレイ

英語で「リトルグリーマン」といえば、異星人を意味する。20世紀前半のパルプマガジンには、肌が緑色の小人が異星人の定番として描かれていた。これが大衆文化として広まり、異星人のアイコンになったのだ。

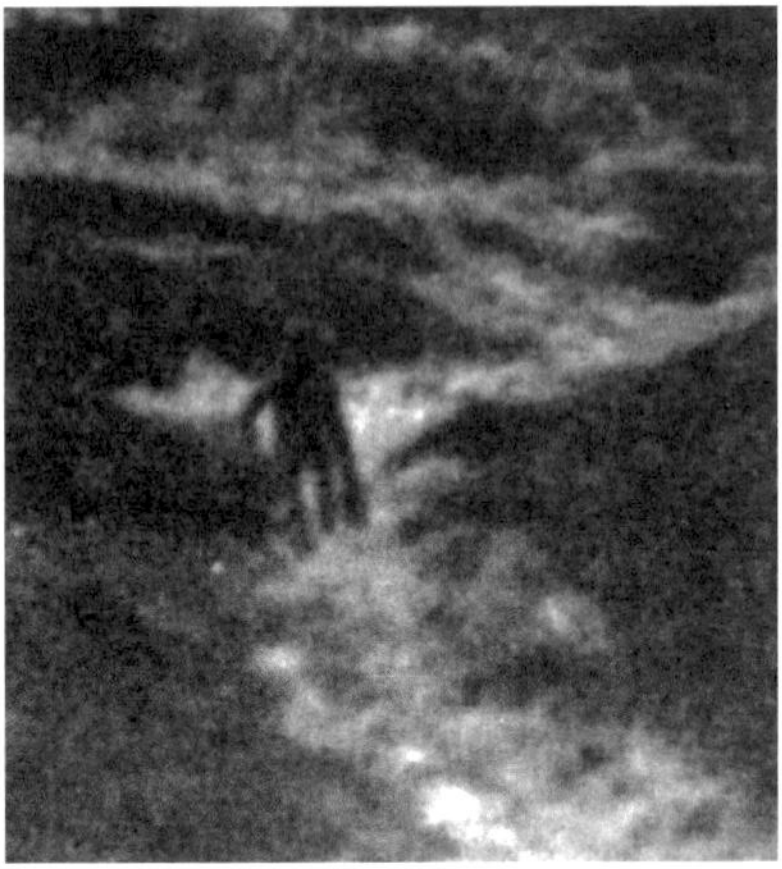

⬆肌が緑色の小人。英語の「リトルグリーンマン」は緑色のグレイだ。

一般に小人型異星人といえば「グレイ」である。その名の通り、肌は灰色である。UFO事件、とくに地球人を誘拐する異星人の多くは、このグレイ・タイプである。日本では、こちらのほうが受けたようで、あえていえば「リトルグレイマン」だ。

異星人による地球人誘拐事件「アブダクション・ケース」でもっとも有名なのが「ヒル夫妻誘拐事件」だ。1961年9月19日、アメリカはニューハンプシャー州ポーツマスに住むベティ・ヒルとバーニー・ヒルの夫妻は夕方、車で帰宅途中、上空に円盤型の飛行物体が浮かんでいるのを発見する。飛行物体はヒル夫妻の車に接近し、彼らは恐怖におののいた。明け方、疲労困憊で自宅に戻ったが、どうも記憶があいまいだった。後日、退行催眠を受けたところ、彼らは円盤の中に連れ込まれ、人体実験されたことがわかった。

異星人と思しき生物は身長が1メートルほどで、体毛がなく、大きなアーモンド形の目をしていた。彼らのひとりはベティに対して、ひとつの絵を見せた。夜空を描いたものらしく、どこに地球があるかわかるかと尋ねてきた。もちろん、見たこともない絵ゆえ、わからないと答えた。

　これに興味を抱いたアマチュア天文学者マージョリー・フィッシュは実際の夜空と比較してみることにした。結果、描かれていたのはレティクル座ゼータ連星であることが判明した。このことから、異星人はレティクル星人だったのではないかと考えられるようになった。ヒル夫妻誘拐事件以降、異星人グレイによるアブダクション・ケースはアメリカを中心に世界中で報

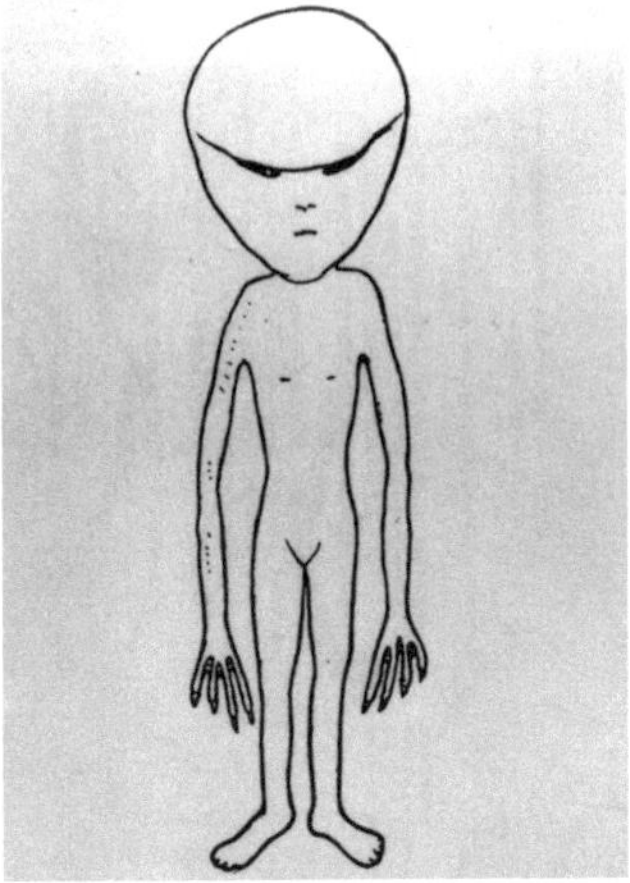

⬆小人型異星人のグレイ。UFO事件で地球人を誘拐するのがこのグレイだ。

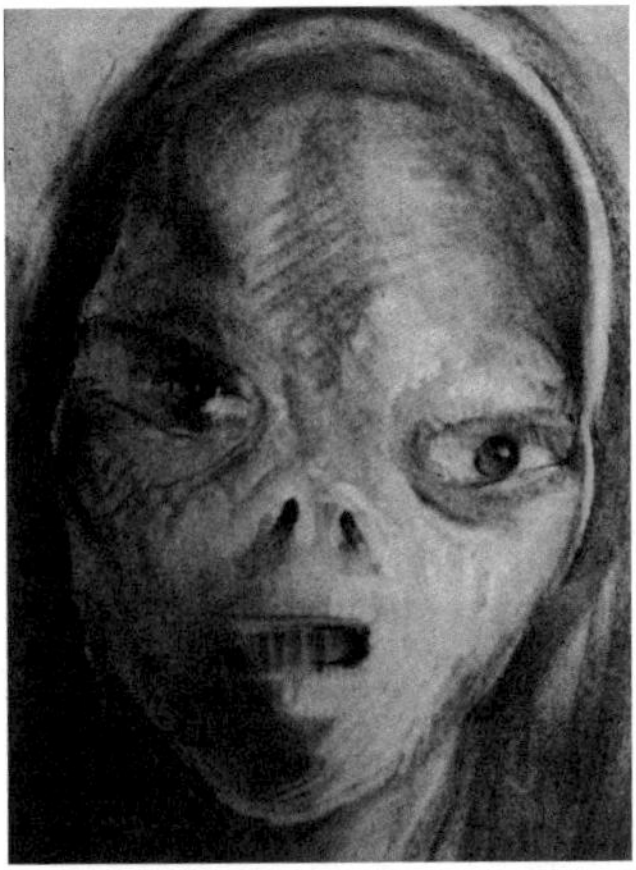

⬆「ヒル夫妻誘拐事件」で夫妻の証言に基づいて描かれた異星人グレイ。

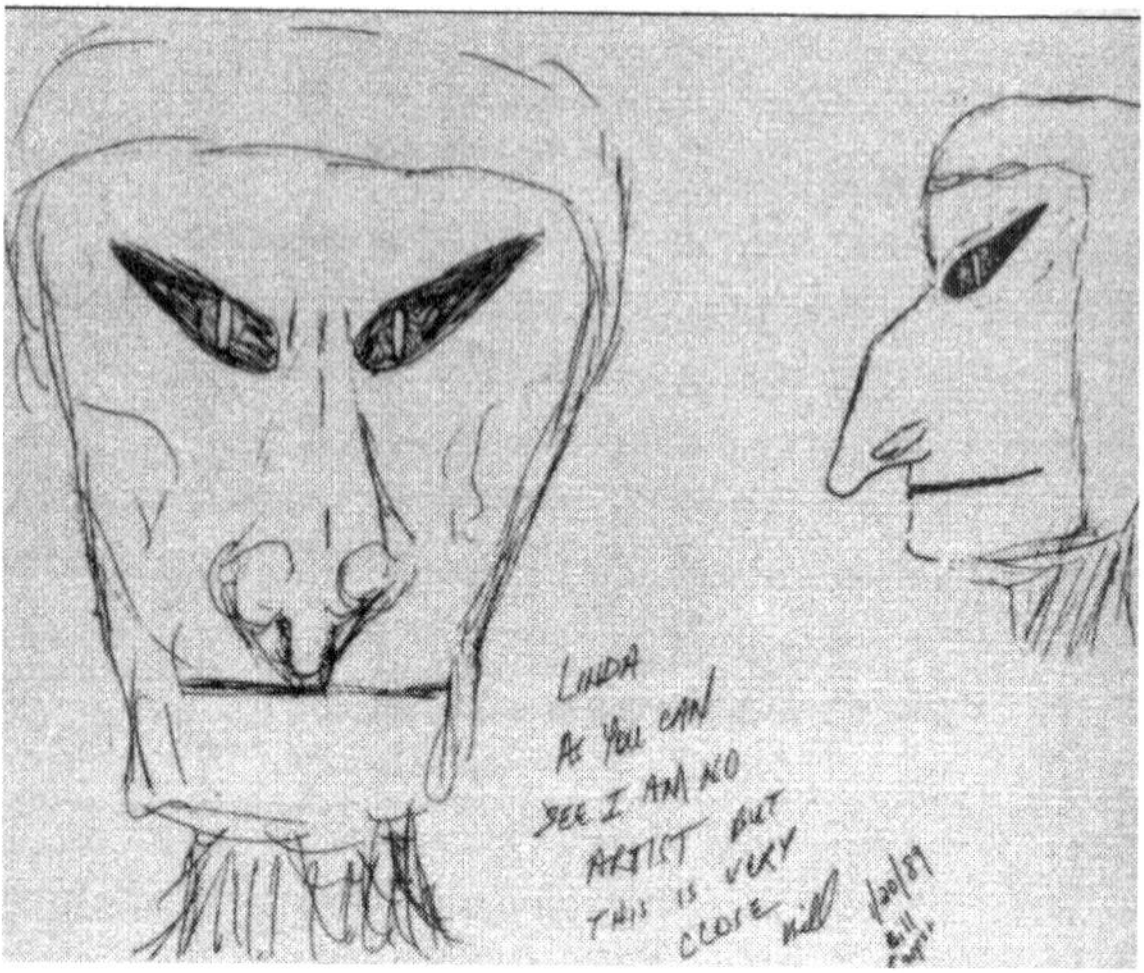

⬆リトルグレイを監督するラージノーズグレイ。

告されるようになる。

　1984年、アメリカ政府のUFOに関する極秘文書が研究家にリークされた。通称『MJ－12文書』だ。「MJ－12」とは「マジェスティック12」、もしくは「マジョリティ12」とも呼ばれる12人から成るUFO対策組織である。文書の信憑性に疑問があり、UFO研究家の間でも混乱が広がった。一連の騒動のなか、同じく機密文書『マジョリティ・プロジェクト：マジョリティ文書』をリークしたのがアメリカ元海軍将校のミルトン・ウィリアム・クーパーである。

　これらの極秘情報によると、異星人には大きく4つの階級がある。一番下で実作業をするのが「リトルグレイ」で、彼らは地球人を誘拐しては、人体実験を行う。アメリカ政府は事件を黙認する代わり、進んだ科学技術の提供をしてもらう。ドワイト・D・アイゼンハワー大統領が会見した、通称「クリル」と呼ばれる異星人も、このリトルグレイだ。感情はなく、バイオロボットだという。

リトルグレイを監督する課長のような存在が「ラージノーズグレイ」だ。リトルグレイはラージノーズグレイのDNAから作られた。その名の通り、大きな鼻が特徴的で、身長も高い。

これらグレイ系を支配するのがヒューマノイド型異星人である。外見は地球人とほとんど変わらない。部長職は「オレンジ」で、取締役は「ノルディック」だ。いずれも白人系で、髪の毛が赤毛と白。2013年に政府のUFO情報を暴露したカナダの元国防大臣ポール・ヘリヤーは、ノルディックを「ノルディックブラン」と呼び、それとは別に長身の「トールホワイト」がいると証言している。

興味深いことに、ヒル夫妻誘拐事件でも、グレイのほかに地球人とまったく同じ姿をした異星人が目撃されている。同様に、1975年に発生した「トラビス・ウォルトン事件」でも、UFO内部にはグレイのほか、上司と思しきヒューマノイドタイプの異星人がいたという。

地球人とまったく姿が同じだということは、当然ながらDNAも近いはず。少なくともサルよりは違いが少ないに違いない。彼らもまた、ホモ・サピエンスなのではないか。真相に迫る前に、まずグレイの正体から見ていこう。

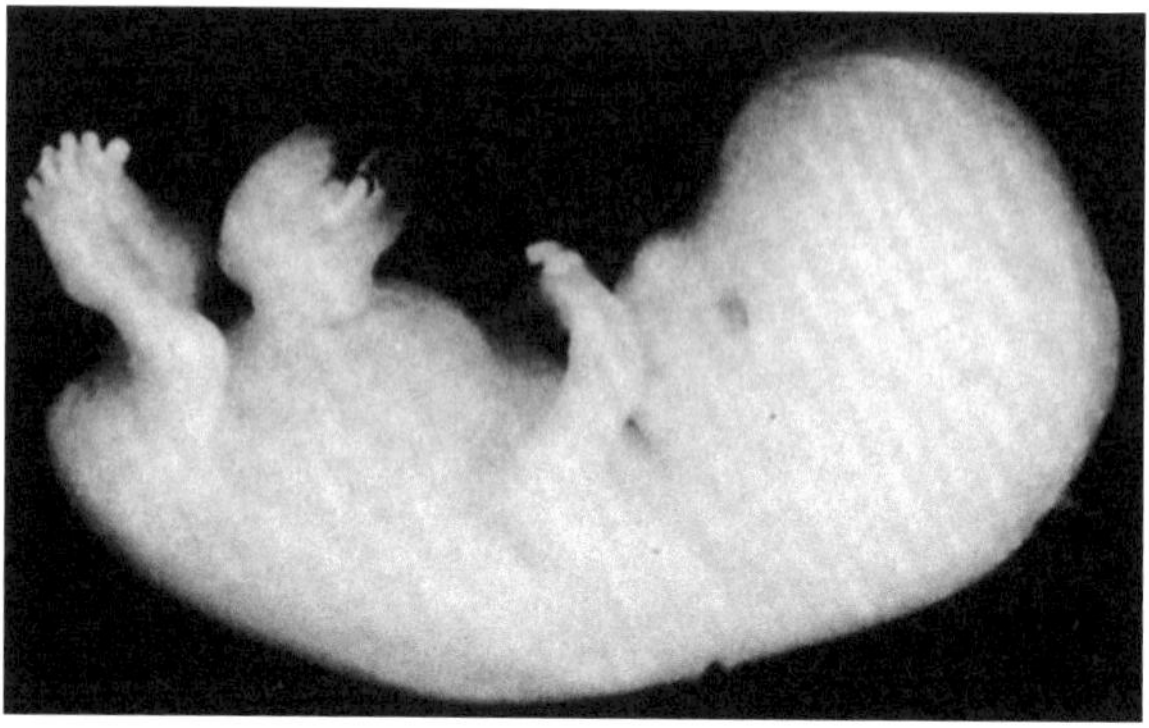

⬆異星人グレイはホモ・サピエンスが進化し胎児のように幼体成熟した未来人なのか？

グレイとＵＭＡ河童

グレイの姿は未来人に似ている。ヒトはサルから進化した。猿人から原人、旧人ときて、新人ホモ・サピエンスとなった。では、この先、現生人類はどのように進化していくのか。脳が大きくなり、直立二足歩行をし、体毛が徐々に薄くなってきた。頭髪が禿げてくるヒトもいる。肉体労働は少なくなり、頭脳労働が増すだろう。それとてもＡＩに任せるから、ますます体の必要性がなくなってくる。体は華奢になり、情報を得るために目は大きくなり、脳の肥大によって頭部も大きくなるだろう。

進化論のひとつに系統発生は個体発生を繰り返すという説がある。動物はだんだん胎児の姿に似てくるとも。これを「ネオテニー：幼体成熟」と呼ぶ。いい例がウーパールーパーだ。サンショウウオの仲間は陸上にも上がってくるが、ウーパールーパーはエラをもった幼体のまま成熟する。サルの子供は体毛が少なく、ヒトに似ている。ならば、ヒトの子供、胎児が未来人の姿なのではないか。その意味で、異星人グレイはホモ・サピエンスが進化した未来人だという説がある。

　思わず、なるほどと納得してしまいそうだが、そもそも進化論は虚構である。ホモ・サピエンスが別の種に進化などするはずはない。グレイは未来人ではない。そもそも異星人でもない。彼らは、純地球産の動物なのだ。知能も、さほど高くない。いまだ学術的に存在が確認されていないUMAなのだ。

⬆「川ん殿」と呼ばれるグレイ型の河童。

　アメリカ軍は1948年ごろ、ミシガン湖に流れ込む川で4匹、捕獲することに成功している。体長は約1メートル。見た目は、まさにグレイそのもの。両生類である。指は4本で長い爪があり、水かきが存在する。頭部からは電磁波を出す。電磁波によって敵や餌となる動物の体を弱らせる。出力によっては火の玉状態のプラズマを発生させることがある。

1977年、マサチューセッツ州で集中的に目撃が相次いだ怪物「ドーバーデーモン」は何を隠そう、このグレイだ。異星人ではない。日本では、グレイを河童と呼んでいる。妖怪としての河童は江戸時代にイメージができあがった。河童は甲羅を背負い、頭にお皿、口に嘴があり、全身ウロコで覆われている姿で描かれる。が、UMAとしての河童は違う。グレイそのものだ。昔の日本人がグレイを見て、河童という妖怪を作り上げたのだ。沖縄ではキジムナーやブナガヤと呼ぶ。キジムナーに出会うと気分が悪くなったり、火の玉が出現するのは、プラズマを発生させているからだ。

アメリカ軍は軍事的な戦略のもと、グレイを異星人に仕立て上げてきた。怪しい機密文書をリークし、グレイが異星人であるとUFO研究家に信じ込ませた。アブダクション・ケースを演出したり、時にはグレイの着ぐるみを使ったこともある。結果、スティーブン・スピルバーグの映画『未知との遭遇』を境に、異星人といえばグレイだという認識が世界的に広まった。今では異星人のアイコンである。まさにアメリカ軍の思うつぼだ。

飛鳥昭雄の手元には、アメリカ軍の機密資料がある。出元はUFO問題を管理する諜報機関「国家安全保障局：NSA」である。飛鳥は秘密組織を通じて、これらの機密資料をもたらされた。そこにはアメリカ軍の対UFO戦略がすべて克明に記されている。過去、秘密組織から定期的に情報が送られていたが、今もそれを漫画で公開している。

エイリアンと地底人

グレイは異星人ではない。異星人は、ほかにいる。正確にいえば、異星人ではなく、地球外知的生命体である。表現が微妙なので、本書ではエイリアンと呼ぶことにする。先にグレイによる地球人誘拐事件を見た。グレイを使役しているエイリアンは地球人とそっくりな姿をしている。これは偶然ではない。

1947年7月2日、ニューメキシコ州のロズウェルにUFOが墜落した。墜落したのは2機である。高エネルギーの落雷が直撃し、一機は空中で大破し、そのまま墜落。もう一機は、ほぼ無傷のまま墜落した。前者の場所はロズウェルの郊外にあるフォスター牧場で、当時、あたり一面に破片が散らばっていた。一般にロズウェル事件として紹介されるのは、こちらの墜落UFOである。

これに対して、後者はサンアウグスティン平原に、原型をとどめたまま地上に激突していた。破壊された側面から内部に入ることができ、現場に急行したアメリカ軍の兵士はコックピットに3人の遺体を確認した。いずれもヒトだった。解剖の結果、エイリアンはモンゴロイドで、血液型はA型。30歳代と思われたが、実際は1000歳に近い。骨格や内臓に至るまで、地球

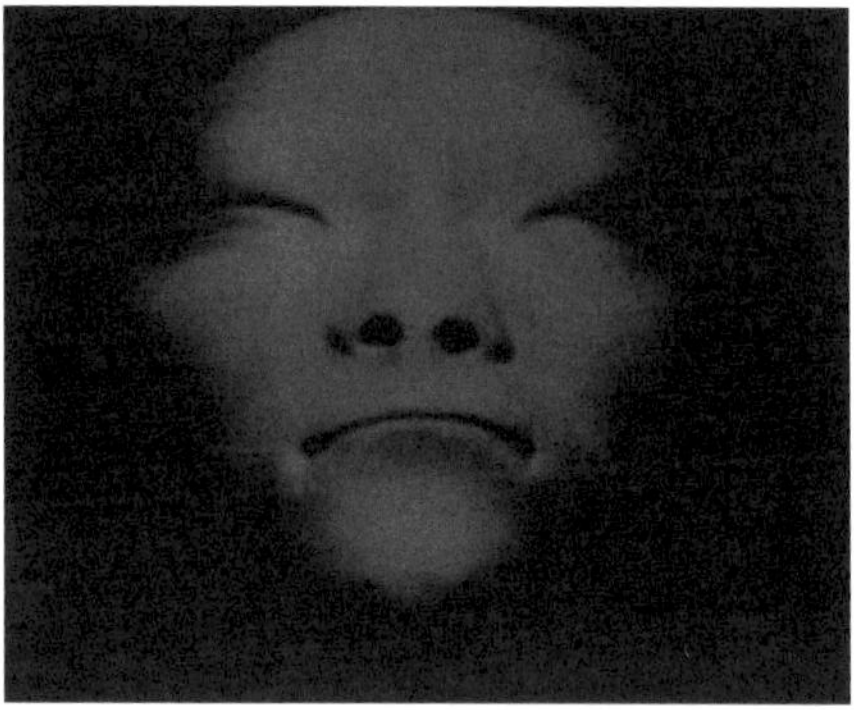

⬆（上）1947年、アメリカ・ニューメキシコ州のロズウェルに墜落したUFO。（下）UFOに乗っていたエイリアンの死体。

人とまったく同じ。つまりはホモ・サピエンスだった。

しかし、彼らは、この地球上にあるいかなる国にも属していない。遠い宇宙の彼方から来たわけではないことは、彼らが地球の細菌やウイルスに対して免疫をもっていることからわかった。地球人と同じ大気を吸っているのだ。いい換えると、エイリアンは地球上に存在しながら、まったく目に見えない世界に住んでいることになる。

どこか。答えは地底である。地底にエイリアンの本拠地がある。マントル内に大きな空間があり、そこに基地を作っている。ただし、それは、あくまでも基地である。本拠地は、さらに地中奥深くにある。といっても、地球は空洞ではない。ぎっしりと物質が充塡している。注目は核である。

⬆時輪密教で聖人が住む世界を描いたシャンバラ・タンカ。シャンバラ（理想郷）は地球内天体アルザルのことだ。

地球の核は金属の内核と液体の外核から成る。外核は電流を生みだし、これが同時に磁気を発生させる。いわゆる地磁気だ。これが巨大なプラズマを生みだしている。プラズマは空間を励起させ、もうひとつの空間を生じさせる。亜空間である。地球内部には巨大な亜空間があり、そこに地球よりひと回り小さい天体が浮かんでいる。

これが、エイリアンが住む天体である。アメリカ軍のコードネームで「アルザル」。仏教の最終経典『時輪密教：カーラチャクラタントラ』に記された聖人が住む地底世界「シャンバラ」こそ、この地球内天体アルザルなのだ。天体アルザルは、ちょうど原始地球と同じ環境にある。空が発光し、重力が小さい。ノアの大洪水以前に存在した植物や動物たちが、そのまま今もいる。ギガントピテクスやアウストラロピテクスはもちろん、ホモ・サピエンスもいる。エイリアンの正体は、まさにアルザル人なのである。

アルザル人はプラズマを発生させる動物、すなわちグレイを飼っている。ちょうど陰陽師が「式神」を使役するように、グレイを使っているのだ。地球人誘拐事件でグレイが出てくるのは、エイリアンが手足として働かせているからだ。親玉のヒューマノイドこそ、エイリアンである。グレイには3～5歳児程度の知能はある。プラズマを使うことで宙に浮かんだり、壁をすり抜けることもやってのける。ややこしいことに、アメリカ軍が演出した異星人グレイ事件のほかに、確かにエイリアンが関与した事件があるのも事実である。

青鬼と赤鬼

地球上には大きく3つの人種がある。白人種と黒人種と黄色人種である。これら白人と黒人と黄人のほか、あとふたつ人種がある。青人と赤人である。一般に、青人は北欧系、赤人はネイティブアメリカンやオーストラリアの先住民を指すが、実際は違う。文字通り、青い肌と赤い肌をもった人がいるのだ。たまに、遺伝子の変異によって真っ青な皮膚をもつ人がいる。同じように、赤い皮膚をもった人もいるのだ。彼らは、地球上においてはマイノリティだが、地球内天体アルザルには、ふつうにいる。

この5つの人種をもって「五色人」と呼ぶ。古史古伝『竹内文書』には大洪水以前、地上には五色人がいたと記されている。熊本の幣立《へいたて》神宮には「五色神」の面が宝物として伝わっており、平安時代の古文書にも五色人の名前が出てくる。

12世紀、イギリスでこんな事件が起こった。サフォーク州ウールピットの村に、突如、男女ふたりの子供が現れた。どうも洞窟から出てきたようで、まったく言葉が通じない。何より肌が緑色なのだ。男の子は早くに死亡したが、女の子は成長して、英語を話せるまでになった。彼女によると、故郷には太陽がなく、いつも夕方のような状態で、あるとき教会の鐘が鳴ったかと思うとあたりが暗くなり、気がつけば洞窟の中にいたという。今でも地元では「ウールピットの子供たち」として知られる。

彼女たちの正体は地底人である。皮膚の色から青人であることがわかる。日本では緑を青と表現することもあるように、多少、色の違いはあるものだ。地球内天体アルザルは原始地球のように大気がプラズマ発光しているので、太陽がない。いつも地上は夕方のような明るさなのだ。おそらく何かの拍子に「プラズマトンネル」が開いて、彼女たちは地上へと瞬間移動してしまったのだろう。あくまでも偶然の出来事だったに違いない。

しかし、その一方で、強制的に地上に追放される地底人もいる。平和的なアルザル人とはいえ、悪人もいる。罪を犯す者、殺人者もいる。ヒトの肉を食らう連中である。死刑がないアルザルでは、極刑は地上への追放である。凶悪なのは、食人者はプラズマトンネルに放り込まれ、地球の表面に送られる。彼らにとってみれば、地球の表面は地獄のようなもの。地上のホモ・サピエンスは、いまだに戦争をして殺し合いをしているのだ。絶対平和主義者のエイリアンからすれば、野蛮でしようがないのだろう。

しかし、そんなヤバい奴を送られたほうは、たまったものではない。何しろ、ヒトを食うのだ。当然ながら、人々からは恐れられる。まさに鬼だ。日本の鬼は古来、赤鬼と青鬼がいるとされてきた。これは何を隠そう、地上に追放された赤人と青人である。

代表的な鬼として秋田の「ナマハゲ」がある。いつもは山にいるナマハゲが年に一度、大晦日の夜、里に下りてきて、一軒一軒訪ね歩き、子供たちに説教する。泣く子はいねがぁ、親のいうことを聞かない子供はいねがぁ、勉強しねでなまげでねえがぁ。もし、悪い子供がいたら、持ってきたズタ袋に入れてさらっていく。あまりの迫力に、子供は号泣してしまう。いわば年中行事のひとつで、あくまでもナマハゲは神様。角はあるが、けっして鬼ではないという。

妖怪とは零落した神様であるといったのは民俗学者の柳田国男であるが、今やナマハゲは零

⬆⬅熊本県の幣立《へいたて》神宮に祀られている五色神面。左上から時計回りに白神、紫神、赤神、青神、黄神。

⬆12世紀、イギリスのサフォーク州ウールピットに現れた緑色の子供。この子供は地球内天体アルザルに住む地底人だ。

落した鬼である。教育上、あまり残酷な表現はしないようにというコンセンサスのもと、ある種、キャラクター化してしまったきらいがあるが、本来は違う。古い伝承では、ナマハゲは子供をさらって殺し、その肉を食べていたとされる。ズタ袋に子供を入れて、山奥で包丁を持って殺していたのだ。まさに獣人UMAエブゴゴだ。

同様の伝承はヨーロッパにもある。ドイツの「クランプス」だ。こちらはクリスマスの日に行われる祭りだ。角を生やした怪物の面をかぶり、恐ろしいモンスターに扮した男たちが行列をなして、町を練り歩く。途中、家々をまわって、子供たちを脅しながら説教する。まさに、泣く子はいねがぁ、である。どうも、ドイツのクランプスが日本にも伝わっているらしい。ドイツと日本の間にはロシアがある。ロマノフ王朝の貴族は、もとドイツ人である。ハプスブルク家なのだ。彼らがクランプスを日本に伝えた可能性がある。というのも、日本の在来種とされる秋田犬はヨーロッパ犬であり、秋田から青森にかけて日本海側の人には10～20パーセントの割合で白人の遺伝子がある。世にいう秋田美人とは白人の末裔なのだ。

　さて、クランプスの怪物だが、行列の先頭にいるのは「サンタクロース」である。サンタクロースは化け物たちの親玉なのだ。考えてみれば、サンタクロースが着ている服は赤か緑である。これは赤人と青人、日本でいう赤鬼と青鬼を意味しているのだ。

　一般にサンタクロースは「聖ニコラウス」がモデルだといわれる。聖ニコラウスのオランダ語の発音が「サンタクロース」なのだという。彼は4世紀に実在した人物で、小アジアの境界

⬆（上）ドイツのナマハゲ、クランプスに扮した人。（下）クリスマスにクランプスを同行させる聖ニコラウス。

で大主教を務めた。貧しい家の子供たちに施しをして、人々から親しまれたことがクリスマス・プレゼントのもとになったという。

しかし、こんな話もある。当時、人さらいが頻繁に起こっていた。子供たちは誘拐されて殺された後、その肉は食用として売られていた。これを聞いた聖ニコラウスが子供たちの肉を売っている店に行くと、そこでは殺された7人の子供の遺体が塩漬けにされていた。悲しみに打ちひしがれる聖ニコラウスだったが、子供たちの魂を救ってくれるよう天に祈ったところ、奇跡が起こった。子供たちが生き返ったのだ。

感動的な話だが、はたして史実かどうかは怪しい限りだ。あくまでも宗教的な説話のひとつである。が、ここにも食人が出てくる。サンタクロースの裏にはナマハゲがいる。考えてみてほしい。サンタクロースは大きな袋をかついで、家の煙突から入ってきて、子供たちの枕元にプレゼントを置く。見方を変えれば、家宅侵入である。プレゼントとはいうが、本来、大きな袋はさらった子供たちを入れるものだったのではないか。何しろ、クランプスの行列の後ろには、食人族の化け物がいるのだ。サンタクロースであれ、クランプスの化け物であれ、さらには秋田のナマハゲであっても、みなヒトである。ホモ・サピエンスである。

獣人ビッグフットの謎と
不死身人間カイン
第3部

悪霊マニトウが引き起こした殺人事件の真

それは飛鳥堂で行われたSO-RYUとのネット番組から始まる!!
じゃあ目に見えない生物はいるんですネ?
いないとはだれも断言できないと思う!
人の目は可視光の範囲でしか見ることができないからネ!
金龍
MU助役

たしかにX線でしか見えないものを肉眼で見ることは不可能です！
DK
霊も見えませんものネ！
黒龍
その意味でいうとアメリカ先住民が語り継ぐ姿の見えない巨大なヒト型の怪物……
マニトウも人の目から姿を隠せる異次元生物かもしれない!!

ゴォォッ
ANA

先生
今度の
メキシコ行きは
何が目的
なの？
彼の名は
サイ九郎！
私の
弟子である！
SOIRYU
たちと
話す前に
じつは
いつもの男が
会いに
きていた！
あすか先生！
教授からの
伝言を
お伝えします!!

教授はあすか先生にメキシコに行くことを望んでおられます!!

メキシコ!!

いったいメキシコのどこへ?

メキシコシティです!!

そこで古よりアメリカに伝わる姿の見えない怪物マニトウの正体を暴いていただきます!!

エエエエ〜〜ッ!!
そ それじゃあ まるで幽霊じゃ ないの〜っ!!
いやいや サイ九郎!
幽霊の ほうが まだましだ!
いっ!?
マニトウは 巨大な体を もつにも かかわらず
人の目には 見えない からだ!!
えええ〜〜っ

マニトウを恐れる先住民がアメリカやカナダに地名として残すほど知られた存在で
アメリカ・コロラド州のマニトウスプリングス、カナダ・オンタリオ州のマニトゥーリン島、
Whitefish Falls
キラーニー
Killarney
ウィクウェミコン
Wikwemikong
Northeastern Manitoulin and the Islands
10マイル
20 km
El Paso Blvd
Manitou Ave
HWY-24
Santa Fe Pl
Plainview Pl
Keithley Rd
Crystal Park Rd
metro

同じく
カナダには
マニトバ州や
マニトバ湖
などがある!!
不思議なことに
北アメリカで
目撃される獣人
ビッグフットや
サスカッチの
生息域とも
重なっている!!
Saskatchewan Treaty Areas
Treaty 8
Treaty 10
Treaty 5
Treaty 6 Adhesion 1889
Treaty 6
Treaty 2
Treaty 4
Blind River
バリー島
Barrie Island
ゴアベイ
Gore Bay
HISTORIC
MANITOU SPRINGS
Pikes Peak Cog Railway is ~650 feet from this bus stop
Manitou Incline is ~1050 feet from this bus stop
Legend
Parking Areas
Manitou Shuttle - Route 33
Manitou Shuttle - Route 33A
Bus Stops on Manitou Shuttle Route
Manitou Ave
Washington Ave
Ruxton Av
Spring St
High St
Bond St

ビッグフットやサスカッチとマニトウは意外にもいくつかの共通点がある!!
1924年7月ワシントン州のルイス川近郊で金鉱作業員4人がいた山小屋がビッグフットの集団に襲われた際彼らは巨大なサルではなく巨人だったと証言している!!
Mt St Helens
Upper North Fork
North America
Swift Dam
Middle North Fork
Yale Dam
Yacolt
East Fork
Accessible to anadromous fish
Reservoirs
Dams
Cities
N
0 5 10 20 Km

襲ってきた
毛だらけの巨人は
突然、目の前の
砂州に足跡が
現れたことから
異次元を出入り
すると発言
しているのだ!!
そこは
カスケード山脈の
近くで
1947年に
セスナ機に乗った
ケネス・アーノルドが
空飛ぶ円盤（フライングソーサー）を
目撃した場所として
知られている!!

するとビッグフットやサスカッチはUFOみたいに姿を消すの？
それどころかヒトのように言葉をしゃべったという報告もある！
ゴォオオ——ッ
エエ〜ッ!! そ…そんなバカなこと!?
これは1910年代に起きた事件だ！
先住民の血を引くチャーリー・ビクターが
カナダのブリティッシュコロンビア州で猟をしていたとき事件は起きた！

洞窟に飛び込んだ猟犬に驚いた何かをクマだと勘違いしてライフルで撃つとそれはヒトの子供だった!!

あわてて飛んできたのはその親と思しき2匹のサスカッチで先住民のハルコメレム語でビクターを非難したという!!

えええええ〜!?

それが事実だったらビッグフットやサスカッチは
巨大なサルではないことになる!!

メキシコシティ
Mexico City

あすか先生ですネ？
えっ はい そうですが お迎えの方ですか？

はい! ホセといいます!
ミスター・カトウから
仰せつかっています!
ホセって本名?
コレ!
今からラ・メルセド修道院で
お待ちのマルガリータ博士の
ところへご案内します!
ということは
女性ですか!?
はい!
メキシコの聖書学者として
知られています!

というと当然カトリック教徒ですね?
メキシコの宗教は83パーセントがカトリックですから!
もうすぐマーセード駅ですので修道院はすぐ近くです!
METRO
オオー! すでに博士は迎えに出ておられますよ!
おっ

はじめましてミスターあすか
日本からはるばるようこそ!
マルガリータ・エレナ・
ロペス・ロドリゲスです!!

失礼ですがミスター・カトウとはどこで？

あら！それは秘密になっていると聞いていましたけど！どうしてもというならお話ししますけど!!

あ……いえ大丈夫です！

話すということはカトウと同じ組織ではない……

なぜミスター・カトウがあなたを私に引き合わせたのかわかる気がしますわ！

えっ？

カトリックでは大洪水で死んだことになっているカインをそうではないと考えるあなたと同じ異端者ですから 私!!
そのことをよくご存じで!
せ先生……カインてなに?
アダムとエバの子で歴史上初めて殺人を犯した人間だ!!

イスラエル人の
預言者が
記した『聖書』に
登場する
カインは
農耕を行う者
だったが
絶対神への
供物として
極上の穀物を
使わなかったため
受け取りを
拒否された!!

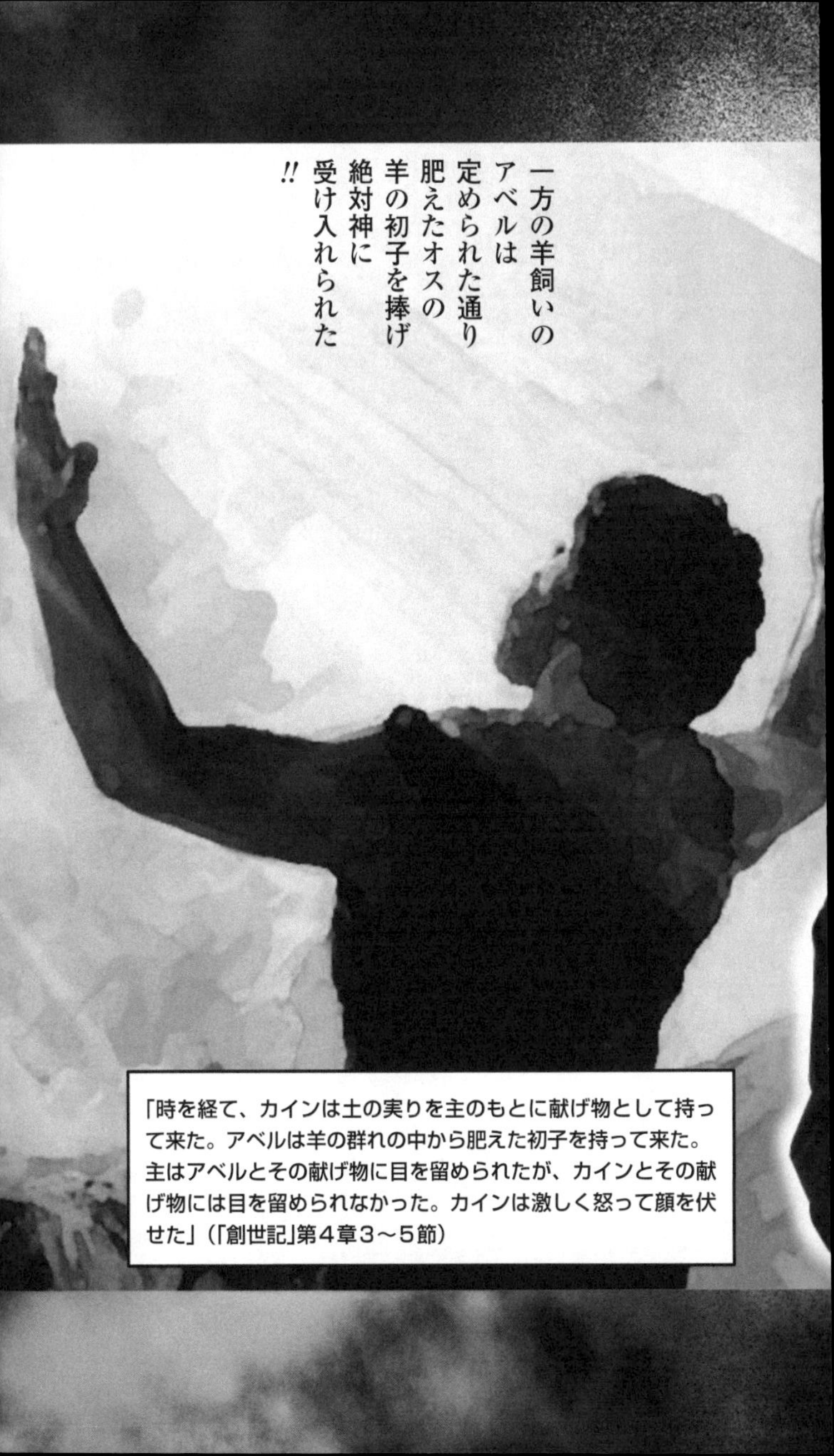
一方の羊飼いの
アベルは
定められた通り
肥えたオスの
羊の初子を捧げ
絶対神に
受け入れられた
!!

「時を経て、カインは土の実りを主のもとに献げ物として持って来た。アベルは羊の群れの中から肥えた初子を持って来た。主はアベルとその献げ物に目を留められたが、カインとその献げ物には目を留められなかった。カインは激しく怒って顔を伏せた」（「創世記」第４章３～５節）

このとき
絶対神は
カインに対して
警告している!!

「罪（ハ・タート）は
あなたの戸口に
うずくまり
あなたに
憑依しようと
待ちかまえており
あなたは
それに打ち勝ち
支配しなければ
ならない」

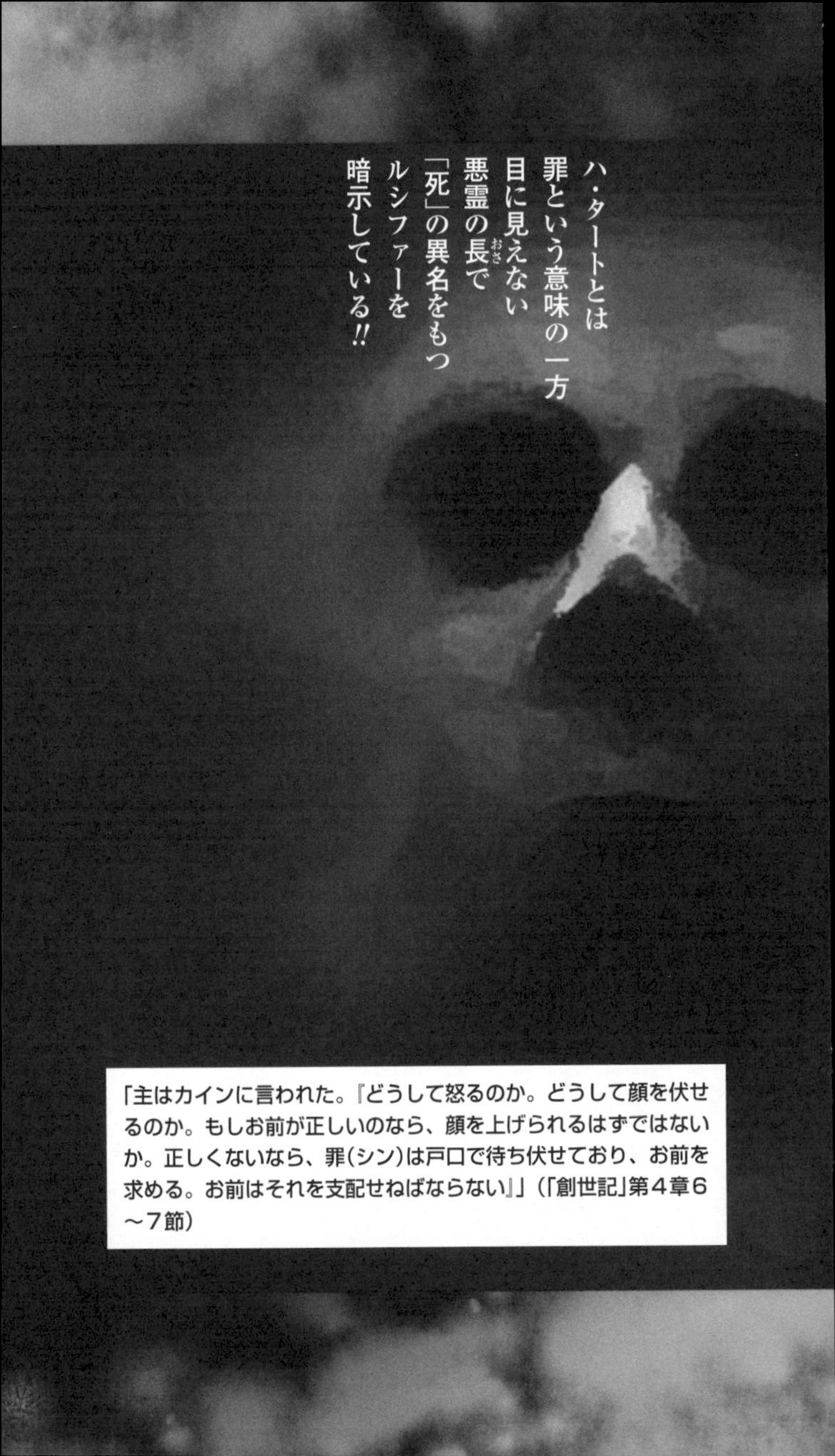

ハ・タートとは
罪という意味の一方
目に見えない
悪霊の長《おさ》で
「死」の異名をもつ
ルシファーを
暗示している!!

「主はカインに言われた。『どうして怒るのか。どうして顔を伏せるのか。もしお前が正しいのなら、顔を上げられるはずではないか。正しくないなら、罪(シン)は戸口で待ち伏せており、お前を求める。お前はそれを支配せねばならない』」(「創世記」第4章6〜7節)

しかし
カインは
神の警告を
無視し
悪霊どもに
憑依されて
アベルを
呼び出し
撲殺する!!

こうして
大地は血に染まり
アダムが犯した
原罪に続く
カインの罪で
大地は呪われ
再び
エデンの園の
ような
理想郷に
戻ることは
できなかった!!

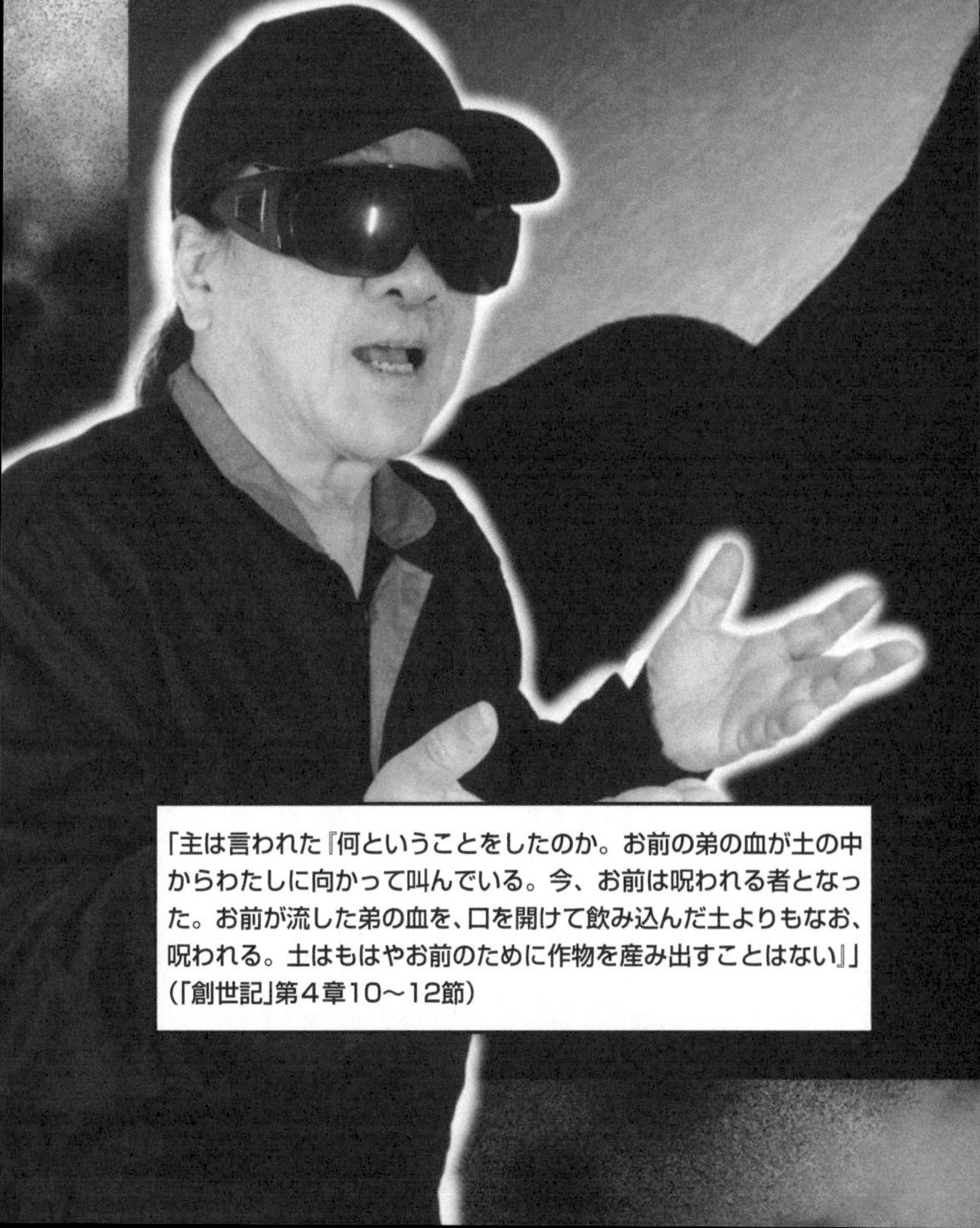

「主は言われた『何ということをしたのか。お前の弟の血が土の中からわたしに向かって叫んでいる。今、お前は呪われる者となった。お前が流した弟の血を、口を開けて飲み込んだ土よりもなお、呪われる。土はもはやお前のために作物を産み出すことはない』」（「創世記」第４章10～12節）

カインの体には
絶対神の
呪いの印《しるし》が
つけられ
ノドの地で
妻を得て
街を建てたが
世の終わりまで
生きたままで
地上をさ迷う
宿命を負う
ことになった!!

エジプトの
原始キリスト教
コプトの一派で
エチオピア
正教会は
外典「ヨベル書」を
正典とするが
そこには
カインの妻は
妹のアサウナン
であると
記されている!!

「カインは主の前を去り、エデンの東、ノド(さすらい)の地に住んだ。カインは妻を知った。彼女は身ごもってエノク（大預言者エノクとは別人）を産んだ。カインは町を建てていたが、その町を息子の名前にちなんでエノクと名付けた」（「創世記」第４章16～17節）

絶対神は
アダムとエバに
息子セトを与え
そこから
大預言者エノク
が出て
叡智の神殿
三大ピラミッドを
現在のギザ大地に
建設した!!

その後エノクの住む街は地上から天空へと移動しラピュタのモデルとなった!!

エノクの街はこの世の終わりに超弩級巨大ピラミッドとして地球へ戻るがその一辺は2225キロに達し北海道の宗谷岬から奄美諸島の徳之島までの距離に匹敵する!!

「エノクは神と共に歩み、神が取られたのでいなくなった」(『旧約聖書』「創世記」第5章24節)
「この都は四角い形で、長さと幅が同じであった。天使が物差しで都を測ると、一万二千スタディオンあった」(「ヨハネの黙示録」第21章16節)

今から約４５００年前
木星の大赤斑から
噴出した
灼熱の巨大彗星は
地球に大接近して
当時は氷天体だった
月を破壊し内部の熱水を
地球へスプラッシュ
させた!!
これが
「ノアの大洪水」
である!!

このとき
死ねない体の
カインは
自ら造った
箱舟に乗り
一方ノアの家族8人も
建造した箱舟に入り
大洪水を生き延びて
ともにアララト山系に
漂着した!!
「ノアが六百歳のとき、洪水が地上に起こり、水が地の上に
みなぎった。ノアは妻子や嫁たちと共に洪水を免れようと
箱舟に入った」（『旧約聖書』「創世記」第7章6～7節）
「第七の月の十七日に箱舟はアララト山の上に止まった」
（「創世記」第8章4節）

なるほど! ミスターあすか あなたも私以上の 異端者みたいネ!?

日本の古史古伝の『竹内文書』に 天孫族が大洪水後の大地に 天空浮舟で降り立つと そこに〝黒人の祖〟がいたとあるわ!!
「天地分主大神の御代より、地球全部数百度土《どろ》の海となり、其しるし地の底に大木埋まり、丸石又は山峯に蛤《かい》ガラ、石岩の中に蛤ガラある、しるしなり…(中略)…地球全部大変動、土の海となり、万物全滅す」(「上古第三代」)

私はネ
ミスターあすか
あなたの国の古代文献にも
興味があるのよ!!
おほめにあずかり光栄です!
ASU
私は神がカインにつけた印が
黒い色なら黒人の祖はカインとなり
ノアの箱舟に乗ったノアの三男ハムの妻
エジプタスがカインの血を引く
黒人だったと考えているのよ!!
「日神天皇詔して我れの臣使へを云ふ。
黒石に黒人祖住みおる。
以上を天神七代と云ふと伝う」
(「天神第七代ノ二」)

ところでミスターあすか、なぜ進化論者が人類発祥をアフリカにしているのかわかる？
エチオピアで最古のサルアルディピテクスラミドゥスが発見されたとか
タンザニアで二足歩行のサルの足跡が見つかったからでしょう
本当の理由は黒人を原始的と差別したいからよ！遺伝子からも原始人から現人ホモ・サピエンスへ進化したと考えるのもそう!!
進化論者が考えそうなことです!!

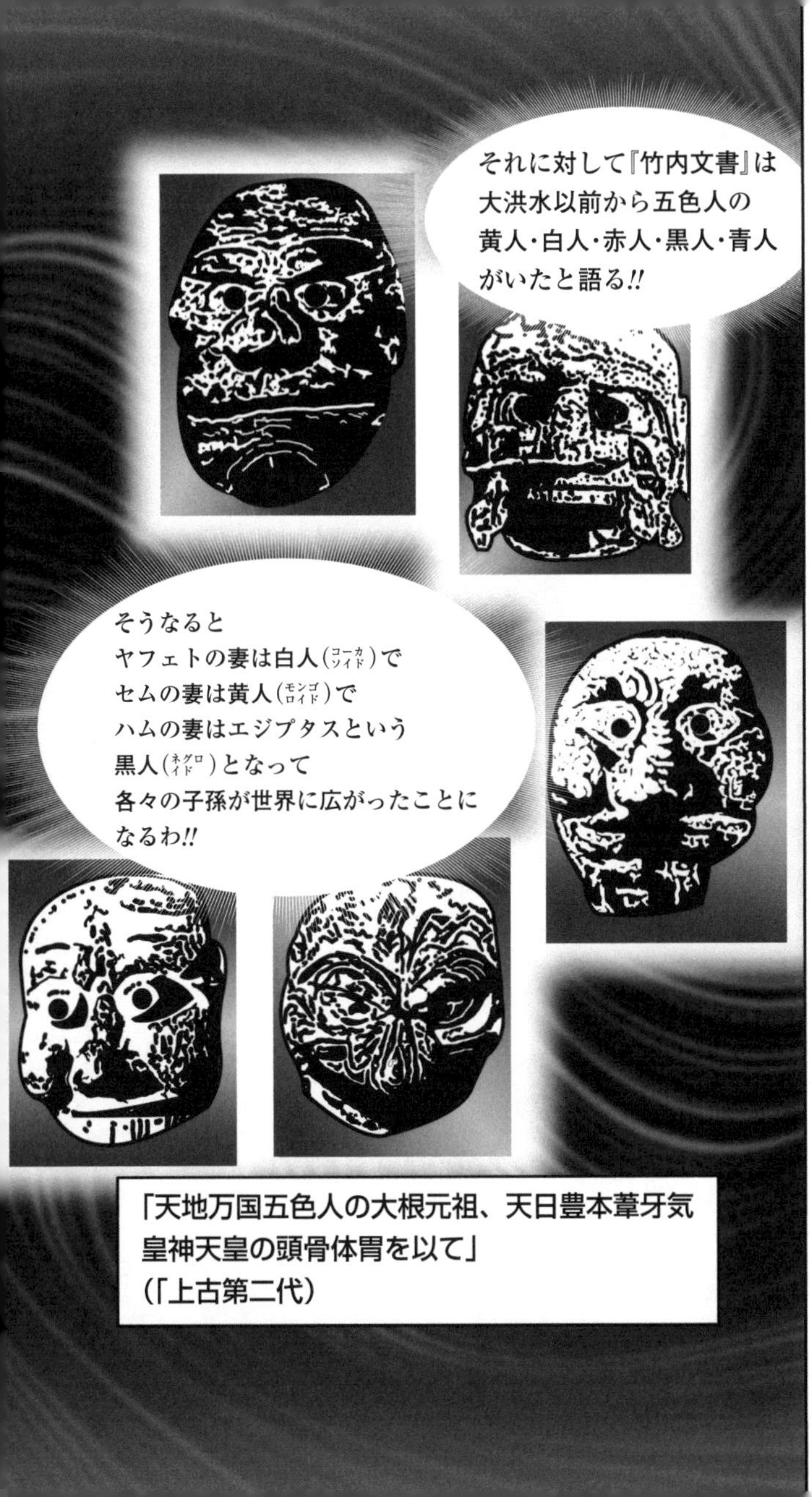

それに対して『竹内文書』は大洪水以前から五色人の黄人・白人・赤人・黒人・青人がいたと語る!!
そうなるとヤフェトの妻は白人(コーカソイド)でセムの妻は黄人(モンゴロイド)でハムの妻はエジプタスという黒人(ネグロイド)となって各々の子孫が世界に広がったことになるわ!!
「天地万国五色人の大根元祖、天日豊本葦牙気皇神天皇の頭骨体胃を以て」(「上古第二代)

となると酒を飲んで寝ていた
ノアがもつ預言者の着衣を盗んだ
ハムが呪われず
ハムの子のカナンが代わりに呪われた
謎のひとつが解けるのよ!!

生き残ったカインが
成人したカナンをそそのかしたなら
ノアに対する罪はハムの息子のカナンに
下るのは当然となるのよ!!

「ノアは酔いからさめると、末の息子がしたことを知り、こう言った。『カナンは呪われよ、奴隷の奴隷となり、兄たちに仕えよ』
またこう言った。『セムの神、主をたたえよ。カナンはセムの奴隷となれ。神がヤフェトの土地を広げセムの天幕に住まわせ、カナンはその奴隷となれ』」(「創世記」第９章24～27節)

ハムの妻が
カインと同じ
黒人なら
息子のカナンも
同族となる!!
ひとつ私の
持論を述べてもいい
かしら？
あ……
ええ
どうぞ！
日本の古史古伝が正しいなら
黒人のアルビノが白人になり
五色人の組み合わせで赤人や青人が
誕生したと考えられるのヨ!!

マルガリータ博士そろそろ本題に入りませんか？
なぜカインの話をするのにラ・メルセド修道院なのですか？
なるほど……
たしかになぜここなのかよネ!!
ミスターあすか
カインはここで祀られていたからよ!!
えええ〜〜っ!?

勘違いしないでミスターあすか
ここには昔アステカ時代の神殿が
建っていたの!!
というかメキシコシティは
アステカ文明の中心地で
スペイン人はすべての建物を
石材として利用しただけ!!
ただ20世紀にとんでもない事件が起きた
ラ・メルセド修道院は
最近になって事件を忘れるためにも
建て直さざるを得なくなったの!!

1920年、メキシコ革命の混乱状態がつづく中
前政権を支えた側近ピナ・アッタは刑務所から
脱走してラ・メルセド修道院に逃げ込んだの!!
その夜は逃亡5日目で
ちょうど目に見えない
アステカ時代の
巨人が出てくるとされる夜だった!!

アッタが修道院に逃げ込んだとの通報を
受けた警察署長が単身で乗り込み
彼を逮捕しようと銃を構えたとき
それが起きたわ!!

急に冷たい空気が流れ込んだかと思うと
何か得体の知れない存在が現れ
気配を感じた署長が銃を構えた直後
何者かに顔をつかまれて
振り回されたのよ!!

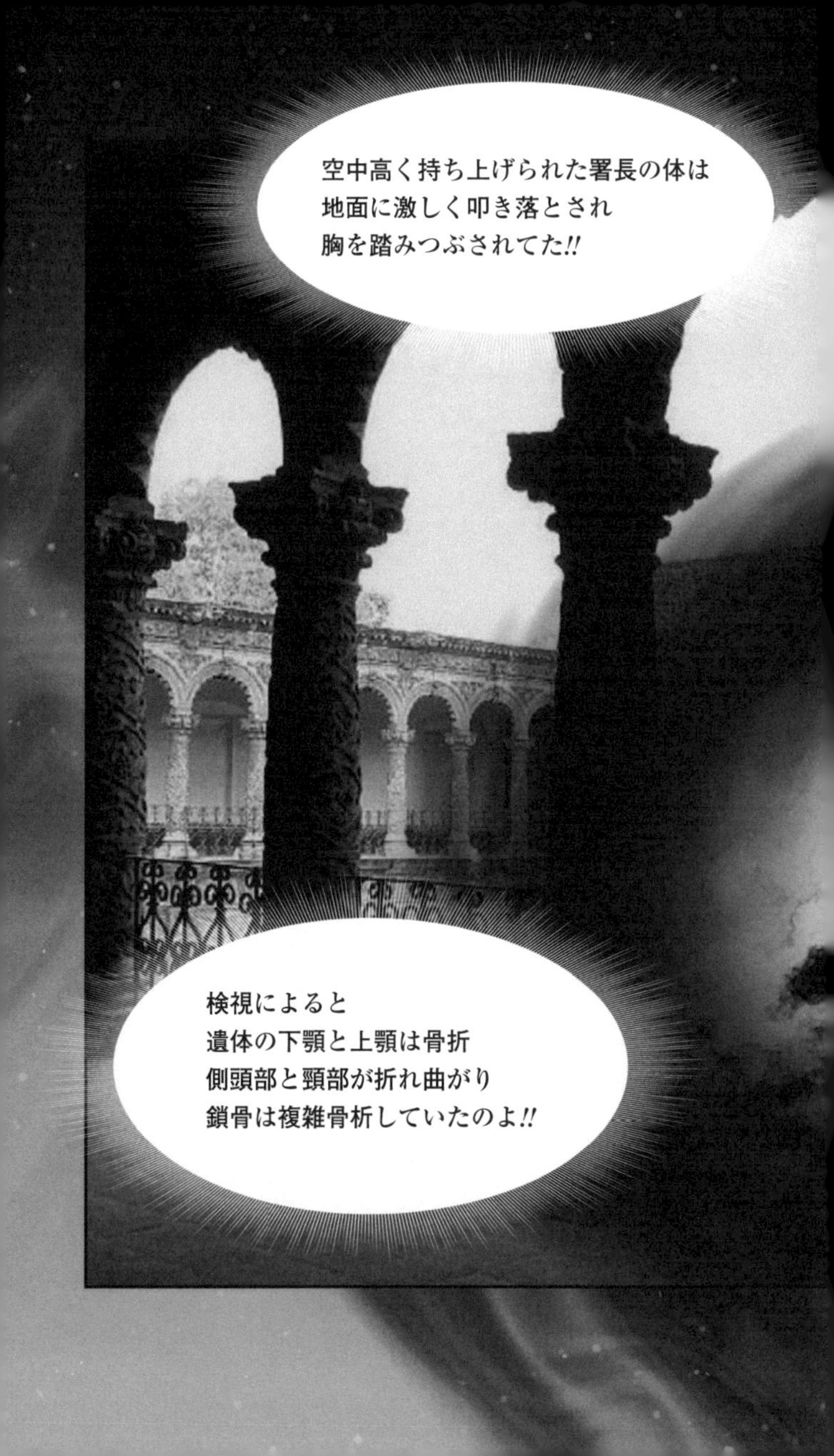
空中高く持ち上げられた署長の体は
地面に激しく叩き落とされ
胸を踏みつぶされてた!!
検視によると
遺体の下顎と上顎は骨折
側頭部と頸部が折れ曲がり
鎖骨は複雑骨折していたのよ!!

もちろんピナ・アッタが疑われたけれど
異常な死の証拠として残された
デスマスクには
巨大な手による圧搾痕があり
彼の疑いは晴れたわ!!

この異様な事件は警察記録に残され
デスマスクもメキシコ政府が保管して
当のピナ・アッタは哲学者となり
評論家として人生を全うしたわ!!
私は伝説のアステカの見えない巨人こそが
古代アメリカに伝わる
目に見えない怪物マニトウであり
神の呪いを受け世界が終わるまで
地上をさ迷い歩くカインだと
考えているわ!!

先生
本当に
マニトウは
カインなの
かな？
そこまでは
断言できない
にしても
可能性は
極めて高い
だろう!!
死ねないと
いうことは
愛する人すべてを
失いつづける
人生を送る
という意味だ!!

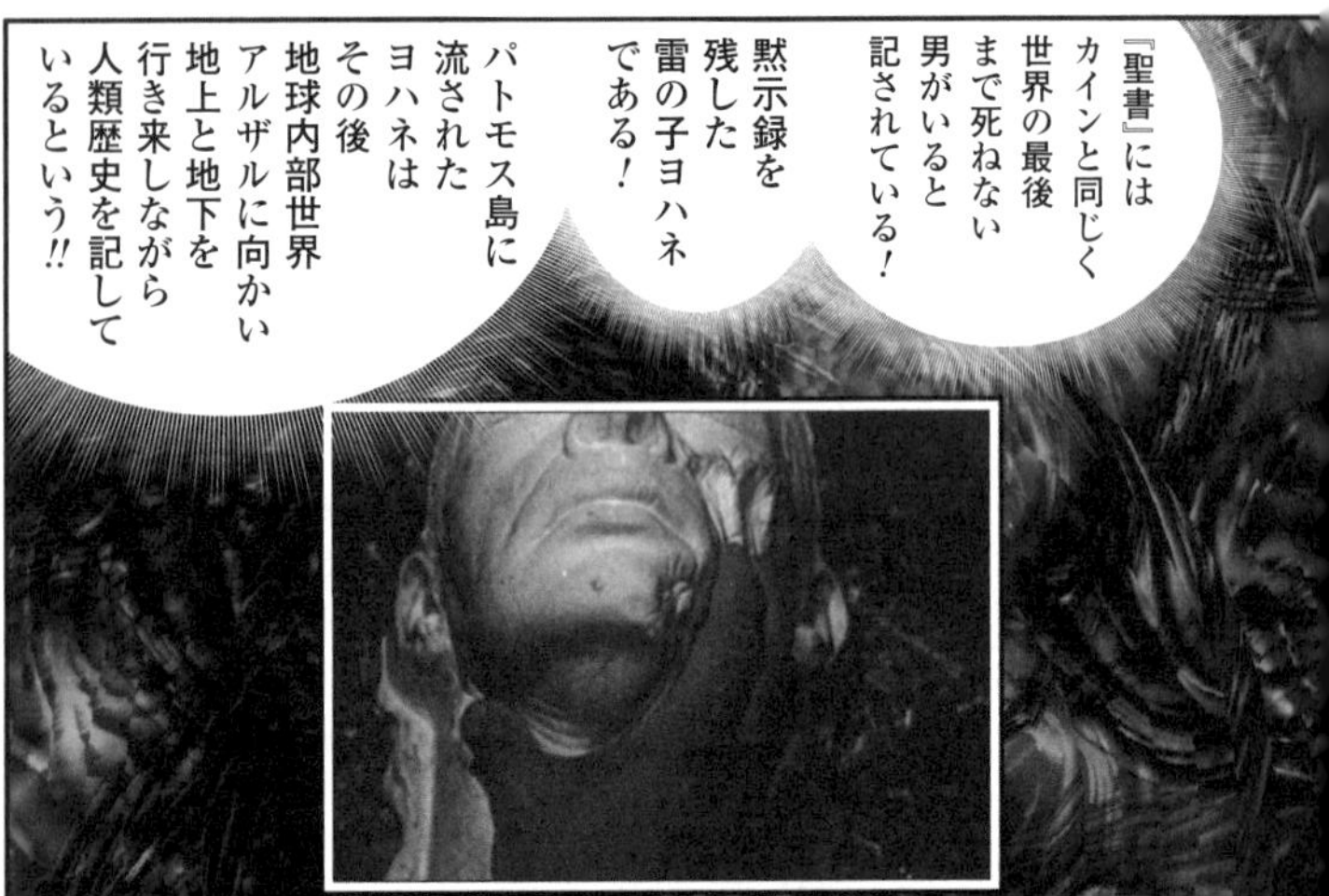
『聖書』には
カインと同じく
世界の最後
まで死ねない
男がいると
記されている！
黙示録を
残した
雷の子ヨハネ
である！
パトモス島に
流された
ヨハネは
その後
地球内部世界
アルザルに向かい
地上と地下を
行き来しながら
人類歴史を記して
いるという!!

聖書学的に、人類最初の殺人者となったカインの「予型」は堕天使ルシファーである。御子なる絶対神ヤハウェがカインを拒否し、アベルを認めたように、御父なる絶対神エル・エルヨーンは光の天使だったルシファーを拒否し、大天使ヤハウェを認めた。嫉妬したカインが楽園を追放されたように、ルシファーも天界から地上へと落とされた。

死ぬことができないカインが地上をさ迷いつづけるように、ルシファーもまた肉体がない状態のまま生きつづけ、地上と地獄という次元の狭間をさすらう。両者はともに、肉体を得て生まれてきた人間が滅亡する「世の終わり」を待っている。まるで、それが救いであるかのように……。

第6章

巨人型獣人UMAビッグフットの正体と地底のエイリアン

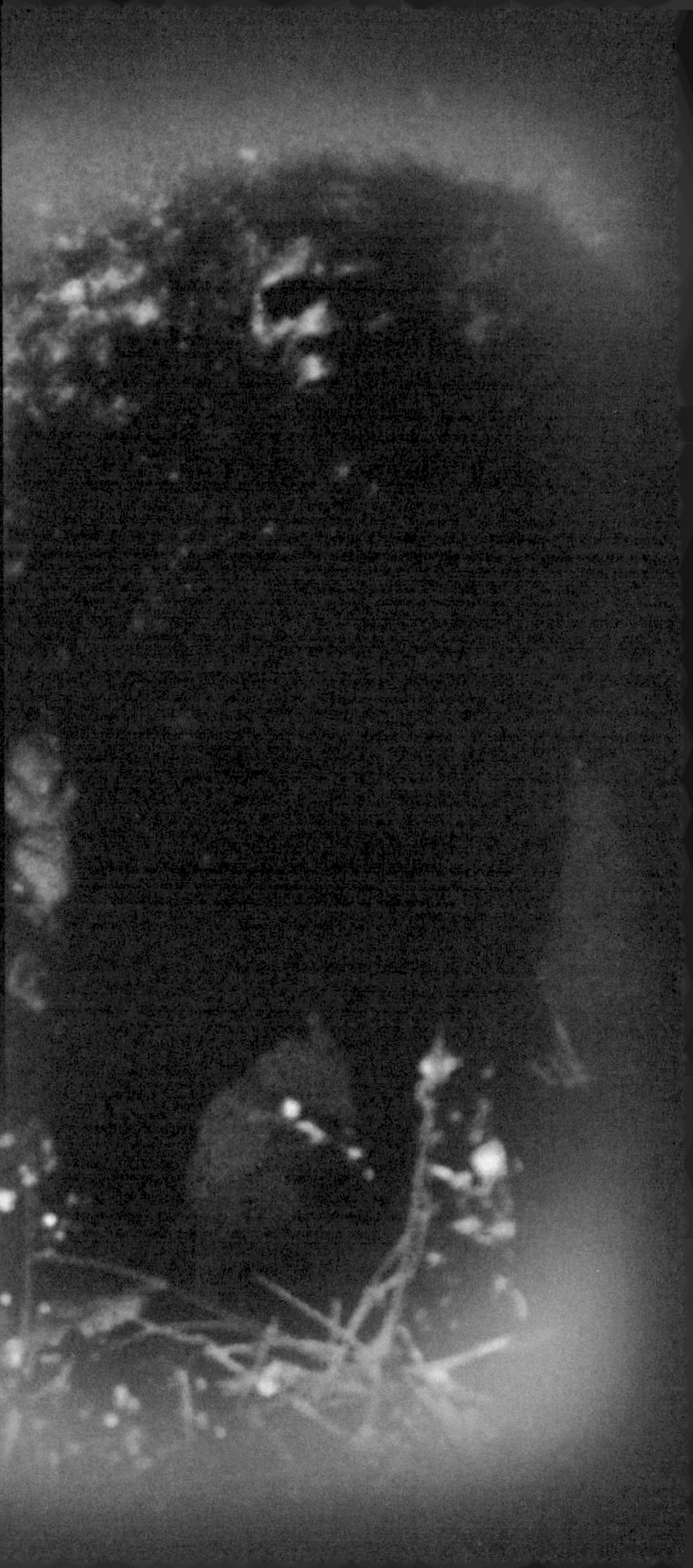

巨人型獣人UMAビッグフット

幼いころ、いわれたものだ。足が長いと、将来背が伸びるぞ、と。実際、身の回りの子供たちを観察して、靴のサイズが大きい子は、往々にして背が高くなる傾向がある。28センチを超えると、だいたい身長は180センチ以上になる。足の長さと身長は比例する。足がでかければ、背も高い。獣人も、しかり。なかでも、もっとも謎めいているのがそう、北米大陸の大型獣人UMA「ビッグフット」だ。

その名の通り、足がでかい。残された足跡から推定すると、40センチにもなる。確かに、大柄の男性で30センチ以上は珍しくない。プロレス界の神様ジャイアント馬場さんは16文キックで有名だが、それでも32センチ程度だ。ギネスに登録された世界で一番大きな足をもつ男性はベネズエラのジェイソン・オーランド・ロドリゲスで、そのサイズは40・1センチである。だが、ビッグフットはその上を行く。現地に残された足跡を計測すると、大きいもので47センチ。下手したら、50センチにも及ぶのだ。そこから推定される身長は3メートルにもなる。

研究家によれば、メスは小柄で2メートル前後。推定体重200キロ以上。オスの身長は3メートル、推定体重は300キロ以上だ。もし、目の前に現れたならば、グリズリーだ。ヒグマやハイイログマのような迫力だ。襲われたら、ひとたまりもない。

だが、意外にビッグフットに襲われたというケースは少ない。野生動物よろしく、ヒトを警戒し、自ら逃げるのか。あまりヒトに対して攻撃的ではない。ビッグフットに襲われて食べられたというケースはゼロではないが、あまりにも話が現実離れしており、研究家の間では信憑性が乏しいと評価される。このあたり、ビッグフットの正体を知る重要な鍵となってくる。

外見はサルのように、黒い体毛がびっしり生えている。毛がないのは手の平と足の裏、それに鼻と目の周り。肌は黒い。直立二足歩行をし、その歩き方はホモ・サピエンスとまったく変わらない。表情もある。明らかに意思があり、知性を感じさせる。間近で遭遇したり、短時間ながらもビッグフットと生活したとか、自身がさらわれたと語る人たちはみな口をそろえて、ビッグフットはサルではなく、ヒトに近いと証言する。言葉は通じないものの、意思の疎通はできるという。

正体に関しては、大きくふたつの仮説がある。ひとつは猿人、もうひとつは巨猿だ。前者はアウストラロピテクスである。なかでも体の大きい超頑丈型猿人パラントロプス・ボイセイだ。発見されている化石から直立二足歩行をし、おそらく身長が1・5メートルと推定されているが、そこから巨大化した可能性があると見られている。

後者はギガントピテクスである。当初は発見された化石も少なかったが、下顎の形状から、頭部はゴリラに近いことがわかってきた。ヒマラヤの雪男イエティの正体として、ギガントピテクスが挙げられているが、ビッグフットは明らかに違う。アウストラロピテクスにしても、ギガントピテクスにしても、それらはサルである。ヒトではない。

ビッグフットがほかの獣人UMAと決定的に違うのは知性である。彼らは明らかに現生人類の存在を知っている。自分たちと似た姿をしているが、おろかな動物であることを認識している。ビッグフットに関しては、わずかな例外を除いてヒトを襲ったというケースはほとんどない。襲ったという報告もかなり創作じみており、信用がおける証言は皆無といっていい。ビッグフット研究のピーター・バーンが強調するように、彼らは平和的なのだ。

ならば、これまで獣人UMAに関して繰り返し述べてきたように、ビッグフットもまた、ホモ・サピエンスなのか。極めて難しい問題ではあるが、結論からいえば、イエスだ。ビッグフットは基本的にホモ・サピエンスである。

しかし、そこには学者が思いもしない恐ろしい事実が存在する。ヒトとエイリアン、そして邪悪な霊的存在、あえていうなら魔物との間にある関係が明らかにされない限り、ビッグフットの正体はわからない。文字通り一筋縄ではいかない存在なのだ。

パターソン・ギムリン・フィルム

ビッグフットの存在を強烈に印象づけたのが「パターソン・ギムリン・フィルム」である。

これまでテレビ番組で幾度となく紹介され、おそらく読者の方にとってもおなじみであろう。ビッグフットの姿を知る上で第一級の動画資料である。撮影されたフィルムは16ミリで、925コマある。

撮影したのは、その名にあるロジャー・パターソンで、現場にいっしょにいたのがロバート・ギムリンだ。ともにワシントン州のユニオン・ギャップに住んでいた。彼らは、かねてから先住民が語るビッグフットに関心をもっており、暇があれば、野山に入って探査を続けてきた。

1967年10月20日、いつものように、ビッグフット探査に出かけた彼らは、ブラフ・クリークという川岸に馬でやってきた。午後1時15分を過ぎたころである。かねてからの洪水によって運ばれてきたのだろう、大きな流木が重なった場所で黒い物体を発見した。

馬上から見ると、それは大きな黒毛の動物であることがわかった。ちょうど地面にうずくまる状態で、しばらくふたりには気づかなかったようだ。が、突如、むっくりと起き上がると、そのまま歩きだしたのだ。明らかにクマではない。全身毛むくじゃらではあるが、ヒトのようだ。がっしりとした体格で腕と足が太い。胸元は明らかにふくらんでおり、女性の乳房のようである。

驚いたのは人間だけではない。謎の野生動物に気づいた3頭の馬が気配を察して、急に暴れはじめ、しまいには逃げてしまった。これには、さすがのふたりも動転したが、パターソンは事前に持ってきたカメラを手にすると、謎の動物の後を追った。3度撮影場所を変えながら、努めて冷静にカメラを回した。その間、ギムリンは銃を構え、いざというときに備えた。ふたりを尻目に、一度振り返ったものの、そのまま直立二足歩行をする野獣は悠然と森の中へと姿を消した。衝撃的な光景を前に、フィルムを使い切るまでパターソンはカメラを回しつづけた。

後を追ったが、もう獣人の姿はなかった。が、あたりの川岸には大きな足跡がいくつも残され、これらから石膏型を採取した。こうして撮影されたのがパターソン・ギムリン・フィルムである。

現像されたフィルムは専門家に持ち込まれ、その真贋を評価されている。当時の技術から、ここまでリアルな映像を作ることは難しい。意見を求められたウォルト・ディズニー社の重役ケン・ピーターソンも、同じものは撮影できないとコメントしている。アメリカの人類学者たちは、トリックの可能性も否めないとして、慎重な意見が相次いだのに対して、当時、冷戦で対立していたソ連の学者たちは、意外にも肯定的な見方を示した。いずれにせよ、フィルムが捏造《ねつぞう》である決定的な証拠が見出せず、かといって、積極的に肯定する材料も提示することはできなかった。

ここで、ひとつ問題が起こる。オリジナルフィルムが紛失してしまうのだ。撮影者であるパ

⬆（上下）1967年、アメリカのカリフォルニア州の山中で撮影された全身毛むくじゃらのビッグフット。

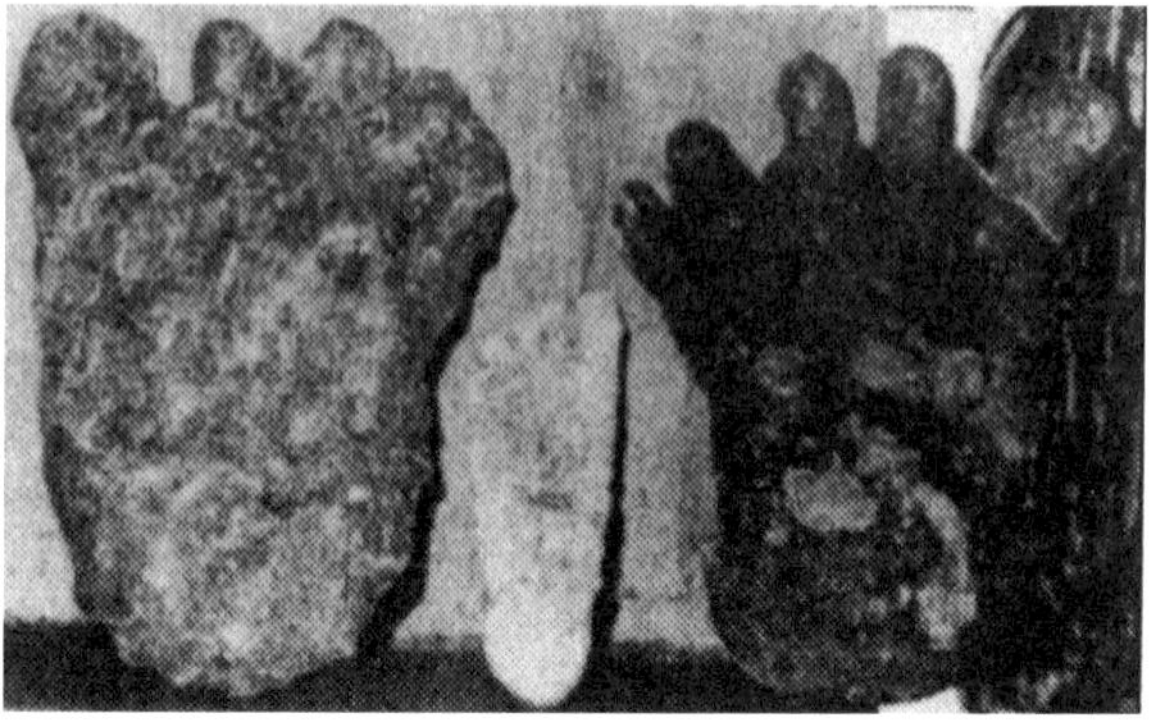

⬆目撃地点に残された足跡から採取したビッグフットの足形。明らかに大きさと形がヒトの足跡とは異なる。

ターソンは所有権をアメリカン・ナショナル・エンタープライズ社に譲渡していたのだが、1972年に倒産。この年、パターソンは癌で死亡する。会社はペレグリン・エンターテインメント社、次にセンチュリーグループが買収。最終的にストレージ社がフィルムを保管していたのだが、1996年ごろ、いつの間にか倉庫から消えてしまう。現存するのは、オリジナルからコピーしたチバクローム版だけとなった。一次資料が消失する場合、往々にして背後にいるのはCIAである場合が多い。

オリジナルフィルムが紛失して2年がたった1998年、パターソン・ギムリン・フィルムに疑惑がもち上がる。撮影当時、パターソンは映画製作会社の社員で、カウボーイが主人公の疑似ドキュメンタリーを撮影していた。この中にビッグフットが登場するシーンがあり、その着ぐるみを用意していたというのだ。

中で演じていたのは、身長が2メートルもあるジェリー・ロムニーではないかと指摘されたが、これを本人は否定。続いて、ロバート・ヘイロニムスが名乗りでた。彼は右目が義眼で、これを顔の部分に取りつけたという。実際、フィルムでは一瞬、右目が光るシーンがある。

着ぐるみを作ったのはフィリップ・モリスという映画用の小道具や衣装を製作する会社の人間だとされた。彼はメスのゴリラの着ぐるみを作ったことがあり、同じ依頼をパターソンから受けたと証言した。足元はスリッパを利用したといい、確かにビッグフットの足の裏はフラットで手の色と異なっている。哺乳類の多くは手と足の裏の皮膚は同じ色をしているはずだという指摘もある。コンピューターによる画像解析では、背中にチャックらしきものがあるという疑惑も出た。

もっとも着ぐるみ説はかねてから指摘されるところで、当時アメリカで入手できる素材や技術を詳細に検証したが、同じものを作ることはできなかった。ヘイロニムスとモリスの説明も細部で食い違いがあり、関係者の証言にも矛盾がある。解剖学および人類学者にして、ビッグフットの研究家であるジェフリー・メルドラムはチバクローム版を取り寄せ、解剖学的な分析を詳細に行った結果、これが着ぐるみによるトリックではないと結論づけている。ちなみに、メルドラム博士は頭蓋骨の化石と頭部の形状を比較分析して、撮影されたビッグフットはパラントロプス・ボイセイではないかと述べている。

真相は、どうなのだろうか。パターソンがゴリラの着ぐるみを用意していたことは事実である。事前に映画も製作していた。が、いざ現場で撮影しようとしたとき、予想外に本物が現れた。慌てたパターソンは毎秒18コマではなく、低画質の毎秒24コマで撮影してしまったのではないか。嘘から出た真である。アメリカ軍が密かにフィルムを分析した結果、体毛の生え際まで確認できたといい、明らかに本物の生きたビッグフットだという結論に達しているという。

ミネソタアイスマン

リアルな獣人UMAとして、ひときわ有名な死体がある。通称「ミネソタアイスマン」。その名の通り、ミネソタ州の森で射殺された獣人だという。もっとも、当初の触れ込みはベーリング海で氷漬けとなって漂着した死体をロシアの漁船が発見。寄港地で中国当局に没収されたものの、これを後にアメリカ人の某富豪が買い取ったという。存在を知ったミネソタ州在住の興行師フランク・ハンセンは氷漬けとなった獣人を借り受け、1967年から2年ほど、全米各地の博覧会で展示して、客を集めていた。

1968年、獣人の死体に興味を抱いたUMA研究家で動物学者のベルナール・ユーベルマンとアイヴァン・サンダーソンはハンセンに頼み込み、実物を調査させてもらうことになった。自宅のトレーラーにあった冷蔵庫には、まさに氷漬けになったヒトのような死体があった。身長は約1・8メートル。全身、濃い体毛で覆われていた。足のサイズは約27センチ。腕が長く、サルのようだったが、鼻の形状から受ける印象は、まさにヒト。当時、復元図として知られていたネアンデルタール人のようだった。

よく見ると、片目がない。銃で撃たれたようで、周りに血がにじんでいる。ふたりの証言によると、氷漬けになっていたものの、強い腐敗臭がした。実見する限り、これは作りものではなく、明らかに動物の死体だった。彼らは、このときヒトに似た未知の霊長類であることを確信したという。

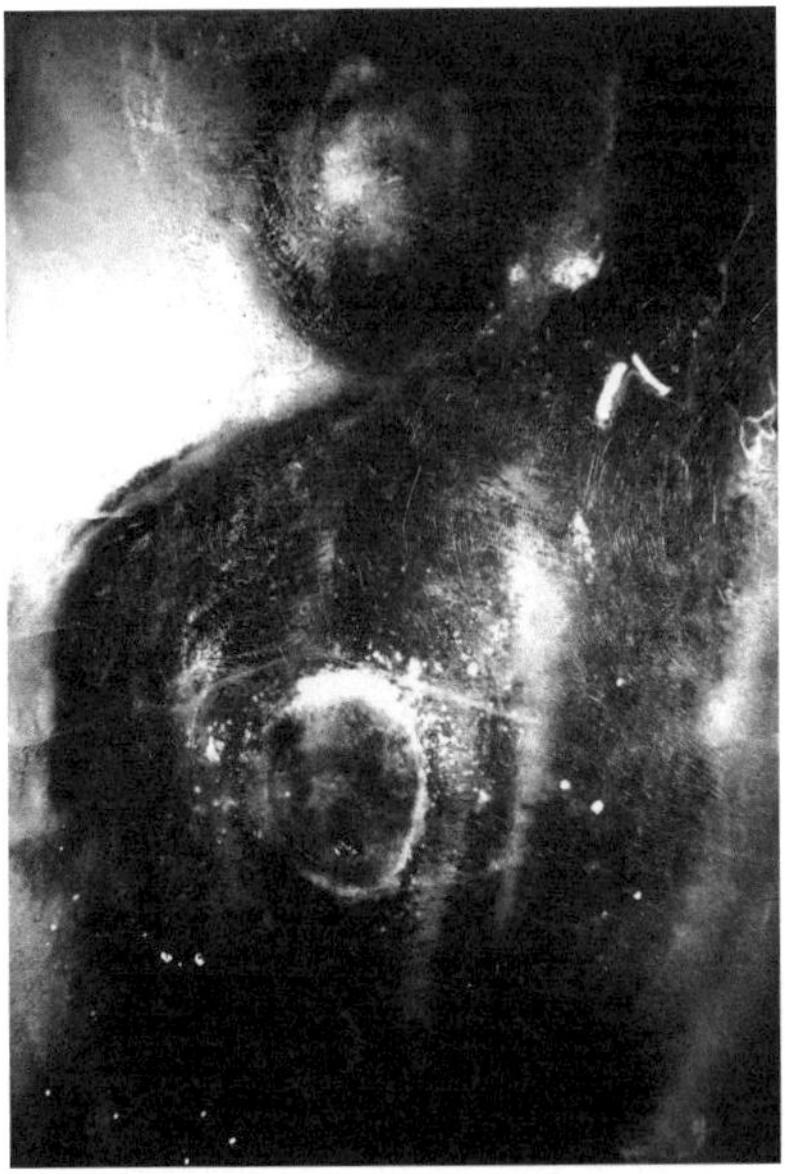

⬆氷漬けになった「ミネソタアイスマン」。腐敗臭がすることから作りものではなく、ヒトに似た霊長類であると思われた。

翌年、ユーベルマン博士はベルギー王立自然科学協会に論文を提出。未知の獣人に「ホモ・ポンゴイデス」という学名を付すことを提案した。さらに、サンダーソン博士が同年、アメリカの大衆誌「アーゴシー」に記事を発表すると、これが大反響を呼ぶ。獣人は「ミネソタアイスマン」と呼ばれるようになった。

ところが、焦ったのはハンセンである。記事には獣人が銃で射殺されたことが書かれていたのだ。希少な野生動物を殺すことはもちろんだが、何より獣人がサルではなく、ヒトであれば、殺人も視野に入る。出どころに関しては出まかせをいってきたハンセンであるが、場合によっては殺人の罪に問われかねない。実際、ＦＢＩが動いた。かの有名なジョン・エドガー・フーヴァー長官が直々に取り調べを行うことになった。

さすがのハンセンも、これにはまいった。すべては作り話で、ミネソタアイスマンはラテックスで作った人形である。腐敗臭は、それらしく見せるための演出だなどと、必死に弁明。なんとか容疑はまぬかれたものの、これを境にして、本物のミネソタアイスマンの行方はわからなくなる。ハンセン曰く、元の持ち主に返却したというものの、真相は不明のまま。一時、スイスのローザンヌ州立博物館に移管されたといい、調査のために解凍された写真が出回ったこともある。

また、スミソニアン博物館がレントゲン撮影をはじめとする調査を打診してきたこともあって、以後、ハンセンは偽物のミネソタアイスマンを展示し、興行を続けた。あくまでも、最初から人形を使っていたというのが彼の主張である。

では、いったいミネソタアイスマンの正体は何だったのだろうか。これについては、興味深い事実がある。場所は変わって、アジアのジャングルでのこと。ベトナム戦争の真っただ中、アメリカ兵士が巨大な類人猿を一匹、射殺した。当時、ベトナムには大型の類人猿は生息していないので、おそらく新種のサルではないか。これを1966年11月1日付「ワールド・トリビューン」紙が報じた。

実は、ハンセンもまたベトナム戦争に従軍していた。時期的に、彼は当時、まさにベトナムにいたのだ。推察するに、射殺された類人猿を興行に使えると思ったハンセンは、これを兵士の死体だと偽って棺桶に入れてアメリカに運ばせた。裏ルートを使ったのだろう。まんまと死体を手に入れ、興行の見世物として売りだしたというわけだ。

となると、ミネソタアイスマンはベトナムの獣人UMAの可能性が出てくる。東南アジアの獣人といえば、カンボジアのヌグォイランがいる。ヌグォイランはベトナムにも出没し、現地での呼び名は「グオイズン」だ。ベトナム語で「森の人」という意味である。このグオイズンこそ、ミネソタアイスマンの正体ではないのか。状況から可能性が高く、多くのUMA研究家も同様の見方をしている。

しかし、グオイズンがヌグォイランと同じなら、その正体は未知の大型テナガザルである。ヒトではない。あくまでもサルである。動物学者の今泉忠明博士は、ミネソタアイスマンは大

⬆グオイズンと呼ばれるベトナムのヌグォイランの想像図。グオイズンは大型のテナガザルだ。

型チンパンジーの死体をヒトに見せるために加工したものだと見ている。

一方、間近で実物を観察したベルナール・ユーベルマンとアイヴァン・サンダーソンはヒトだと断言している。正体はネアンデルタール人やクロマニョン人ではないかという指摘があるように、あくまでもミネソタアイスマンはヒトなのだ。

ハンセン自身が語ったところによると、あるときミネソタ州の森で獣人と遭遇し、怖くなって発砲したという。だが、これには元ネタがある。１９６９年、ひとりの女性がミネソタ州の森で獣人を銃で撃ったという記事が雑誌に載った。これを読んだハンセンが作り話をしたのだ。

もっとも、ハンセンが獣人を射殺したのは事実である。ただし、場所はミネソタ州ではなく、ウィスコンシン州である。狩猟中に突如、獣人が現れたのだという。すなわち、ミネソタアイスマンは「ウィスコンシン・ビッグフット」だったのである。

ビッグフットの知能

ビッグフットの正体に関しては、その大きさからギガントピテクスではないかという説がある。ギガントピテクスはサルである。巨大なゴリラのような動物である。ヒトのような感情はあるかもしれないが、高度な言語を話すことはできなかっただろう。同様に、アウストラロピテクスやパラントロプスといった猿人も、ホモ・サピエンスのような言語を話すことはできないだろう。もっとも、チンパンジーはヒトの言語を理解し、コミュニケーションがとれる。サルとヒトの違いとして、ひとつ重要なポイントとなってくるのが、まさに「言語」なのだ。

興味深いことに、ビッグフットは言語を話せる。ホモ・サピエンスと会話をすることができるのだ。これが判明したのは、1910年代にカナダのブリティッシュコロンビア州で起こったある事件からだった。地元の猟師チャーリー・ビクターは、あるとき愛犬とともにチリワック山に出かけた。獲物を見つけて銃を撃ったところ、なんと地面に倒れていたのはヒトだった。野生児のようだったが、明らかにホモ・サピエンスだった。彼は本意ではなかったものの、ヒトを殺してしまったのだ。

動揺するビクターだったが、何より驚いたのは、茂みから現れた2匹の獣人である。おそら

くオスとメスだろう。全身、毛で覆われたビッグフットが倒れている少年に駆け寄ってきたのだ。オスのビッグフットは少年の体を抱きかかえると、メスのほうはこちらをにらみつけて、驚くべきことを口にした。

「お前は私たちの友達を撃って殺した」

はっきりと聞こえた。現地の言語であるハルコメレム語である。ビクターは先住民の血を引いているので、それを理解できた。あまりの迫力に圧倒され、彼もまたハルコメレム語で、こう謝罪した。

「すまない。クマだと思って撃ってしまった」

これに対して、怒りが収まらないメスのビッグフットは、さらに激しい口調でこういってきた。

「もう二度とクマを殺すんじゃない」

毛むくじゃらの獣人に説教されて、もう返す言葉がなかった。手にしたライフルを落とし、呆然とするビクターを前に、2匹のビッグフットは少年を抱えて去っていった。自分はなんてことをしたのか。ヒトを撃ってしまったことはもちろん、ビッグフットに叱責されたことで、彼は猟師をやめてしまったという。

おそらく、いっしょにいた少年は、いわゆるオオカミ少年なのだろう。なんらかの事情で親元を離れた少年がビッグフットのもとで育てられたのだ。カンボジアのヌグォイランがヒトの少女を育てた事件があったが、同様のケースだと見ていい。一般に動物に育てられたヒトは野生化し、発達障害によって言語を話すことができなくなる。

しかし、ビッグフットは違う。少年と会話をしたのだ。根気よく少年がハルコメレム語で話しかけ、言葉を教えたのだ。これによって、2匹のビッグフットは言語を習得したのである。相手を非難したというから、かなり流暢に話したのだろう。ビクターによれば、ダグラス地方の訛りがあったらしい。少年の故郷かもしれない。

いずれにせよ、ひとつ確かなのは、ビッグフットは言語を話すだけの知能があること。ホモ・サピエンスと同じ発音ができる。言語を習得すれば、ふつうにホモ・サピエンスと会話をすることが可能になるという点である。こうなると、もはや体格や体毛だけの違いで、ビッグフットはホモ・サピエンスとなんら変わらないことになってくる。

霊的獣人UMAサスカッチ

アメリカのビッグフットは、カナダでは「サスカッチ」と呼ばれる。サリシ語、もしくはハルコメレム語で「毛深い人」という意味である。サスカッチが出没するのはアメリカは太平洋北西部の海岸地帯とカスケード山脈、カナダではブリティッシュコロンビア州の海岸地帯に集

⬆アメリカ先住民の間で古くから存在が知られているサスカッチ。

中している。

サスカッチはアメリカ先住民、とくにカナディアン・インディアンの間では古くから存在が知られる。彼らにとって、サスカッチは特別な存在である。ある種、畏敬の念をもって語られる。北カリフォルニアの先住民ミル族がサスカッチと交流しているところをアメリカの軍人ロバート・アンダーソンが目撃し、自身の回顧録の中で書いている。

サスカッチを相手にするのは、往々にして呪術師である。メディスンマンと呼ばれるシャーマンがサスカッチと交流する。女性のメディスンマン、いわばメディスンウーマンのひとり、ヨロク族のマーガレット・カールソンはサスカッチは非常に霊的で、高次元の存在「ハイヤービーイング」であると語る。深い瞑想状態に入ると、サスカッチとの交流が可能になる。彼女

⬆岩絵に描かれたサスカッチ。アメリカ先住民にとってサスカッチは霊的な高次元の存在だ。

のスピリチュアルパワーはサスカッチによってもたらされ、かつ霊的に守護しているという。

サスカッチは妖精やスピリット、幽霊のような存在なのか。特別な能力があるシャーマンだけに見えるのか。これについて、カールソンは霊的な存在であるが、物質をともなった肉体をもっているとし、実際、何度も遭遇していると語る。肉体をともなって現れた場合には、地面に大きな足跡を残す。あくまでも物理的な存在である。

先住民の間に伝わる神話によれば、この世は創造主によってつくられた。創造主はヒトをつくったが、やがて彼らは邪悪になり、反逆をするようになった。このとき、創造主のもとにはハイヤービーイングが守護者として控えていた。ハイヤービーイングには3種類あり、ひとつはサスカッチ、もうひとつはビッグピープル、そしてスモールピープルだ。彼らは邪悪なヒトを鎮圧するために、創造主によって戦士として地上に送りだされた英雄なのだという。

こうなると、サスカッチはビッグフットと同じ獣人なのか、判断が難しくなるのだが、ここを避けるわけにはいかないのが、ほかの獣人ＵＭＡとは決定的に違うところなのだ。ビッグフットは、たんなるサルではなく、ヒトではあるが、より霊格の高い存在で、超常現象を引き起こすのである。まさにサイキックなのだ。

ビッグフット＝エイリアン・アニマル説

ジョージ・ルーカス監督の名作『スター・ウォーズ』には数々の異星人が登場する。主人公のそばで活躍する「チューバッカ」も、そのひとり。キャッシークという森林に覆われた惑星の住人で、全身が長い毛で覆われており、まさに見た目はビッグフットそっくりである。もっとも、ルーカス監督によれば、この容貌のヒントは長毛種のイヌだったとか。異星人としてのビッグフットは、意外かもしれないが、ＵＦＯ研究家の間ではかねてから指摘されてきたテーマである。

アメリカ先住民にとって、ＵＦＯの出現は日常茶飯事である。ホピ族をはじめ、ＵＦＯに乗った異星人とコンタクトするシャーマンも少なくない。彼らにとって異星人は兄弟であり、そのひとつにビッグフットもいる。霊的な存在としてのビッグフットはＵＦＯに乗っているというのである。

実際に起こった事件をいくつか紹介しよう。1973年10月25日の夜、ペンシルベニア州の牧場にＵＦＯが飛来し、ゆっくりと地上に降りてきた。しばらくすると、森の中から2匹のビッグフットが現れた。事態に驚いた住民が通報し、警察がやってくると、それまで走り回っていたビッグフットは急に身を隠し、同時にＵＦＯは姿を消した。

⬆映画『スター・ウォーズ』の人気キャラクターのチューバッカ。見た目はビッグフットそのものだ。

これはアメリカではなく、南米チリでの事件である。1980年12月、アンデス山中にハイキングにやってきたふたりの若者が岩登りをしていたところ、上空に巨大な葉巻形ＵＦＯが飛来。どこぞの軍の特殊飛行機かと思ったが、所属を示すマークがない。しばらくすると、なんと近くに大きなサルのようなヒトが現れた。姿は、まさにビッグフットである。ビッグフットはＵＦＯを見上げていたが、15分ほどすると、中から金属製の梯子が下りてきた。怪物は梯子を上り、そのままＵＦＯの中に入っていく。姿が見えなくなったとき、突如、ＵＦＯは高速で空の彼方へと消えていったという。

はたして、ビッグフットが異星人そのものかという点については、ＵＦＯ研究家の間でも意見が分かれる。ＵＦＯを製造し、操縦している存在というよりは、一種のペットのようなものではないのか。地球外の生物であるが、知的生命体ではなく、異星人と行動をともにするエイリアン・アニマルだという意見もある。

ビッグフット＝超地球人説

ビッグフットは基本的にヒトを襲わない。危害を加えられたら反撃するが、初めから襲ってくることはない。しかし、信憑性が高い事件で、ヒトを襲撃した事件が１９２４年7月、ワシントン州で起こっている。後に「エイプキャニオン」と呼ばれることになるセントへレンズ山の峡谷、ルイス川流域でのこと。当時、このあたりをテリトリーとしてきた４人の炭鉱夫たちが、妙なことに気づいた。

川岸の砂地にヒトのような足跡がある。しかも、それは非常に大きく、およそ48センチもあった。しばらくすると、森の中から口笛のような音が響いてきた。聞きなれた動物の鳴き声とは明らかに違う。無気味に思いながらも彼らは仕事を終え、いつものように丸太小屋に泊まることにした。

数日たったころ、フレッド・ベックと相棒のふたりは、近くの泉に水を汲みに行くために外へ出た。すると、目の前の川岸に突如、大きな足跡が現れた。足跡の主は見えない。顔を上げると、90メートル先に身長3メートルはあろうかという巨大な獣人が立っている。そばにあった松の木に身を隠し、こちらに頭を向けた瞬間、反射的に相棒がライフルを発射した。怪物は姿を消したが、再び180メートル先に現れたので、再び銃で攻撃した。

丸太小屋に戻ったふたりは獣人を見たことを仲間に伝えた。すでにあたりは暗くなっている。今日のところは休もうということになったが、深夜、壁を叩く音がした。怪物が襲ってきたのだ。すぐさま4人はライフルを構えた。壁の隙間から外を見ると、そこには3匹の黒い獣人があたりをうろついている。かくして、獣人との戦いが始まった。丸太小屋を破壊しようとする怪物に向けて、中から銃撃を行った。

襲撃が収まったのは明け方になってからだった。獣人の姿がないことを確認した4人は、一刻も早くその場を離れるために支度を急いだ。途中、約70メートル先の岩場に獣人が1匹いるのを発見すると、ベックは躊躇せず銃で撃った。弾は見事に的中し、怪物は谷底へと落ちていったという。

ベック曰く、怪物はこの世の者ではない。外見はサルというより、ヒトに近かった。突如、砂州に足跡だけが現れるのは、連中が霊的であり、異次元の存在だからだ。かつて、この一帯には古代文明があったという噂がある。古来、ここは特殊な場所なのだ。自分自身、スピリチュアルな感覚に敏感なので、獣人と遭遇したのかもしれないという。

実際、ビッグフットが空間に吸い込まれるように姿を消すという話は先住民の間では有名な話である。サスカッチは霊的な存在なので、瞬間移動＝テレポーテーションをすることができる。なかなか捕獲できないのは、そのためだとか。光に包まれてそのまま姿を消したとか、光そのものがＵＦＯだという指摘もある。

ＵＦＯに関しては、この事件は非常に興味深い。というのも、エイプキャニオンの近くにはカスケード山脈があり、そこにレーニア山という先住民の聖地がある。ここは１９４７年６月24日、上空をセスナで飛行していた青年実業家ケネス・アーノルドが９機のＵＦＯに遭遇、彼が語った飛び方の様子から「空飛ぶ円盤」という言葉ができた、いわば現代ＵＦＯ問題の記念すべき最初の事件があった場所なのである。ＵＦＯが出現する異次元の扉、すなわちスターゲイトがあったとしても不思議ではないのだ。

ビッグフットが異星人だとすれば、まさにすべてがつながってくるわけだが、これについて独自の視点から分析を行ったのが超常現象研究家ジョン・Ａ・キールである。彼は超常現象には、ひとつ共通点があるという。幽霊や異星人、ＵＭＡにしても、みなとらえどころのない存在であり、科学的に確認できたためしがない。これらは古代において、人々が神々や天使、悪魔、妖精、モンスターなどと呼んできた存在と本質的に同じだ。さまざまな姿を見せるが、連中の正体は別にある。地球人は騙されているのだ。彼らによって、神々の世界や霊界、遠い宇宙の楽園があると信じ込まされているにすぎない。

⬆幽霊や異星人、UMAなど目に見えない存在を「超地球人」と呼ぶ超常現象研究家のジョン・A・キール。

キールは意思をもった目に見えない存在を「超地球人」と呼ぶ。超地球人は霊的な存在で、この地上に存在する。彼らは愚かな地球人を騙し、無知な状態に貶《おとし》め、不幸な結末を迎えることを喜んでいるのだ。超地球人説からすれば、まさにビッグフットは獣人が存在することを信じ込ませ、その正体が異星人であるかのような演出もする。真面目に信じれば信じるほど、バカを見るというわけだ。

まるでキリスト教でいう悪魔、堕天使のような存在だが、超地球人説はある意味、核心を突いているのかもしれない。実際、そのような存在がいるからだ。霊的な存在については、慎重に取り扱う必要がある。

前章で述べたように、エイリアンの正体は地球内天体アルザルにいるホモ・サピエンスである。彼らは高度な科学技術を手にしており、地上にはプラズマ・トンネルを通って現れる。現れた場所は、まさにスターゲイトのようなもので、突如、物体が現れたり、消えたりする。

ビッグフットがUFOと関係するのは、もちろん、彼らの棲みかが地上ではなく、地底世界にあるからだ。地球内天体アルザルにはノアの大洪水以前の原始地球と同じ環境が広がっている。広大なジャングルもあり、そこにビッグフットもいる。ビッグフットはエイリアンとも交流しているのだ。

虚空に消えたビッグフット

ビッグフットの起源はホモ・サピエンスと同じである。いや、そもそもホモ・サピエンスである。彼らは遠い兄弟なのだ。あるとき分かれた。知られざる系統の人々なのだ。これは進化ではない。ノアの大洪水以前、この地球上で起こった悲しい事件がもとで、彼らは獣人の姿になったのだ。

⬆獣人UMAビッグフットに遭遇したデビッド・W・パッテン。このビッグフットの正体はカインだった（イラスト＝久保田昇司）。

19世紀の初頭、アメリカの宗教家デビッド・W・パッテンは獣人UMAビッグフットに遭遇し、そのときの様子を手紙に書き記している。

「ラバに乗って道を進んでいたとき、ふと気がつくと、私の傍らを異様な風体の男が歩いていた。……（中略）……彼の背丈は、ラバに乗っている私の肩位までもあった。衣服はまとっていず、体毛におおわれていた。皮膚は黒かった。どこに住んでいるのかと尋ねると、彼は家を持たず、放浪者であって、あちらこちらとさ迷っているとのことであった。彼は、自分は非常にみじめな人間であって、この世に生きていながら真剣に死を願ってきたが、それが果たせなかった。自分の務めは人々を滅ぼすことであると語った。彼がここまで語ったとき、私は主イエス・キリストのみ名と聖なる神権の力によって、彼を叱

責し、立ち去るように命じた。すると彼はたちまち視界から消えた」(『赦しの奇跡』スペンサー・W・キンボール著)

なぜ、このビッグフットはイエス・キリストの名前を出すと姿を消したのか。毛むくじゃらの肉体をもっているので、幽霊でもなければ、悪魔でもない。見た目はビッグフットであるが、明らかにヒトである。まさに背が高いホモ・サピエンスである。

男の目的はヒトを不幸にし、滅ぼすこと。まさにキールがいう超地球人だ。ビッグフットという姿をしている点も一致している。パッテンは男の正体を見抜いていた。すべてをわかった上で、彼を叱責したのだ。

男の名は「カイン」。

人類最初の殺人を犯したヒトである。アダムの息子で、創造主に背き、堕落した。カインは呪われ、地を彷徨う者となった。彼には「しるし」がつけられた。それが獣人という姿である。カインとビッグフットの関係について、いよいよ次章で恐るべき真実に迫っていくことにする。

第7章

不死身人間カインと悪魔の秘密結社 イルミナティ・ベネ・ハ・ヘレル

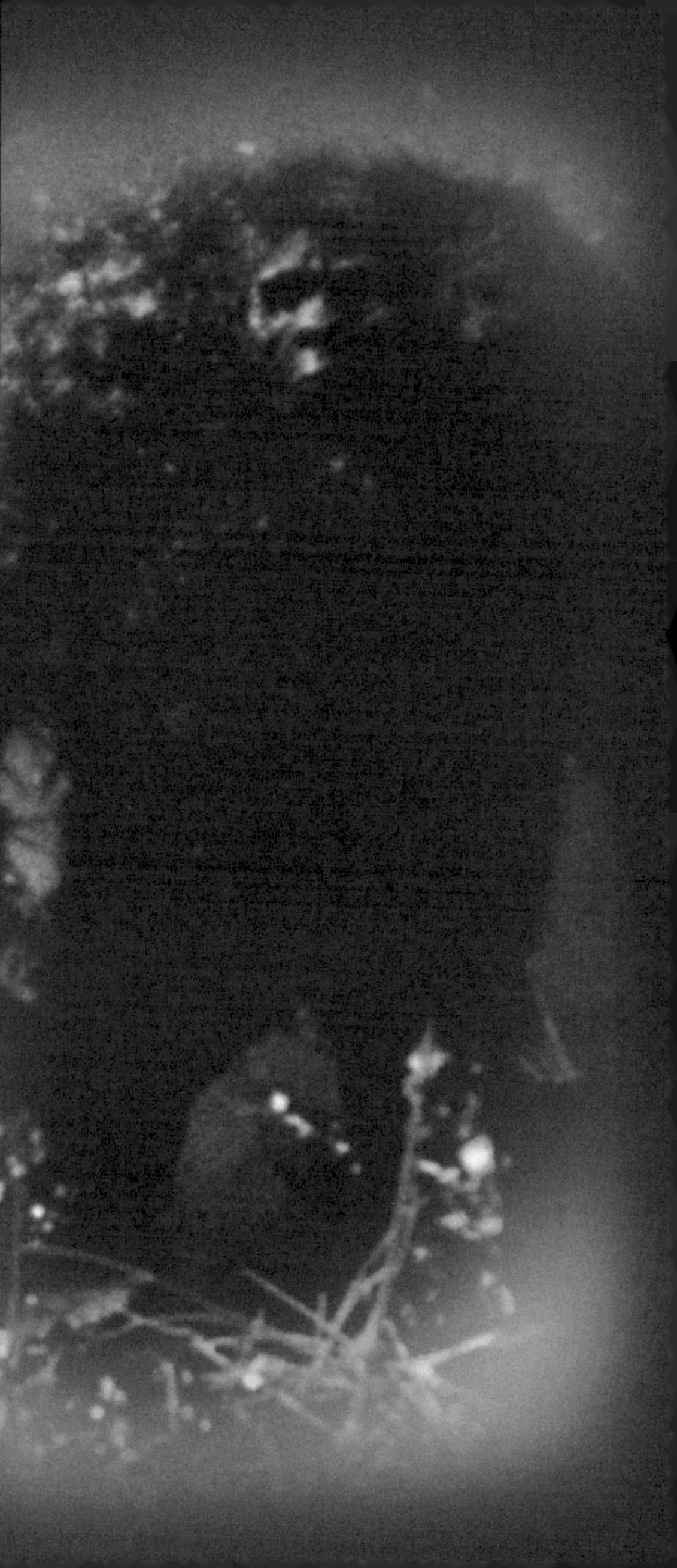

アステカの巨人

恐るべき殺人事件が起こったのは、今から100年ほど前の1920年。民主化を求める市民運動の真っ最中のメキシコだった。世にいうメキシコ革命だ。先陣を切ったのは大農園主であったフランシスコ・マデロだった。彼はポルフィリオ・ディアスの独裁政権を倒したものの、同じ過ちを繰り返した。自身も独裁者となったマデロ大統領を軍が反旗を翻して殺害。メキシコはカオス状態に陥った。

最終的に勝利したのはアルバロ・オブレゴン・サリード将軍だった。彼は対立するベヌスティアーノ・カランサの支持者を次々と投獄した。カランサの側近だったピナ・アッタも、そのひとり。6月、隙を見て、牢獄から逃亡したアッタはメキシコシティにあるラ・メルセド修道院に逃げ込んだ。そこで使用人に見つかるのだが、運よく彼らはカランサ派を支持しており、アッタは身を隠すことに成功する。

しかし、5日目にして、アッタの姿を見たという市民からの通報で修道院に警察がやってきた。署長自ら乗り込んで、不審な人物はいないか、徹底した捜査が始まった。あたりが暗くなったころ、ついにアッタは使用人の自宅にいたところを発見され、そのまま身柄を拘束された。と、そのときだった。あたりに異様な冷気が立ち込めた。遠くから何者かが近づいてくる気配がする。暗闇からだれかが見ている。視線を感じた署長は、持っていた銃を気配のする方向へ向けた。緊張が走り、撃鉄に指をかけた瞬間である。

突如、巨大な手が現れ、署長の顔面をつかんだ。顎から突き上げる形で覆った手は万力のように圧倒的な力で顔を締め上げた。体は宙づりとなり、もがきつづける署長はぼろ雑巾のように振り回され、激しく床に叩きつけられた。胸元は骨ごとへし折られ、あたりには鮮血が広がった。即死だった。

あまりにも恐ろしい光景を目にした使用人の男性も、もともと心臓が弱かったせいもあり、まもなく息を引き取った。警察の応援部隊がやってきたときには、すでに犯人の姿はなかった。現場には血まみれになった署長と息を引き取った使用人、そして呆然と座り込むアッタだけがいた。

状況からアッタの仕業と考えた警察は、すぐさま逮捕。警察署へと連行した。容疑は殺人である。徹底した事情聴取が行われた。逃亡については認めたものの、アッタは署長殺害の容疑を否認した。取り調べは続いたが、確かにひとつだけ説明がつかないことがあった。

そう、殺害方法である。銃や武器は、いっさい使用されていない。素手で殺されている。顔にはそのときつけられた圧迫痕が残っている。大きさから考えて、アッタの手ではないことは明白だった。何しろ、推定で50センチ以上、通常の人間の2倍以上あったのだ。検視報告書で

⬆1886年にメキシコで発見された巨人の頭蓋骨。身長は3.5メートルにもなるという。

は、顔の顎骨は上下ともへし折られており、側頭部は陥没、そして鎖骨は粉々に砕けていた。アッタの体格では明らかに不可能だった。結果は無罪。釈放されたアッタは、その後、哲学者となり、評論家として名声を得た。

今もって、署長を殺害した犯人は見つかっていない。残されたデスマスクにある手形から計算して、おそらく身長は少なくとも3メートル以上。まさに巨人である。いったい、何者なのか。少なくとも、ふつうの人間ではないだろう。これだけ大きな人間が街を歩いていたら、あまりにも目立つ。すぐさま容疑者が特定できたはずだ。

にもかかわらず、発見できていないのは、特別な理由があるからだ。巨人は姿を消すことができる。人々の目から見えない状態になることができる。透明化。もしくは、瞬間移動できる能力をもっている。

いうなれば、霊的な存在なのかもしれない。

というのも事件が起こった夜は、魔物が現れる日として、アステカ帝国の時代から先住民の間で信じられてきた。当日も、修道院にいると怖いという子供たちを連れて、使用人の妻は自宅に戻っていたのだ。そこにアッタはかくまわれていたのだ。人々は魔物が現れたに違いないと、今でも信じている。

⬆闇の神であるテスカトリポカと救世主のケツァルコアトル。

アステカ神話において、巨人は闇の神であるテスカトリポカの化身、もしくは配下にある種族である。光の神にして、救世主でもあるケツァルコアトルと対立する存在で、かつて人類は巨人たちによって滅ぼされたという。いわば邪悪な存在なのだ。アステカ帝国において、テスカトリポカは人間の生贄を要求し、毎月、血なまぐさい儀式が行われていたことは事実である。

伝説の巨人が現れたのか。神話の世界のみならず、現実の世界に現れた巨人。その正体は、いったい何か。超常現象をともない、霊的な存在だが、同時に物質化して生きた動物としてもふるまう。人の姿をしているが、その体格は頑丈で大きい。まさにそれは巨大な獣人UMA、ビッグフットを彷彿とさせる。もちろん、それは通常の霊長類ではない。仮に、それが巨大化したホモ・サピエンスであったとしても、恐るべき超能力を備えた存在に違いない。

マニトウ

メキシコに現れた巨人と非常に似た存在が北米で語り継がれている。魔性の巨人のことを先住民は「マニトウ」と呼ぶ。全身が体毛で覆われているというから、カナディアンインディアンがいうサスカッチと似ている。マニトウという言葉は、北極圏に近い地方に住む先住民、とくにイヌイットの間で使われる。名を冠した地名として、マニトバ州やマニトバ湖、マニトゥーリン島、マニトウスプリングスなどが知られる。

かつてホラー映画が全盛期だった1970年代、その名も『マニトウ』という作品が公開された。舞台はアメリカで、女性に取りついた邪悪な霊との戦いがテーマだ。霊の正体はネイティブアメリカンが信じる魔王で、これを祓うために、精霊マニトウの力を借りるというストーリーである。

本来、マニトウとはカナダディアンインディアンが信じる魔力のこと。精霊や神々がもっている超常的な力を意味する。いわば、アニミズム的な霊力である。そこから、霊力をもった存在自体がマニトウと呼ばれるようになる。彼らが信じる目に見えない存在は、すべてマニトウなのだが、なかでも、もっとも力をもった霊の代名詞になっていく。これが霊的な巨人としてのマニトウだ。

森の巨人であるサスカッチ、すなわちビッグフットは肉体をもった動物であると同時に、霊的な存在でもある。突如、姿を現したり、ヒトと言葉を交わすこともある。一般に、サスカッチは争いを好まないとされるが、例外もある。集団でヒトを襲うこともあり、魔術をもって呪いをかけるともいう。

⬆カナディアンインディアンがマニトウに犠牲を捧げている様子。

先住民たちの話を総合すると、どうもビッグフットには種類があるようなのだ。人間を襲う恐るべきビッグフットは邪悪な巨人で、超能力を持っている。何より、突如、姿を現し、そして虚空に消えていく。幽霊のような存在でもあるのだ。マニトウは、そうしたビッグフットの親玉ともいうべき存在である。巨人の王だ。さらにいえば、それらを支配しているのは、まさにアステカ神話における闇の神テスカトリポカなのかもしれない。

ダイダラボッチ

世界中の神話に巨人は登場する。多くは神々と人間の中間種といった存在だ。天地創造や地名の由来として引き合いに出されることが多い。たとえば、山は巨人が土をもってできたとか、谷間は腰かけたので凹み、湖沼は足跡に水がたまってできたなど、自然の地形が土木作業によって形成されたという話は枚挙にいとまがない。

日本の場合、往々にして巨人の名前は「ダイダラボッチ」、もしくは「ダイダラボウ」「レイラボッチ」と呼ばれてきた。民俗学者の柳田国男にいわせれば、こうした巨人も妖怪の一種で、零落した神々にほかならないという。もとは、神話の世界の住人であり、実在するヒトではないとされる。

しかし、だ。伝説には必ずもとになった歴史的な事実があるもの。マニトウのような霊的な巨人が実在した可能性があるのだ。

仕事柄、多くの方から不思議な情報をいただく。東京都内に住む男性で、仮にB氏としてお

⬆日本の巨人神話に登場するダイダラボッチの写真。山や湖など、自然の地形を作ったとされる。

く。当時、72歳になるB氏から飛鳥昭雄は3枚の写真を譲り受けた。撮影されたのは戦前で、裏には「昭和12年夏」と記されていた。

聞けば、写真はもともと祖父、源三郎さんの遺品の中から見つかったもので、亡き父から預かっていた。詳しいことはわからないが、とにかく大切な写真だったらしい。最初に見たとき、B氏は驚愕のあまり、言葉を失った。無理もない。そこに写っていたのは、身長10メートルは優に超える巨人だったからだ。

ざんばら髪を振り乱しながら山の斜面を駆け下りる全裸の男。これが普通サイズの人間ならば、野生児を気取るちょっと変わった人物ですむ話だが、とにかく大きい。巨人症の人間でも、せいぜい2メートル70センチがいいところ。3メートルはおろか、10メートル以上となると、もはや通常のヒトではありえない。文字通りの「巨人」だ。

奇しくも、巷で人気の漫画『進撃の巨人』に登場する全裸の巨人、そのものだ。日本で撮影されたことを考慮するなら、まさに伝説のダイダラボッチだ。

B氏によると、風景から察するに撮影されたのは茨城県常陸太田市下高倉の山中らしい。このあたりは奥久慈県立自然公園に指定され、竜神峡という景勝地があり、ダムの上にかけられた竜神大吊橋が有名だ。

古くから常陸地方には巨人ダイダラボッチの伝説がある。『常陸国風土記』によると、筑波山の山頂が双峰になっているのは、そこにダイダラボッチが腰かけたからだとか。水戸にはダイダラボッチを模した巨大な像まである。

もし仮に、B氏の写真がホンモノであれば、これまで説話の中だけの存在だと信じられてきたダイダラボッチの実在性がにわかに高まってくる。B氏の情報を虚構として否定することは簡単だが、気になることがある。写真は全部で3枚。連続撮影されており、被写体の巨人が画面向こうに移動する様子がわかる。問題は巨人の陰影だ。徐々に影が薄くなり、最後には、ほとんど消滅しかけているのである。

まるで心霊写真である。世界初の幽霊巨人なのか。別次元に溶け込むように消えたとするならば、まさにこれはマニトウだ。霊的な能力をもったビッグフットと同じだ。毛むくじゃらではないが、同じ能力をもったヒトに違いない。

巨人の骨

巨人の問題は大きさである。恐竜のサイズと同じだ。体長40メートルにも達する恐竜が現在の1Gの重力下では存在しえないのと同様に、身長10メートルのヒトは生存できない。ギネス記録はアメリカ人男性ロバート・ワドロー氏で身長272センチ。おそらく、これが生物学的に存在しえる限界だとされる。これ以上、身長が大きくなると、骨格がもたない。歩行が困難になり、心臓などの循環機能も低下してしまうからだ。

だが、その一方で、ネットには巨人の骨の映像がたくさんアップされている。イラクで発掘された身長5メートルの巨人の全身骨格から1メートルを超える頭蓋骨、さらには軽く身長が10メートルを超える骨まで、驚愕の映像が紹介されている。なかなか興味深い写真なのだが、そのほとんどはフェイクである。捏造《ねつぞう》された画像だ。リアルな証拠映像は皆無に近い。

しかし、なかにはリアルなものもある。50センチ近い頭蓋骨の写真だ。これはアメリカのサーペントマウンド遺構の近くで発掘された人骨だ。おそらく身長は少なくとも2・5メートルはあったに違いない。あまり知られていないが、こうしたマウンド遺構からはしばしば極めて身長の高い人骨が発見されている。しかも、毛髪が赤い。ために、インディアンやインディオ

⬆アメリカのサーペントマウンド遺構付近で発掘された巨人の骨。巨大な頭蓋骨は50センチもある。

とは異なるアメリカ先住民がいた可能性も指摘されている。

こうした巨人の人骨は有名なスミソニアン博物館にも一時、展示されていたことがわかっているのだが、物議をかもすためか、バックヤードにしまい込まれ、最初からなかったこととして扱われているケースが多い。

人骨という物的証拠がある以上、巨人が実在したことは間違いない。アメリカ合衆国では秘匿されることが多いが、ほかの国は違う。メキシコでは巨人の頭蓋骨が新聞で紹介されることもある。掲載された頭蓋骨は通常の3倍以上あり、脊椎の大きさから、身長はやはり3メートル近かったと推測される。

南米でも身長2・5〜3メートルの人骨がインカの遺跡で発見されている。中世のメキシコ人宣教師の記録によれば、当時の南米には巨人がいたといい、その身長は７メートルにも及ぶという。現在でも、インディオたちによれば、アマゾンの奥地に人を食う巨人がおり、その膝はヒトの肩ぐらいあるとか。同様の巨人は東南アジアにもいるらしく、首狩り族のなかには巨人の干し首をもっている人もいるという噂もある。

２０１２年には、エジプトから発掘されたという巨大な指のミイラが話題となった。出どころは少々怪しいのだが、映像に映った指の長さは97センチ。ここから推定される手の平は２メ

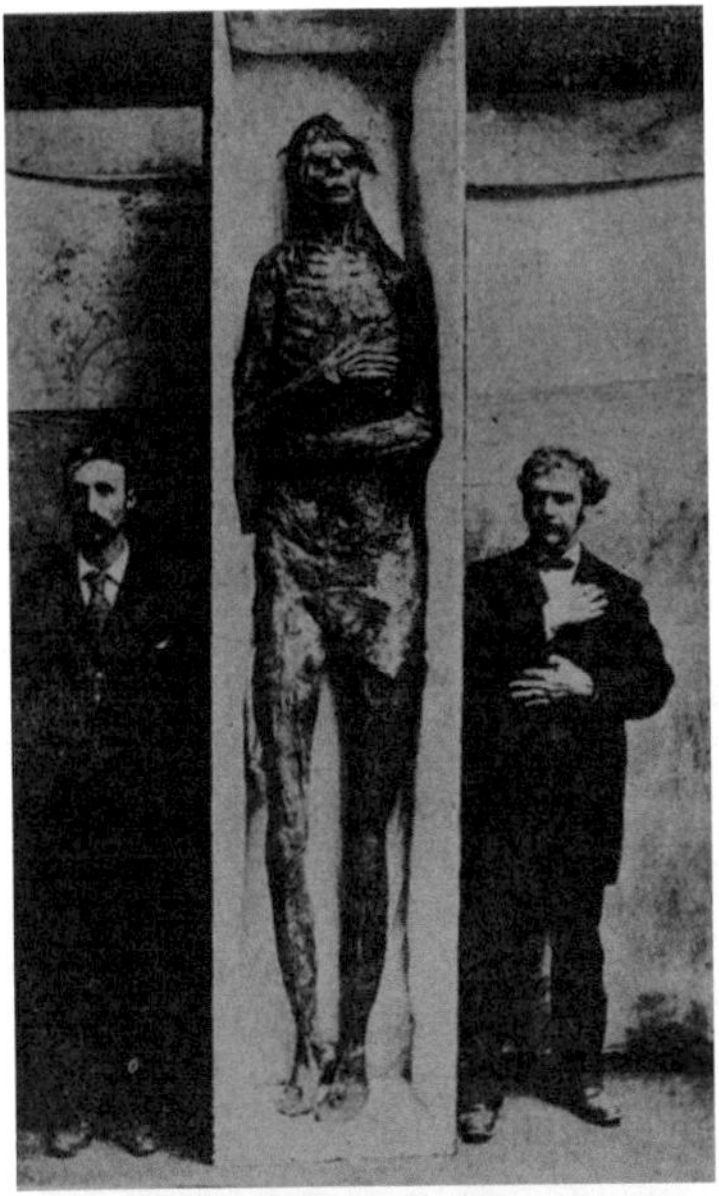

⬆（上）アメリカのカリフォルニア州サンディエゴで1895年に発見された身長2.7メートルの巨人のミイラ。（下）スミソニアン博物館に展示されていた巨人の頭蓋骨。

ートル以上で、身長はなんと16メートルにも達する。もはや、生物学的な限界を超えており、到底ありえない。

もし、指のミイラが本物だとすれば、この巨人が生きていたのは、現在の地球上ではない。今よりも重力が小さかった原始地球だったはずだ。ノアの大洪水以前、ヒトが恐竜と共存して

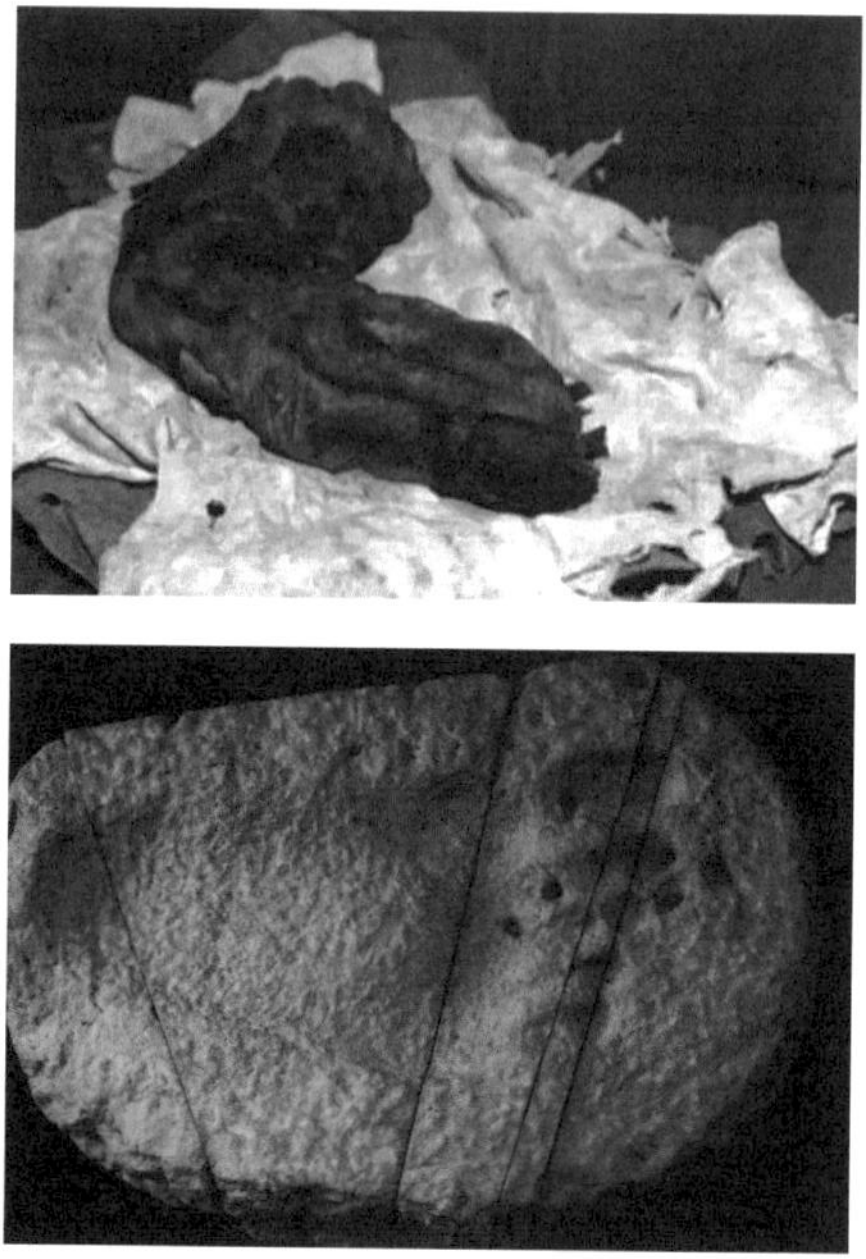

⬆（上）エジプトで発掘された巨人の指のミイラ。指の長さは97センチもある。（下）恐竜と共存していた巨人の足跡。

いた時代、そこに巨人もいた。事実、『旧約聖書』には当時、地上には数多くの巨人がいたことが記されている。

巨人ネフィリム

かつて地上には巨人がいたと『聖書』は語る。一貫して巨人のことをヘブライ語で「ネフィリム」と呼んでいるのだが、ここで気をつけなければならないことがひとつ。ネフィリムは一般名詞扱いで、いわゆる「巨人」という意味でしかない。体が大きい人をネフィリムと呼んでいる。

ただし、例外がある。ノアの大洪水以前のネフィリムは特別である。「ザ・巨人」ともいうべき存在で、ヘブライ語でいうならば「ハ・ネフィリム」である。『聖書』でいうネフィリムには、ふたつの意味があることを覚えておきたい。

まずは、ノアの大洪水以後のネフィリムから見ていく。登場するのは、あくまでもヒトである。霊的な存在や神話の世界でいう巨人族ではない。背の高い一族、ないしは身長が高い英雄のような扱いとしてのネフィリムだ。

モーセに率いられたイスラエル人がカナンに入るとき、偵察隊の報告にネフィリムという言葉が出てくる。カナンの先住民アナク人は身長が大きいことを表現して、「民数記」には「我々

⬆『聖書』に登場する巨人ネフィリム。

が見た民は皆、巨人だった。そこで我々が見たのは、ネフィリムなのだ。アナク人はネフィリムの出なのだ」（第13章32〜33節）と記されている。具体的な身長は記されていないが、アナク人が身長5メートルあったようには思えない。文脈から考えて、ここは逆にイスラエル人が、さほど身長が高くないことを示している。

　イスラエル人と明らかに違う民族だという意味で登場するネフィリムとしては、かのダビデが戦った「ゴリアト」が有名だ。「サムエル記・上」には「ペリシテの陣地から一人の戦士が進み出た。その名をゴリアトといい、ガト出身で、背丈は六アンマ半」（第17章4節）とあり、1アンマを約45センチとして計算すると、身長は192・5センチ。2メートル近い大男だった。

　もっとも、身長2メートル程度であれば、現在でも珍しくない。バスケットボールやバレー

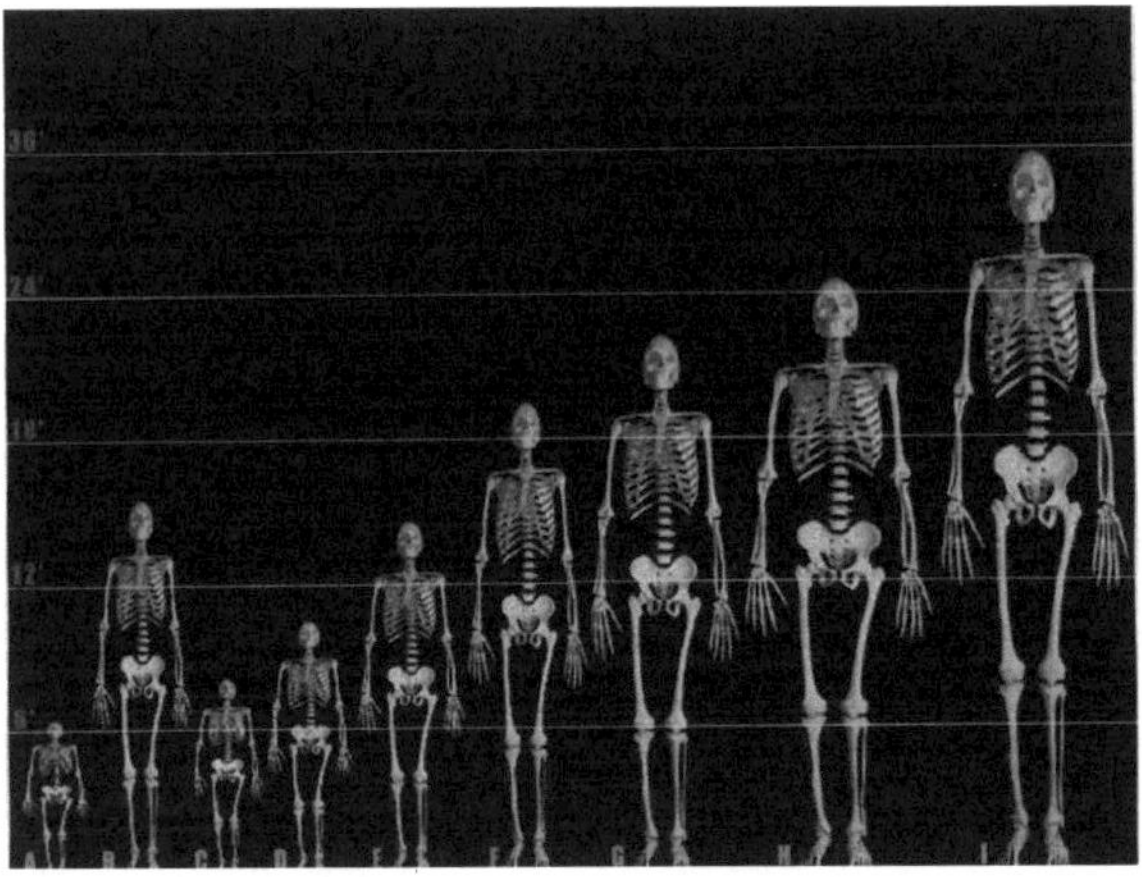

⬆地球上で発見された巨人の大きさを示す骸骨。一番左のAが身長1.8メートルの現代人だ。

ボールの選手なら、ざらである。が、注目すべきは指と歯なのだ。同じガト族で、ラファの子孫だという巨人について「サムエル記・下」は「手足の指が六本ずつ、合わせて二十四本ある巨人」（第21章20節）と表現している。同様の記述は「歴代誌・上」第20章6節にもある。ゴリアトを含めて、ガト族のヒトは高い身長のみならず、特異な身体であったらしい。

これに関連して、こんな資料がある。「ニューヨーク・タイムズ」紙（1912年5月4日付）は、アメリカのウィスコンシン州デラバン湖近郊で発掘調査をしていたベロイト大学の考古学チームが身長2・3〜3メートルの人骨、合わせて18体を発見。興味深いことに、手足の指は6本ずつあり、上下の顎にある歯列は2重になっていたというのだ。現物が残っていないので真偽のほどは不明だが、事実だとすれば、ガト族の巨人がアメリカ大陸に渡ってきていた可能性がある。

一方、巨人ではないにしろ、指が6本ある人はいる。遺伝子の変異によるもので、子孫に受け継がれる傾向がある。古代シュメール文明の数学は60進法であることが知られているが、その理由を6本指に求める研究家もいる。とくに、ギルガメッシュなどの英雄は巨人とされることから、ガト族の巨人と関係があるのではないかというのだ。

ユダヤ教神秘主義カッバーラ

ヘブライ語で巨人を意味する「ネフィリム：NPLYM」の単数形は「ネフィル：NPL」で、同じ形で動詞の「ナファル：NPL」に由来する。ナファルとは「落ちる」という意味で、『旧約聖書』においては、堕落して、天から地上へ落ちることを意味する。ユダヤ教やキリスト教、そしてイスラム教における堕落とは、同時に絶対神への反逆を指している。普通名詞であるネフィリムに定冠詞がついた「ハ・ネフィリム：HNPLYM」は、闇の存在であり、悪魔的であることを示しているのだ。

ユダヤ教神秘主義「カッバーラ（カバラ）：KBLH」の奥義である「生命の樹」は三本柱の樹木として象徴される。三本柱は絶対三神である「御父と御子と聖霊」を意味する。絶対三神

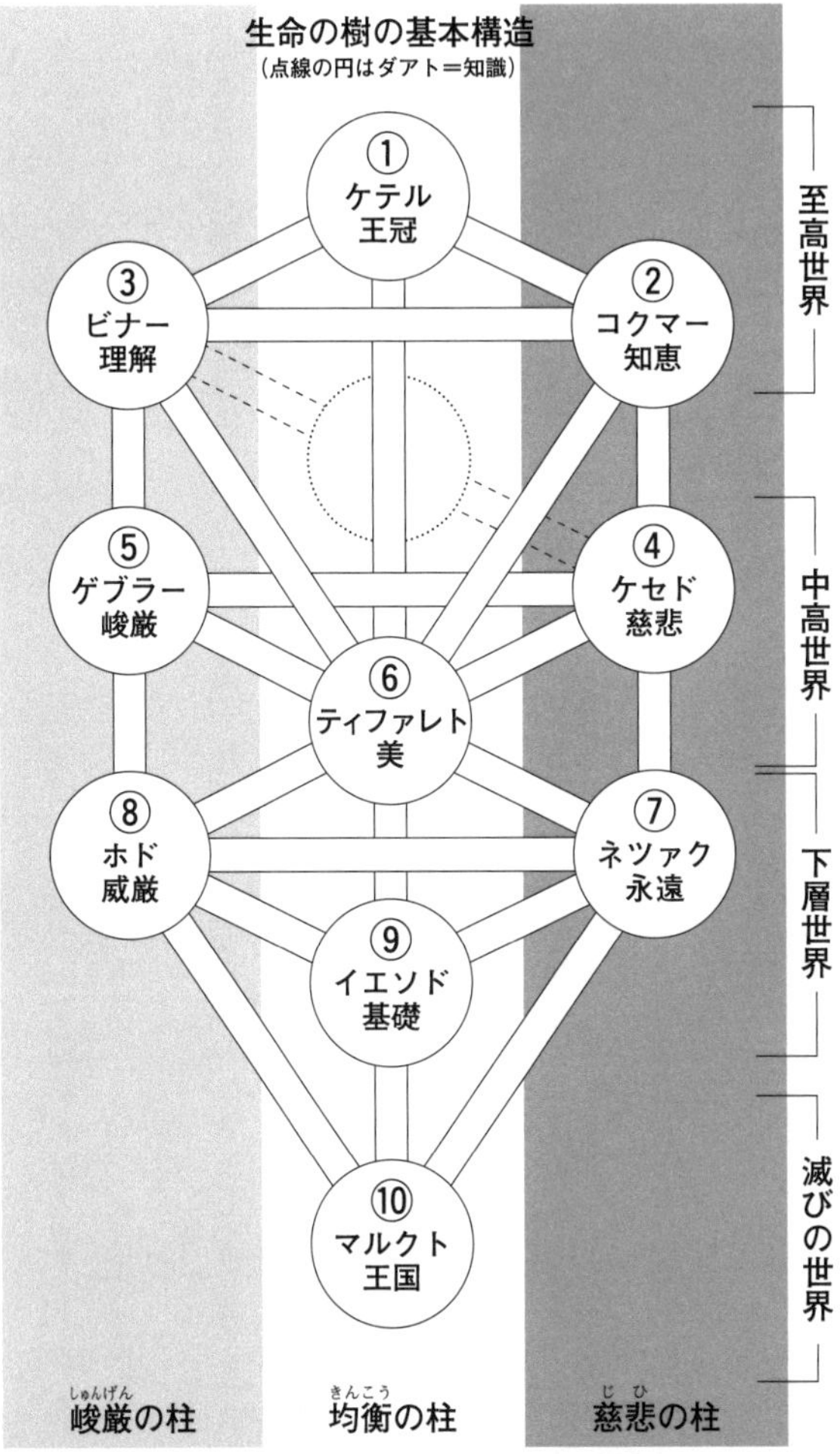

⬆生命の樹の基本構造。三本柱は絶対三神を示している。11の球体セフィロトと22本のパスから成る。これらは４つのヒエラルキー世界を構成している。

が森羅万象、そして宇宙を創造した。

天界にいる絶対三神は天使を創造した。天使には翼がない。翼がある天使は、あくまでも栄光の象徴である。『旧約聖書』外典の「トビト書」に登場する大天使ラファエルの外見は完全にヒトである。

創造された際、天使は霊的な存在「霊体」だった。天使が「肉体」をもつとき、それは人間として地上に誕生する。大天使ミカエルが受肉して人祖アダムとなった。人間アダムは死ぬと、再び霊体のみの存在となり、それが物質化すると「変身体」として地上に姿を現す。イエス・キリストの前に現れたモーセとエリヤは、ともに変身体である。変身体から不死不滅の状態になると「復活体」となる。

霊体から肉体、変身体、そして復活体へと体が更新されることを「アセンション」と呼ぶ。これを身をもって示したのがイエス・キリストである。イエスの天使名は「インマヌエル」といい、『旧約聖書』では創造主「ヤハウェ」として登場する。ヤハウェはイスラエルの守護天使である。ヤハウェが受肉してイエス・キリストとなり、十字架上で死んだ後、変身体を経て復活体となって昇天したのだ。

カトリックやギリシア正教、プロテスタントの神学や教義では、御父なる神を創造主ヤハウェと同一視するが、実際は至高の絶対神「エル・エルヨーン」のことで、この世の初めから復活体として存在する。聖霊なる絶対神「ルーハ・ハ・コディシュ」は叡智「コクマー」とも呼ばれ、肉体をもっていない。

御父と御子と聖霊の関係は、ちょうど原子を構成する中性子と陽子と電子の物理的特性と一致している。霊だけの存在でも、質量がある物質として存在しているのだ。魂は自我だが、霊には体がある。目に見えない状態を「幽体」といい、エネルギーが高くなり、質量が大きくなると、目に見える状態となる。これが霊体であり、俗にいう「幽霊」だ。物理的にはプラズマである。

霊体が受肉するとは、エネルギーの低い物質になること。生物として誕生したならば、そこに組み込まれたDNAをもとに体が再構成される。霊体は縮小や変形が可能なので、ちょうど肉体の中に閉じ込められた形になる。生命活動が停止して肉体が死ぬと、霊体は抜けでる。再び霊体が高エネルギー状態になると亡霊として現れることになり、さらにレベルが高くなると、生きていたときと同じ姿になる。完全物質化状態だ。

最終形態は不死不滅の復活体だ。天体でいえば、太陽のような恒星レベルのエネルギー状態になる。かつて地上に存在した預言者や使徒たちは、みな復活体をもつ天使である。彼らは、やがて別の宇宙を担うことになり、そこで絶対神と呼ばれることになる。これを読んでいる方々も、死んだ後、復活体を得ることは、すでに前世で約束されている。もっとも、死後、どこに行くかは、あなたの生き方次第ではあるが。

カッバーラは陰陽二元論である。日本の陰陽道の別名は「迦波羅《かばら》」といい、まさにカッバーラのことだ。光があれば、闇がある。「生命の樹」があれば、反対の「死の樹」がある。そこには絶対三魔が三本柱を構成している。絶対三魔とは「魔王と獣と偽預言者」である。魔王は地獄のサタンであり、獣と偽預言は、いずれも邪悪な霊として存在し、いずれ肉体をともなって地上に現れる。

サタンは、かつて光の天使だった。ラテン語で「ルシフェル／ルシファー：LUCILER」、ヘブライ語で「ヘレル：HYLL」。もっとも神に近い熾天使《してんし》だった。が、次第に彼は傲慢になり、自らが絶対神になろうと、ついに御父エル・エルヨーンに反旗を翻した。このとき、天使の3分の1がルシファーに従った。彼らは堕天使の烙印を押され、これに大天使ミカエルが応戦。かくして、天界の大戦争が始まった。

しかし、絶対三神に勝てるはずもない。堕天使は敗れ、ルシファーたちは天界から追放され、地上へと落とされた。地に縛られ、さらには地底の奈落へと落ちていった。そこは、この世の地獄。闇の世界である。宇宙の天体、とくに地殻をもった惑星や衛星は、みな内部に地獄を抱えている。

ここでも構造は陰陽の表裏一体。地球上を「生命の樹」の「下層世界」として、地球内天体

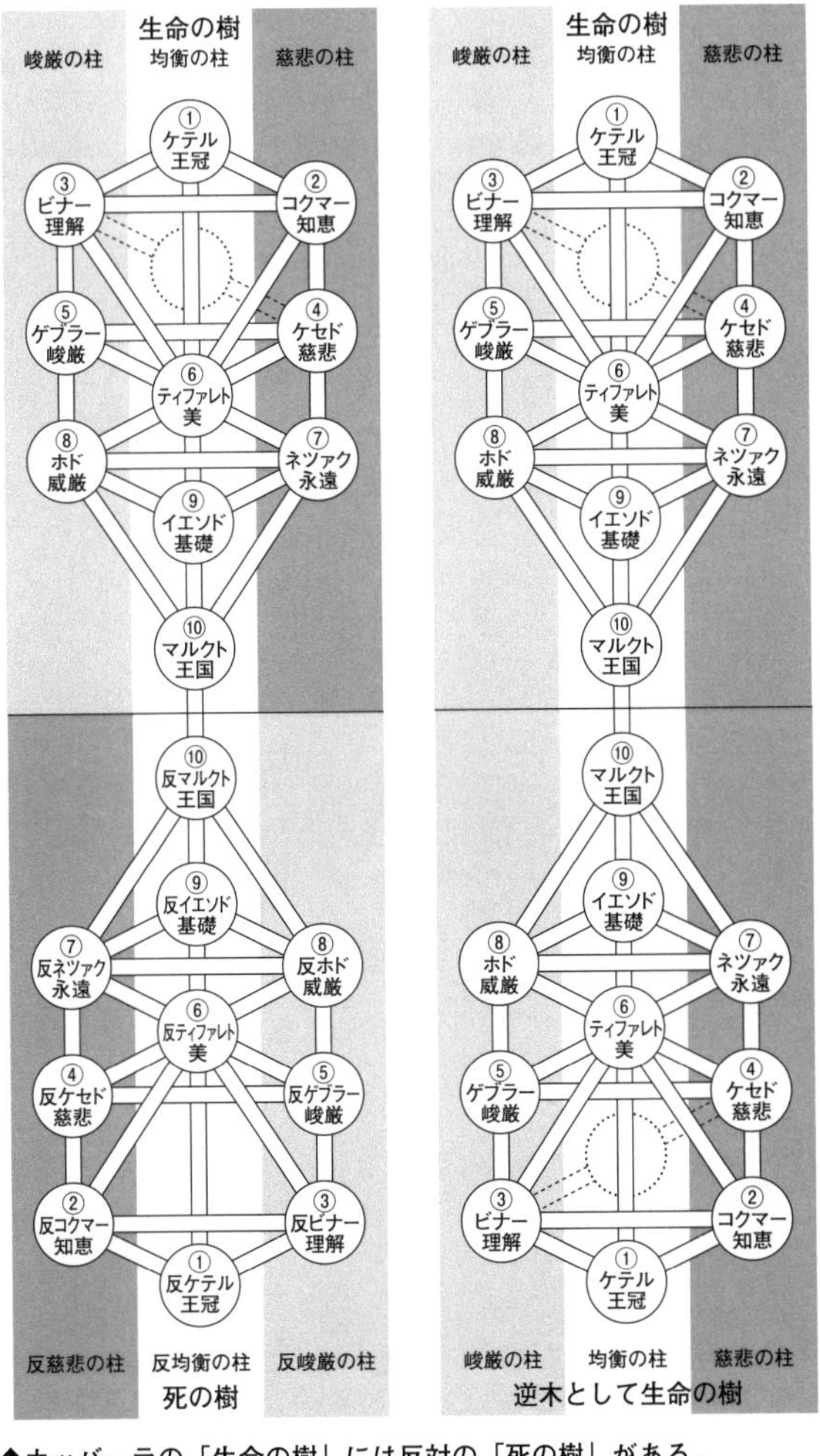

⬆カッバーラの「生命の樹」には反対の「死の樹」がある。

「アルザル」が「中高世界」、その内部には「至高世界」があり、太陽に通じている。太陽は神々の世界であり、その先に別宇宙が広がっている。アルザルにはエイリアンが住んでいる。彼らはプラズマ・トンネルを通じて、地球上と行き来している。同様に、至高世界からは天使たちが太陽と地球上を往来している。

一方、「生命の樹」を下降して、「死の樹」の「反下層世界」として地球内天体「ダイモーン」があり、ここは死者が眠りにつく「冥界」だ。「反中高世界」は、さらに内部にある地球内天体「レメゲトン」で、ここは死後の世界「霊界」である。ただし天国ではなく、地獄である。漆黒の闇の中、悪魔となった堕天使がうごめき、罪人となった人たちがのたうち回っている。悪魔は可視光線を吸収するブラックプラズマによる亜空間、ブラックプラズマ・トンネルを通じて地上に現れては生きている人々を誘惑し、同じ境遇にさせようと地上を彷徨っている。

スピリチュアル界隈で語られる肉体のない異星人や天使、ハイヤーセルフを名乗る存在は、往々にして魔物である。悪魔は光の天使をも装う。霊体は変形が可能だからだ。相手が望む姿で現れては、人々を騙して堕落させる。最終的には闇の世界へと引きずり込み、不幸のどん底へと叩き落とす。ある意味、それが彼らの使命だ。怒りと嫉妬、憎しみに満ちた堕天使には希望がない。肉体を得て、永遠不滅の復活体になることはない。かといって、死ぬこともない存在なのだ。

ノアの大洪水以前、この地上に存在した10メートル級の巨人、ハ・ネフィリムは堕天使と深く関わっている。霊的な存在でもあるビッグフットやサスカッチ、そしてマニトウも、魔物たちと無関係ではない。

天使グリゴリと巨人ハ・ネフィリム

ノアの大洪水以前、原始地球上には身長10メートルを超える巨人がいた。かくも巨大になれたのは、重力が小さかったからだ。1G以下だったがため、遺伝子に変異が起きたとき、巨大化できる環境だったのだ。生物は環境に適応する。生存するために、体に備わった機能を最大限に使う。そのような仕組みが備わっている。ただし、それは進化ではない。環境変化を察知した体が遺伝子のスイッチを入れ、より生存が有利な変異をもたらすのである。大きな体が生存に有利だと判断した個体は、こうして巨大化した。恐竜や昆虫、植物はもちろん、ヒトもまた巨大化した者が現れた。これがハ・ネフィリムだ。

生物学的に体が巨大化することと、倫理観は関係がない。ヒトの思いや行いとは無関係に、体は成長する。極端な禁欲や断食をしない限り、巨人が生まれることと彼らを生んだ親たちの道義的な行動は、なんら因果関係がない。親の因果が子に報いという表現自体、科学的に根拠はなく、むしろ人権的に問題視されるほどだ。

しかし『聖書』が語るところによれば、ハ・ネフィリムは存在自体が邪悪なのだ。ノアの大洪水以前、地上に悪がはびこった結果、ハ・ネフィリムが生まれた。生まれてきたハ・ネフィリムもまた邪悪だった。ヒトを襲い、その肉を食らった。人肉にあきたらず、自分たちが共食いを始めたという。なぜ、このような状況になったのか。

原因は「神の子：ベネ・ハ・エロヒム」にある。「創世記」曰く、アダムとエバの子孫は増えて、地上に満ちた。生まれてきた娘たちは、とても美しかった。これを見たベネ・ハ・エロヒムたちは、みな選んだ娘たちを妻にした。これが創造主ヤハウェの怒りを買い、人間の一生が120年になってしまった。ノアの大洪水以前に、すでにヒトの寿命は短くされてしまったのだ。

続けて「創世記」は「当時もその後も、地上にはネフィリムがいた。これは、神の子らが人の娘たちのところに入って産ませた者であり、大昔の名高い英雄たちであった」（第6章4節）と記す。ハ・ネフィリムの初出である。あたかも巨人が生まれたことが災厄であるかのような印象を受ける。事実、この後の文章は、こうだ。

「主は、地上に人の悪が増し、常に悪いことばかりを心に思い計っているのをご覧になって、地上に人を造ったことを後悔し、心を痛められた」（第6章6節）

かくして創造主ヤハウェは地上を滅ぼすことを決意する。動植物はもちろん、すべての人類を地上から拭い去るべく、未曽有の大洪水を発生させたのである。悪事をはたらくのはヒトである。ヒトが巨人を生んだ。ハ・ネフィリムは悪の象徴的存在として位置づけられている。そうとしか読めない。

きっかけは神の子、すなわちベネ・ハ・エロヒムだ。彼らは、いったい何者なのか。大昔の名高い英雄だとあるが、素性が今ひとつわからない。まるで、アダムとエバの子孫とは別の人類がいるようにも思える。おそらく古代イスラエル人たちも、そう思ったのだろう。正典には採用されなかった『旧約聖書』偽典の「エノク書」と「ヨベル書」には、彼らが天使だったと

⬆「エノク書」によれば堕天使とヒトの間に生まれたのが邪悪な巨人ハ・ネフィリムだったという。

記されている。

ヒトの娘に惚れた天使たちを「エノク書」は「グリゴリ」と呼ぶ。まるで巨人ゴリアトを意識したような名前だ。筆頭天使はシェミハゼ。彼はひとりで実行するのが怖いので、仲間を募った。人数は200人。彼らは一致団結して誓いを立て、配下の天使たちとともにヘルモン山に降臨すると、ヒトの娘をめとった。

娘は懐妊し、子供を産んだ。子供は、みな巨人、ハ・ネフィリムだった。身長は3000キュビットあったという。もっとも、1キュビットを約45・5センチとして計算すると、1365メートル。いくらなんでも、大きすぎる。重力が小さいからといって、原始地球で生息するのは無理である。これは誇張だろう。

ここでも巨人は邪悪な存在だ。巨大な体を維持するために食料をすべて食い尽くすと、生きている動物を片っ端から食らい、ついにはヒトを襲いはじめた。それでもあきたらず、ハ・ネフィリムは互いに殺し合い、その肉を食べた。地上はすさまじい暴力に支配され、あらゆる不法と姦淫《かんいん》がはびこった。天使シェミハゼは、こうした状況のなか、人間たちに禁断の魔術を教え、ますます地上は地獄と化していった。

こうした状況に怒った創造主ヤハウェは四大天使であるミカエルとガブリエル、ラファエル、ウリエルをもって、堕落した天使たちを縛り、地獄へ投げ込み、そこに縛りつけた。残された人間たちには互いに殺し合いをさせ、最終的に大洪水によって一掃することを決断する。

もうひとつの「ヨベル書」も内容は、ほぼ同じだ。巨人たちが共食いをして滅んだことが記されている。ただ、巨人についてはネフィリムのほかに、エルバハとネピル、エルヨという3つの名前を挙げている。ネピルはネフィリムの単数形であり、ほかの名前にはエルとあり、神の子を意識しているようにも受け取れる。

これらを読む限り、巨人をヒトの娘に産ませたのは天使である。しかも、邪悪な天使、堕天使である。確かに、堕天使が人間を堕落させるために殺人や姦淫をそそのかすというのはわかる。彼らの目的は人間を不幸にすることだからだ。

しかし、ひとつ引っかかるのは肉体だ。堕天使には肉体がない。肉体がないまま、女性と交わることはできない。生殖行為は無理だ。物質化できたとしても、彼らにはDNAがない。肉体をもって生まれてきていない以上、

⬆人間の娘をめとる堕天使。生まれた子供はみな巨人ハ・ネフィリムとなる。

どこまでいってもプラズマの霊体のままである。

イエス・キリストの母マリアが処女懐胎できたのは、絶対神の力だ。御父エル・エルヨーンは復活体である。永遠不滅の体をもっているのだ。聖霊ルーハ・ハ・コディシュは純粋に霊体だが、奇跡を起こすことができる。絶対神と堕天使の決定的な違いは、物質の創造ができるかどうかだ。堕天使は物質を瞬間移動＝テレポーテーションさせることはできても、無から有を生じさせるように創造することはできないのだ。

したがって、ベネ・ハ・エロヒムは堕天使ではない。少なくとも、堕天使が直接ヒトの娘と交わることで巨人が誕生したわけではない。遺伝子の変異を起こすことはできただろうが、肉体関係を結んだのはあくまでもヒトである。アダムとエバの子孫である。彼らのなかに巨人の父親がいたのだ。

ベネ・ハ・エロヒムはヒトであり、太古の英雄だったが、後に堕落したのだ。神の子ではあったが、アダムから続く預言者の系譜につらなる義人ではなかった。暴力をもって他者を支配する集団として、交わりを禁じられていたヒトなのだ。しかも彼らを堕落させたのは、堕天使である。彼らはすでに堕天使に憑依され、ある意味、一心同体になっていた。堕天使を崇拝する闇の預言者のような存在だったとしたら、どうだろう。

義人の娘たちと交わったとき、その受精卵の核ＤＮＡに変異が起こった。変異を起こすことは堕天使にもできる。あるいは、禁断の交わりをもったということで、創造主ヤハウェから「しるし」をつけられた可能性もある。身体の巨大化が、まさに「しるし」だったのだ。

これには前例がある。堕天使にそそのかされ、誘惑に負けて堕落し、重大な罪を犯したヒトが過去にいた。ハ・ネフィリムが生まれる以前、創造主ヤハウェから「しるし」を受けたヒト、その名は「カイン」。アダムとエバの長男である。

殺人者カイン

人祖アダムとエバ（イヴ）の間に待望の子供が生まれた。男の子であった。名前は「カイン」。ヘブライ語で鍛冶師を意味する。優秀な技術者になってほしいという願いが込められていたのだろうか。続いて生まれた次男の名は「アベル」。息という意味で、そこから転じて魂を表すとも。物質的な長男と精神的な次男といった対比に取れなくもない。

えてして、男の兄弟はライバル同士だ。互いに意識し合い、対立することもある。兄弟げんかはよくあることで、古今東西、こじれたら、なかなか修復が難しい。あたかも、その起源だといわんばかりの事件がふたりを襲うことになる。

兄は農業、弟は牧畜を生業とした。ともに両親の教え通り、創造主ヤハウェを祀り、祈りを捧げる毎日だった。あるとき、収穫祭を迎え、それぞれ絶対神に捧げものをした。兄カインは農作物を捧げ、弟は子羊を屠《ほふ》った。これらを見た創造主ヤハウェはカインの捧げものには目もくれず、アベルの供物を受け入れた。

兄として屈辱だった。と同時に、弟への嫉妬が沸き上がった。どうすることもできない情念に突き動かされ、冷静な判断ができなくなったカインは、ついに弟の殺害を計画。荒れ野にアベルを誘いだすと、彼を殺した。死体は地中に埋めたが、創造主にはすべてお見通しだった。絶対神ヤハウェが問いただすと、最初は否認していたカインだったが、やがて容疑を認め、罪の重さに恐れおののく。

カインは呪われた。もはや、全うに生きていくことができない。農耕者であったが、耕す畑からは何も収穫できなくされた。贖罪の意識はあるが、どうしようもない。カインは殺人者として人々から迫害されることを恐れ、どうしたらいいか、創造主に訴えた。自分を見つけたならば、きっと彼らは自分を殺すに違いないというのだ。

殺人罪ゆえ、同等の死をもって償うという思想もあるが、ここは慈悲深い言葉がくだされる。大丈夫、殺されることはない。殺人者カインは呪われるが、カインを殺す者はその7倍の復讐を受ける。しかも、殺されることのないように、カインの体には「しるし」がつけられた。

かくして、刻印を押されたカインはエデンの東、その名も「ノド」に追放された。ノドとは、さすらいという意味である。きついいい方をすれば、まさに流刑地である。カインはここに住

⬆嫉妬に駆られ、弟のアベルを殺すカイン。人類最初の殺人者となったカインには「しるし」がつけられた。

み、妻をめとって子孫をもうけたとある。

なぜ、カインはアベルを殺したのか。殺害動機について詳しいことは「創世記」には記されていない。状況から嫉妬が理由であることは明白だが、そのほかにも本人しか知らない事情があった可能性もある。ユダヤ教の教師ラビたちが語り継ぐところによれば、カインとアベルには双子の妹がおり、互いに妻としてめとる予定だったが、これがもつれた結果、創造主は怒り、これを不服とする兄が弟の殺害に及んだのだとか。

また、ユダヤ教の伝説によれば、アダムにはエバ以前に、最初の妻リリスがいた。その間にできたのがカインであり、アベルとは異母兄弟だとする。いわば、腹違いの兄弟の確執が根底にあるという話もよく聞く。

そもそも「創世記」のストーリーなど寓話にすぎず、カインとアベルの説話は農耕民族と遊牧民の対立が反映している。イスラエル人は遊牧民だったので、農耕民族に対する優位性を示すために、話を創作した。『旧約聖書』を引き継いだキリスト教徒たちは、殺されたアベルに神の子羊であるイエス・キリストを重ねた。聞けば、なんとも納得がいく話ではある。

しかし、えてして、キリスト教の神学は神の視点になりがちだ。悪魔であるサタンの視点からは、あまり語られない。人間存在の哲学と思想において、弱者たる苦悩を描く文学作品は少なくない。殺人者カインを糾弾しつつも、そこに人間の弱さを認める。カインのみならず、すべての人類にもあてはまるという言説だ。

ある意味、生きることは罪を犯しつづけること。ある程度の年齢になったなら、己がいかに罪深いかを自覚する。殺人ではないにしろ、多くの罪を犯したことを自覚する人間は、カインを糾弾することに一瞬、ためらってしまうものだ。極悪人ではないが、はたして自分は義人たりえているのか。他人の罪を指弾する資格はあるのか、と。

不死身のカイン

目には目を。歯には歯を。これは最古の法律『ハムラビ法典』に記された言葉である。社会のルールとして、他人に損害を与えた者は、それに見合う償いをする。もし相手の目を損傷したなら、自分の目をもって償う。歯も同じ。約束を破ったならば、それ相応の罰を受ける。これが法律である。

最初の殺人者となったカインは、律法からすれば、己の命をもって償う。法律『ハムラビ法典』を適用するならば、死刑である。事実、カインはそれを恐れた。殺人を犯したゆえ、その罪ゆえ、罰として自分が殺されると危惧した。殺されたアベルの仲間からは、それこそ恨まれただろう。カインの死刑を求める声があったとしても、けっして不思議ではない。むしろ当然のことだ。

しかし、不可解なことにカインの死に関しての記述が『旧約聖書』にはない。アダムが死んだ年齢は930歳だと記されているが、カインの死亡年齢はない。ノアの大洪水以前のヒトは、みな長寿である。メトシェラにいたっては969歳で、およそ1000歳が寿命だったようである。カインもまた、長寿だったのだろうか。なにしろ、創造主によって「しるし」をつけられたことにより、殺される危険性はなくなったのだから。

ひょっとして、カインは不死身の状態になったのではないか。変身体である。エノクは365歳のとき、天に上げられた。このとき変身体になったはずだ。同様に、昇天したエリヤも、変身体になったに違いない。事実、彼はモーセとともに、イエス・キリストの前に姿を現している。モーセもネボ山の近くで死んだことになっているが、だれも墓を知らないと記されている。死と同時に変身体になった可能性は十分ある。12使徒のひとり、ヨハネも仲間から死なない体になったと噂され、事実、パトモス島に幽閉された際、洞窟の奥へ姿を消したという伝説もある。

聖人が不死身になる理由はわかる。使命があるからだ。まさに天使である。が、殺人という罪を犯したカインが不死身になる理由は何だろう。考えられることは、ひとつ。不死もまた罰なのだ。人は生まれた以上、必ず死ぬ。死ねば、次の世界がある。肉体が滅び、霊体となった後、やがて復活体になる。死は必ずしも悪ではない。人によっては救いになることもある。

言葉を換えれば、死ぬことができない苦しみもあるのだ。日本には「八百比丘尼《やおびくに》伝説」がある。人魚の肉を食べた娘が不老不死になった。彼女は800年間も生きたが、それはけっして幸福な人生ではなく、むしろ苦悩の連続だった。自分は若いままだが、愛した人たちは老衰で亡くなっていく。仏教では、生きていくこと自体が苦しみであると説く。最後は入定《にゅうじょう》して、自ら命を絶ったという。彼女にとって死は救いだったのだ。

不死身となったカインの苦悩も、まさにここにあった。彼の場合、自殺しても死ぬことはなかったはずだ。死ねない苦しみをずっと味わいつづける。それが彼に与えられた神罰だった。

しかも、これを期待していた存在がいる。捧げものを拒否されて怒りに震えるカインに対して、創造主は「どうして怒るのか。どうして顔を伏せるのか。もしお前が正しいのなら、顔を上げられるはずではないか。正しくないのなら、罪は戸口で待ち伏せており、お前を求める。お前はそれを支配せねばならない」(「創世記」第4章6〜7節)と述べている。表現が微妙なのだが、ここにある「罪：ハ・タート」という言葉は文字通りの罪ではなく、明らかに人格を備えた存在である。比喩ではない。

正体は魔物、そう堕天使ルシファーである。ルシファーは年老いた蛇の姿になって母であるエバを誘惑した。結果、禁断の樹の実を食べて、エバは夫であるアダムとともに楽園を追放されてしまう。ルシファーは息子であるカインにも近づき、罪を犯させようと待ち構えていたのだ。

嫉妬に燃えるカインは創造主の忠告も聞かず、弟アベルを殺してしまう。カインは創造主ヤハウェではなく、堕天使ルシファーを主として選んだのだ。隙をついて、霊体であるルシファーはカインの体に憑依した。

悪魔の目的はヒトを不幸にすること。殺人を犯して死ねない体になったカインを見て、ルシファーは喜んだ。不死身になったが、もはや救われることはない。苦しめば苦しむほど、カインは創造主を憎み、そしてほかの人々を嫉妬する。魔王サタンにしてみれば、カインは悪魔の使徒にほかならないのだ。

カインの「しるし」

カインは不死身となった際、創造主によって体に「しるし」をつけられた。ヘブライ語で「AWT：オット」。原義はマークである。識別するための目印のようなものだ。「創世記」を素直に読めば、体のどこかに目立つ記号や文字、絵のようなものを描かれたか、もしくは刻印されたことになる。

この「しるし」を見た者は、みな男がカインであることを認識し、かつ殺すような事態になったとしても、実行に移すことができなくなる効果があった。まず、大前提として、それは目立つところにあったはずだ。一番考えられるのは顔だ。たとえば、額の部分に「カイン：ＫＹＮ」というヘブライ文字を書いた。文字を読めれば、だれでも男がカインだということを認識する。

名前でなくても、殺人者や人殺し、凶悪犯罪人などという罪状を書いたとすれば、これは、かなりきつい。カインだと認識できなくても、人は恐怖を抱くだろう。ご丁寧に、この者を殺そうとする者には呪いがあるとでも書けば、それを恐れてカインに危害を加えようとはしないはずだ。

これはイエス・キリストが十字架に磔になったとき、上に罪状板が掲げられたことを暗示していると解釈できなくもない。罪状板にはヘブライ語とギリシア語とラテン語で「ナザレのイエス、ユダヤ人の王」と記されていた。ヘブライ語表記の「ＹＨＳＨＷＨ　ＨＮＡＺＹＲＹ　ＷＭＬＣＨ　ＨＹＨＷＤＹＭ」で、各単語の頭文字を拾うと「ＹＨＷＨ：ヤハウェ」。つまり、イエス・キリストがヤハウェであることを示しているのだ。

十字架は「生命の樹」であり、人体に見立てた「アダム・カドモン」において、罪状板は頭部に位置し、まさに額に罪状とともに本人の名前が記されたと解釈できる。カインの額にも、ヘブライ語で殺人罪が文章として記され、各単語の頭文字を拾うと「ＫＹＮ：カイン」、もしくはルシファーを意味する「ＨＹＬＬ：ヘレル」になるのかもしれない。

実際、額に「しるし」をつける風習は古代イスラエル人にあった。「しるし」にはヘブライ語の一文字が使われる。伝統を受け継ぐエチオピア正教の修道士は額に「×」や「+」を刻む。これはヘブライ文字の「タヴ：T」である。「+」はキリスト教のシンボルである十字架で、かつ「生命の樹」を象徴している。

また「ヨハネの黙示録」には、この世の終わり、天使が神の刻印をもって、人々を聖別する場面が描かれている。刻印が押されるのは人々の額である。額に神の刻印がない者たちは殺戮の天使によって危害が加えられる。

興味深いことに、これと同じことを絶対三魔のひとり、獣＝反キリストが行う。人類支配をするために、人々の額と右手に刻印を押している。ただし、この刻印は獣の名前であり、数字である。これがないと物の売買ができない。曰く、獣の数字は666、人間を意味するという。反キリストをテーマにした映画『オーメン』では、獣として生まれた主人公ダミアンの頭には、666の数字が描かれていたという設定になっている。

数字の6はヘブライ文字で「W／V」。666は「WWW／VVV」となる。カインの額に刻まれた「しるし」は、これかもしれない。もっとも、これだけで男がカインだと認識することはできないだろう。ましてや、カインの殺害を踏みとどまる理由にはなりそうにもない。

ユダヤ教のラビたちはカッバーラ的な発想で、カインの名前の文字ないし、その中の一文字だという説のほか、皮膚病や皮膚の色など体全体の変化、武器となるような角、さらには人を寄せつけない番犬をもたせたなど、諸説あるものの、これといった定説はない。

もし仮に、文字や記号、絵などではないとしたならば、それは身体的な変化であったと見るべきだろう。いったい、それは何か。手がかりは、カインの子孫である。もし身体的な変化が遺伝するものであれば、子供たちにも発現している可能性がある。

カインの末裔

カインの名前はヘブライ語で「KYN」。鍛冶師を意味する。ローマ字読みすると「キン」。漢字を当てると「金」だ。偶然の一致というべきか、これも言霊なのだろう。カインの子孫には鉄や青銅を精錬して道具を作ることを生業とするトバル・カインがいる。名前に「カイン」があるように、技術を伝えたのは太祖カインなのかもしれない。何しろカインは不死身なのだから。

どうもカインの子孫は尋常ではない。ひと言でいえばヤバイ。考えてみれば、カインは回心などしていない。ずっと創造主を憎んでいる。彼にとって主は堕天使ルシファーなのである。子供はもちろん、子孫たちも邪悪な存在だった。「創世記」によれば、トバル・カインの父レメクもまた、殺人者だった。しかも、このことを正当化している。

何しろレメクは、「わたしは傷の報いに男を殺し、打ち傷の報いに若者を殺す。カインのための復讐が七倍なら、レメクのためには七十七倍」(第4章23～24節)だと宣言しているのだ。おそらく傍にカインがいたのだろう。そそのかしているのは堕天使ルシファーだ。

カインの一族は太祖が殺人者であることを嫌うどころか、逆に誇りに思っているかのような印象を受ける。まさに悪魔の秘密結社である。世界を滅ぼす秘密結社があるとすれば、その起源はカインにあるといっていいだろう。あえて命名するならば「カインの子:ベネ・ハ・カイン」だ。

ここで勘のいい方は、もうお気づきだろう。そう、巨人ハ・ネフィリムの父親である。彼らは太古の英雄であり、かつ「神の子:ベネ・ハ・エロヒム」と呼ばれた。確かに、創造主によってつくられたアダムの子孫であり、神の子には違いない。

だが、彼らは名前とは裏腹に邪悪な存在だった。『旧約聖書』偽典の「エノク書」や「ヨベル書」では、堕天使扱いである。堕天使に憑依された人間たちなのだ。堕天使シェミハゼは幹部クラスの天使を200人集め、互いに裏切らないようにヘルモン山で誓いを立てている。やっていることは、まさに秘密結社の儀式である。天使に仮託しているが、実際に行ったのはカインの子孫、すなわち秘密結社「ベネ・ハ・カイン」のメンバーだったのではないか。

だとすれば、すべての辻褄が合ってくる。神の子ベネ・ハ・エロヒムの正体はカインの子べネ・ハ・カインであり、その実態は邪悪な「サタンの子：ベネ・ハ・サタン」＝「ルシファーの子：ベネ・ハ・ヘレル」だったのだ。彼らがアダム直系の預言者たちの娘たちをめとった際、なぜ、その子供たちが巨人ハ・ネフィリムとなったのか。それはカインのDNAである。

　カインが負った「しるし」、それは身体の巨大化だった。巨人となったカインならば、だれも殺そうとはしないだろう。恐れをなして逃げるはずだ。少なくとも、通常の人間よりも身長が高い。妻をめとっていることから、極端に10メートル級ということはないだろうが、軽く2メートルは超えていたであろう。

⬆カインの子孫のレメクとカイン。カインの子孫はみな邪悪な存在だった。

　そのカインの遺伝子が隔世で発現した。しかも、極端に出た。当時は、ヒトの数が少なく、近親婚が普通だった。血が濃くなり、潜性遺伝が形質に現れた。身体の巨大化をもたらす遺伝子にスイッチが入ったことで、とてつもなく大きなハ・ネフィリムが誕生したのである。

殺人者カインは秘密結社ベネ・ハ・ヘレルの首領であり、その子孫は邪悪な組織のメンバーだった。おそらく殺人による生贄も行っていたであろう。秘密の儀式として人が殺されたのだ。タブーの共有は秘密結社の基本である。彼らの思想は堕落した人々の間に広まり、社会全体を暴力が支配した。堕天使ルシファーの思い通りの世界が誕生したのだ。

あまりにも邪悪であるがゆえに、創造主の怒りは頂点に達し、地上すべてを大洪水によって一掃し、人類を滅ぼす決心をしたに違いない。すべての始まりは殺人者カインにあったのである。

さらにその肌の色は黒かったし、近親婚からアルビノも生まれ、白い肌の巨人も生まれた。

ルシファーの予型としてのカイン

『聖書』には暗号がちりばめられている。そのまま読んだだけでは何を意味するのかわからない。一部だけ読んでも真意がわからない。全体を通して読むことで、あぶり出しのように見えてくる真実もある。キリスト教の神学では、解読の手法として「予型論」がある。ひと言でいうと、『旧約聖書』の預言者たちの生涯は、すべて『新約聖書』のイエス・キリストの生涯に対応しているという思想である。

具体的に示そう。アダムは絶対神によって創造された最初の人であり、これは絶対神のひとりの子としてのイエス。アベルはカインに殺されたが、イエスも十字架に磔になって死んだ。エノクは義人として天に昇天したが、イエスは復活した後、天に生きたまま昇っていった。ノアは不法がはびこる世界で、救いの箱舟を建造したが、イエスもまた全人類を救う組織を作り、教会は船として象徴された。セムは大祭司メルキゼデクであり、イエスは大祭司と呼ばれた。

アブラハムによって生贄とされたイサクは、犠牲の子羊と形容されたイエスで、実際に殺された。ヤコブはイスラエル12支族の祖であり、イエスは12使徒を組織した。モーセはエジプト王国支配下のイスラエル人を救ったように、イエスは古代ローマ帝国の支配下にあったユダヤ人たちを救った。ヨシュアの名は、イエスのヘブライ語名である。ダビデはイスラエル人のメシアであり、イエスは全人類のメシアである。

と、挙げればきりがない。文献史学的に『旧約聖書』が史実ではないのは明らかだ。偽書扱いされても仕方がない。何しろ改竄《かいざん》されているのは明白だ。聖句といって、その内容の無謬性を信じるのは宗教的に正しいかもしれないが、およそ学問的な検証に耐えられるものではない。が、予型論に至っては、その整合性は解明できていない。たまたまであり、偶然の一致だと評価されて終わりだ。

神学でいう予型論は不十分なのだ。カッバーラの視点が欠けているからだ。カッバーラの基本は「生命の樹」だ。「生命の樹」は絶対三神、「死の樹」は絶対三魔が象徴されている。陰陽道だ。イエス・キリストの予型があるならば、ルシファーの予型もある。『旧約聖書』の非預言者、もっといえば創造主によって呪われた者たちの生涯は、堕天使ルシファーの雛型になっている。時系列的に預言者がイエスの雛型になっているのに対して、呪われた者はルシファーの堕落を再現している。いわば「反予型論」だ。

かつてルシファーは絶対神エル・エルヨーンにもっとも近い光の天使、最高位の熾天使だった。いずれ絶対神の座は自分が受け継ぐ。そう信じていたが、選ばれたのは創造主ヤハウェにして、後に受肉するイエス・キリストだった。これを不服としたルシファーは、配下の天使たちとともに絶対神エル・エルヨーンに戦いを挑んだ。

天界の大戦争の結果、敗れたルシファーは配下の天使たちとともに天界を追放され、地上に落下。そこから闇世界へと墜落し、暗黒世界の支配者となった。魔王サタンとなったルシファーは、受肉してイエス・キリストとなったヤハウェに接近。ユダヤ人たちを使って、イエスを十字架に磔にして殺した。が、イエスは3日目に甦り、不死不滅の復活体を手に入れた。死に打ち勝ったイエスは証を述べ伝えた後、肉体をともなったまま天に昇っていった。地上には、戦いに敗れたルシファーが歯ぎしりし、この世の終わりまでに人類を不幸のどん底に叩き落とす戦略を立て、それを実行しつづけ今日に至る。

一方、呪われたカインはアダムの長男である。もっとも愛され、アダムから叡智を受け取った。ほかの兄弟の追随を許さないほどの知識と誇りがあった。家長を受け継ぐのは自分だという自負があった。

が、創造主が選んだのは弟のアベルだった。憎悪と嫉妬で冷静な判断ができなくなったカインはアベルを殺す。最悪の事態に創造主はカインを呪うとともに、攻撃されないように「しるし」を与えた。この「しるし」によってカインは殺されることがなく、世界中を彷徨いつづけている。カインは今も、人類を不幸に叩き落とすために暗躍している。

このように、カインの生涯は堕天使ルシファーの雛型になっている。偶然ではない。そのように仕組まれているのだ。カインは堕天使ルシファーの偽預言者にして偽使徒である。彼は忠実に役割を果たしている。

カインの「しるし」とビッグフット

予型論は、まだ序の口である。預言者とイエス・キリストを対比させ、神学や教義が正しいかを裏づけることを目的にしている。非常にすばらしい視点なのだが、メシアの正当性を証明できれば、それでいい。先に進まない。下手に異論を展開すると、とかく異端という烙印を押されてしまうから、恐ろしい。どうしても宗教的なドグマに支配されてしまうのだ。

しかし、カッバーラは違う。すべての宗教の根底にある原理原則、いわば宇宙の法則に目を向けている。奥義「生命の樹」をしっかり手にしていれば、隠された叡智の扉は自然に開くもの。カインの「しるし」もまた、おのずと見えてくる。「生命の樹」の基本は絶対三神を表す三本柱で、中央は均衡を保ち、左右の柱は陰陽世界を担う。向かって右が陽であり、左が陰。人体でいえば、後ろ向きになっていると思えばいい。

中央は「均衡の柱」で、右は「慈悲の柱」、左は「峻厳の柱」である。それぞれ御父エル・エルヨーンで、右が創造主ヤハウェにして救世主イエス・キリスト、左は冒瀆が許されない厳格たる聖霊ルーハ・ハ・コディシュである。

裁判にたとえるならば、御父は裁判官であり、イエスは弁護士で、聖霊は検察官といったところだ。聖霊は容赦なく、罪状をもって求刑する。「生命の樹」にあって「峻厳の柱」は人々を「死の樹」へと落下させる役割を担っている。

聖霊の裏には、絶対三魔が待ち構えているのだ。『新約聖書』では義人は羊にたとえられ、絶対三神の右側へ、悪人は山羊にたとえられて、同じく左側へと振り分けられる。『旧約聖書』に登場する預言者とその関係者は、みな陰陽の役割がある。とくに預言者の兄弟はイエス・キリストとルシファーの予型になっている。

具体的に見てみよう。経済収支を読み解くときに使用される貸借対照表、通称バランスシートのように、右をイエス・キリスト要素、左をルシファー要素として、預言者の兄弟を振り分けてみる。

まずは、問題のカインとアベル兄弟。中央がアダムで、右にアベル、左にカインだ。アベルは殺されるが、いずれ復活する。カインは殺人という罪を犯し、死なない体になる。

続いて、カインとセト兄弟。中央がアダムで、右にセト、左にカイン。セトはアベルの代わりにアダムの神権を継承して預言者の組織を作り、その子孫からイエス・キリストが誕生する。カインは自ら悪魔の秘密結社ベネ・ハ・サタンを組織し、その子孫から邪悪な巨人ハ・ネフィリムが誕生する。

ノアの3人の兄弟、ヤフェトとセムとハム。中央が長男のヤフェトで、右が次男のセム、左が三男のハム。セムの子孫は中東からアジア地域に広がり、ユダヤ人やアラブ人、そしてアジア系モンゴロイドが誕生する。子孫からアブラハムが生まれ、創造主から祝福された。ハムはアフリカ大陸に進出し、熱帯や砂漠地帯の気候条件に適応してさらにメラニン色素が多くなり、エジプト人やエチオピア人などのニグロイドが誕生した。息子のカナンは創造主から呪われ、その子孫であるカナン人は聖絶された。

エサウとヤコブ兄弟。中央がイサクで、右にヤコブ、左がエサウ。ヤコブはイサクから神権を継承し、天使と戦ってイスラエルという名前をもらう。彼の子供からイスラエル12支族が誕生する。エサウは生まれたときから全身が体毛で覆われ、毛皮をまとっているような姿をしていた。あるとき、エサウは空腹のあまり、長男が受け継ぐはずだった神権を食べ物の代わりに、弟のヤコブに譲ってしまう。

アロンとモーセ兄弟。中央が創造主ヤハウェで、右にモーセ、左がアロン。モーセは創造主に召命され、十戒石板を授かる。イスラエル人を率いてエジプトを脱出し、約束の地へと導いた。アロンはシナイ山に登ったモーセを待ちきれずに不平を並べるイスラエル人の要望に応え、黄金の子牛像を作る。人々は、これを崇拝した。偶像崇拝に陥った同胞を見て、モーセは怒り、十戒石板を砕いた。

このほかにも、預言者の兄弟に関するエピソードはあるだろう。改めて、ここに掲げた左の兄を見ていただきたい。彼らとその子孫の姿と犯した罪を見てほしい。これらの特徴をひとつにまとめると、どんな姿になるだろう。堕落して、悪魔を崇拝し、秘密結社を組織。巨人や黒い外見、毛むくじゃらで偶像崇拝。そう、これは19世紀にアメリカの宗教家デビッド・W・パッテンが遭遇したカインの姿、そのものだ。

カインが創造主によってつけられた「しるし」とは、たんに体に刻印されたマークではない。DNAの変異だ。外見がまったく変化して、獣人UMAビッグフットになってしまったこと、これこそ「しるし」なのだ。毛むくじゃらの巨人を見れば、だれもがカインだと認識する。その凶暴な姿から、人々は恐れ、だれも殺そうとしない。なにしろ、超常現象を引き起こすのだ。バックには堕天使ルシファーがついている。怖くて、多くの人は近づきもしなかったに違いない。

北米に出没するビッグフット、すなわちサスカッチのなかにカインがいるのだ。とくに瞬間移動＝テレポーテーションや虚空に姿を消す能力をもった個体は、その可能性が高い。なかでも、メキシコに現れた巨人マニトウは、まさにカインだ。アステカの神話において巨人は闇の神テスカトリポカの化身である。カッバーラによって分析すれば、テスカトリポカの正体はサタンであり、堕天使ルシファーだ。敵対する光の神ケツァルコアトルは、アステカにおける創造主ヤハウェにして、イエス・キリストにほかならない。

カインの箱舟

原始地球にヒトが増えた。アダムとエバから生まれた子供たちは、当然というべきか近親婚だった。潜性遺伝によって、さまざまな個体が生まれたと想像できる。何しろ寿命が1000歳である。若々しい肉体のまま何百歳にもなった。生殖能力も衰えず、鼠算式といっては語弊があるが、爆発的に人口が増えた。今日でいう多様性なる個体が誕生したはずだ。体毛が多い

者、身長が高い者、逆に身長が低い者など、さまざまな外見をもったホモ・サピエンスがいたのだ。

当時は、法律がない。弱肉強食の時代である。暴力が社会を支配した。道徳や倫理は預言者によって維持されたが、それに従う者は少数だった。むしろ自由であるがゆえ、多くのヒトは自堕落した。カインの秘密結社ベネ・ハ・ヘレルの存在が大きかったのだろう。地上は暗黒社会となっていたのだ。が、およそ創造主の目には邪悪な者としか映らなかった。

人類はもとより、地上の動物を一気に滅ぼす。そう、創造主は決断した。これがノアの大洪水である。意思に従い、木星の大赤斑が爆発。そこから灼熱の巨大彗星が誕生し、地球へと接近。唯一の衛星である月を破壊し、内部にあった水が地球へと落下してきた。原始地球は、瞬く間に水没した。

このとき、預言者ノアと3人の息子、そして妻たち、合計8人だけは箱舟に乗って助かった。事前に、創造主から大洪水が起こることを知らされていたからだ。ノアたちは大洪水が起こることを周りの人間にも告げていたことだろう。彼の子供は助かった3人以外にもいたからだ。なかには秘密結社ベネ・ハ・ヘレルのメンバーに嫁いだ者もいただろう。彼女たちは巨人ハ・ネフィリムの母になっていたかもしれない。

いずれにせよ、巨大な箱舟を建設するノアの一家を見てもだれも大洪水の到来を本気にしなかった。もし預言を信じていれば、箱舟に乗っていたはず。預言者の子供や孫たちであっても、3人の息子と妻たち以外は結果としてだれも救われることはなかった。

しかし、カインは違う。カインは預言を信じた。悪魔は神を知っている。堕天使ルシファーは創造主ヤハウェが本気であることを認識している。大洪水が到来することを何よりわかっていた。ゆえに、己の使徒であるカインに告げたのだ。おそらく秘密結社ベネ・ハ・ヘレルのメンバーは大洪水の預言を信じていた。

秘密結社員以外の人間には預言など嘘だといいふらしながら、その裏で、彼らは独自の箱舟を建造していた。指揮したのはカインである。ノアの箱舟と同規模の船を建造し、運命の日、カインはもちろん、配下の者たちは乗った。当時、当主であったレメクやトバル・カインたちも乗ったに違いない。

そのほかにもノアの預言を信じた人々のなかで、独自に箱舟を建造した者もいたことだろう。が、設計が甘かった。自分たちの知識だけで建造したがために、ノアの大洪水を乗り切ることができなかった。天変地異のなか、海中に沈んだり、破壊された船もあった。今でも、時折、山中で化石化した巨大な船が発見されることがある。アカデミズムが認めることはないが、これらはノア以外の箱舟である。

カインの箱舟も、しかり。激しい荒波を耐えることはできなかった。船自体は、なんとか持

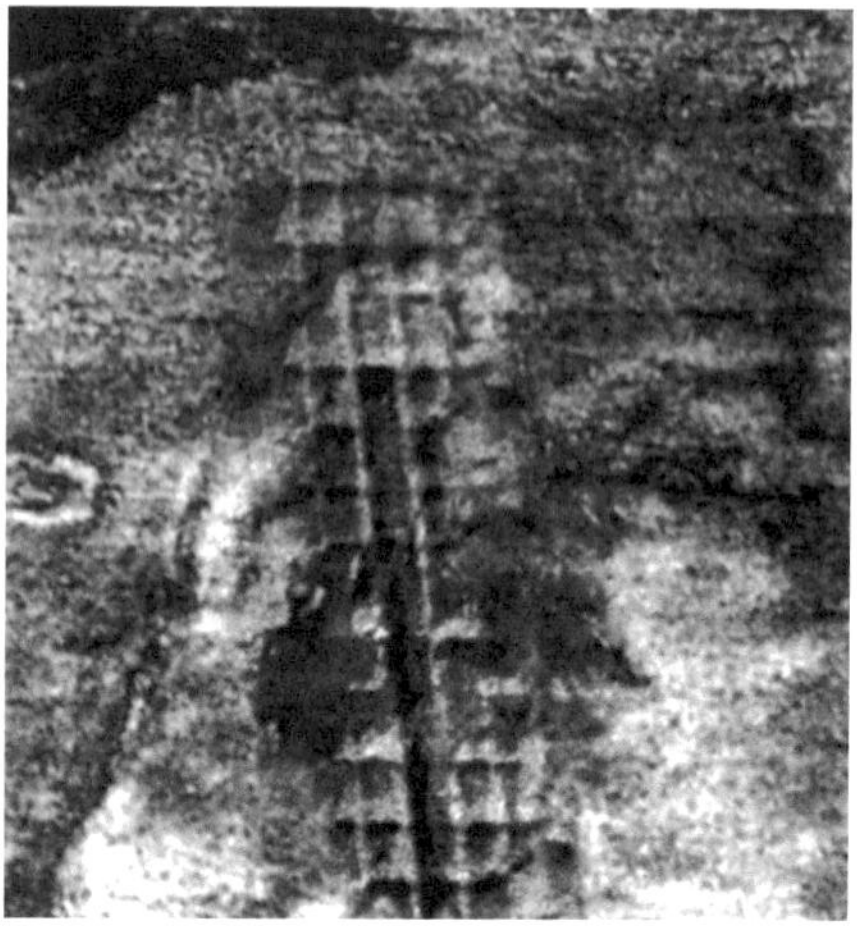

⬆カインの箱舟のレーダー映像。

ちこたえたものの、そこに乗っていた秘密結社の人間は、みな死んだ。なぜ、それがわかるのか。簡単である。カインの箱舟が発見されているからだ。

ノアの箱舟が漂着したアララト山の氷河に、今でも巨船が眠っている。氷河が融解すると、ときどき姿を現すが、これがカインの箱舟である。詳細はアメリカ軍が極秘裏に調査しており、内部からは多数の人骨が発見されている。

一方、ノアの箱舟はアララト山から少し離れたアキャイラ連山の中腹に漂着した。そこには今も箱舟地形が存在する。完全に化石化しており、一見すると溶岩が形成した特殊な地形に見えるが、人工物であることはアメリカ軍の調査で判明している。ノアの家族たちは箱舟から出てきて、この地で儀式を行った。

そのとき、様子をじっと見ていたヒトがいた。カインである。不死身のカインは自分が造った箱舟に乗って助かった。同乗していたほかのヒトは死亡したものの、死なない体のカインだけは生き延びたのだ。偶然にも、漂着したのはノアの箱舟の近くだったがゆえ、彼は様子を見に姿を現したのだ。

このときの状況について『旧約聖書』には詳しいことが記されていないが、意外なことに、日本の古史古伝『竹内文書』には明記されている。『竹内文書』は偽書だが、そこには現行の『聖書』には記されていない歴史が随所に記されている。かつて地上に大洪水が起こったときのこととして「日神天皇詔して我れの臣使へを云ふ。黒石に黒人祖住みおる」という記述がある。黒石とは現在の青森県にある黒石市のことではない。状況から考えて、アララト山周辺の地名だ。

問題は「黒人祖」である。ノアの3人の息子のうち、ハムの子孫はアフリカに広がった。ハムは黒人の祖である。が、彼はノアの箱舟に乗っていたので、ここでいう黒人祖ではない。考えられるのはカインである。不死身のカインがいたのだ。

カインとビッグフット

なぜ、カインはノアの家族のもとに現れたのか。はっきりとした理由は不明だが、そこにカインの子孫がいたからではないのか。ノアの3人の息子、すなわちヤフェトとセムとハムからは、それぞれ大きく分けて白人と黄人と黒人が誕生した。形質の違いを遺伝的に保持していた

のは、彼らの妻だった可能性がある。

このうちハムの妻はカインの系譜を引いていた可能性がある。箱舟に乗ったということは、彼女は秘密結社ベネ・ハ・ヘレルの人間ではなかった。結社員は、すべてノアの大洪水で死亡した。10メートル級のハ・ネフィリムも、地上から消えた。唯一、カインだけが不死身であったがゆえに生き残ったのだ。

その後、カインはどうなったのか。詳しいことは『旧約聖書』には記されていない。が、ひとつ気になるのは巨人である。ノアの大洪水以後、重力が増大したおかげで、さすがにハ・ネフィリムは存在しえないが、ゴリアトに代表されるような巨人はいた。彼らは、カインの末裔ではないのか。つまり、大洪水を生き延びたカインもまた、新たに家族をもち、その子孫ができた可能性がある。ハムがカインの末裔である女性を妻にしたように、カインもまた、新たにノアの末裔の女性を妻にしたとしても不思議ではない。

何より、問題はビッグフットだ。すべてではないにしろ、超常現象を引き起こすビッグフットのなかにカインはいる。マニトウがカインであることは、先に述べた。ノアの大洪水以後、新たにできたカインの一族がビッグフットとなり、サスカッチと呼ばれるようになった。人目を避けて森に隠れて住んでいるのは、彼らが独自の社会を形成していることを示している。

一族同士での交わりが深くなれば、その形質も外見的に特徴が出てくるはずだ。いわゆる先祖返りのような状態だ。カインの姿が獣人であるように、家族もまた似たような外見をもつに至り、それが生物学的な固定種になったのではないか。

ただし、ビッグフットとの遭遇事件を見る限り、彼らが高度な文明を築いているようには思えない。組織だって集団で活動しているわけではない。あくまでも原始的な野生生活を営んでいる。

ことカインに関しては、単独で放浪生活を続けている。族長として王国を築いているわけではない。ノアの大洪水以前にあった秘密結社ベネ・ハ・ヘレルを再建したとしても、ビッグフットが構成員である可能性は低いだろう。むしろ多くのビッグフットは友好的であり、無条件で人間を襲うケースは少ない。

ダイダラボッチとプラズマ・トンネル

ビッグフット事件の特徴として、UFOの存在がある。着陸したUFOから出てきたとか、エイリアンが飼っているペットではないかという説もある。エイリアンと直接、関係があるビッグフットは、この地上に住んでいるわけではない。彼らはエイリアンとともに、地球内天体アルザルにいる。同じ世界に住んでいるからこそ、いっしょにUFOに搭乗し、地球表面にも姿を現しているのだ。

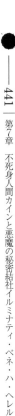

⬆重力が小さい地球内天体「アルザル」の巨人。

地球内天体アルザルは、ノアの大洪水以前の原始地球と似た環境にある。何より重力が小さい。ゆえに、巨大生物がいる。恐竜や巨人ハ・ネフィリムが生息しているのだ。地上で絶滅した動物や植物が地球内天体アルザルにいる。ここからプラズマ・トンネルを通って、ごくたまに地上に姿を現すのがダイダラボッチである。

　ダイダラボッチは10メートルを超えるハ・ネフィリムだが、プラズマ亜空間をともなっているので、重力の大きい地上でも活動できる。ただし、行動は限られる。長時間は無理だ。もし仮にエイリアンがUFOで運んできたならば、ほとんど身動きができない。下手したら、そのまま即死するだろう。

　巨大彗星ヤハウェが地球に超接近したとき、重力のみならず、地磁気が相互作用したはずである。高エネルギーの電磁場が生じた結果、プラズマ・トンネルが形成され、地上にいた動植物の一部が地球内天体アルザルへ運ばれた可能性がある。同じことは紀元前8世紀、火星が地球に超接近したときに起きている。ちょうどアッシリア帝国に敗れてメソポタミア地方に連行された北朝イスラエル王国の住民の一団は、預言者に率いられて北極圏に達している。このタイミングで火星超接近によるポールシフトが起こり、大地ごと北極へ運ばれ、そこに開いたプラズマ・トンネルで地球内天体アルザルへと至ったのだ。

ノアの大洪水では、地上に白人と黄人と黒人が生き残ったが、地底に入った人々もいた。それが赤人と青人と黄人である。第5章で述べたように、古史古伝『竹内文書』によると、世界的な大洪水が起こる以前、地上には五色人がいた。地上では姿を消した赤人と青人は地球内天体アルザルへと至り、今も生きている。

同様に、恐竜や巨人ハ・ネフィリムも、プラズマ・トンネルを通って生き延びたのだ。ということは、ひとつ恐ろしいことがある。秘密結社ベネ・ハ・ヘレルである。彼らの組織も地底で命脈を保っている可能性がある。時折、地球内天体アルザルで罪を犯した人間は地上へと島流しの刑となる。彼らが秘密結社員だったとすれば、これはただごとではない。

カナンの呪い

ノアの大洪水が収まって、しばらくしたころである。ノアの3人の息子たちにも子供ができた。孫からすれば、ノアは祖父である。あるとき、ノアはブドウ酒をたらふく飲んで泥酔してしまう。よほど酩酊していたのか、衣服を脱いで裸で眠ってしまった。これを見た息子のハムは兄弟に知らせた。ヤフェトとセムは、裸を見ないように後ろ向きに歩き、衣服をノアに着せたという。

まぁ、ここまではいい。問題は、この後だ。裸で寝ていたことに気づいたノアは事情を知って、ヤフェトとセムを祝福する一方で、恥ずかしい状態を他人に知らせたハムに怒り、その息子「カナン」を呪った。カナンはハムの4人の息子、すなわちクシュ、エジプト、プトに続く末弟である。「創世記」には「ノアは酔いから醒めると、末の息子がしたことを知り、こう言った。『カナンは呪われよ。奴隷の奴隷となり、兄たちに仕えよ』」(第9章24～25節)と記されている。

何か違和感がないだろうか。悪いことをしたのはハムであって、カナンではない。しかも、ノアの息子3人兄弟は長男がセムで、次男がハム、そして三男がヤフェトだと『旧約聖書』には記されている。どうも、このあたり記述が混乱しており、整合性が保たれていない。記述が改竄された可能性も指摘されている。

秘密結社「フリーメーソン」が語る人類史、すなわち『アンダーソン憲章』では、興味深いことに、兄弟の順番が長男ヤフェト、次男セム、そして三男ハムとなっている。カッバーラの奥義「生命の樹」の対応からいっても、こちらが正しい。『アンダーソン憲章』によれば、人類最初のグランドマスターはアダムであり、直系の預言者は「アダムメーソン」ともいうべき組織だった。アダムメーソンはノアメーソンを経て、ヤフェトメーソンとセムメーソン、そしてハムメーソンが誕生したことになる。

⬆ハムの息子のカナンを呪うノア。

なぜ、ハムではなく、カナンが名指しで呪われたのか。ふたりが親子で共謀したというなら話もわかるのだが、どうもしっくりこない。仮にハムが呪われたにしては、クシュの子孫はバビロニア王国を築き、エジプトの子孫も偉大な古代エジプト文明を築いている。ともに、巨大なジグラットやピラミッドを建設しており、まさにハムメーソンの面目躍如といった感がある。カナンが呪われたのは、後のイスラエル人がフェニキア人と対立し、その祖先を憎悪の対象としたのではないかともいわれる。

しかし、真相は、もっと深いところにある。そもそも、なぜノアは裸になったのか。確かに酒に酔って服を脱ぐ輩はいる。が、まがりなりにも預言者である。ノアの大洪水以後では、人類の祖である。ここは全裸になったのではなく、着ていた衣服が重要だ。エデンの園にあって、アダムとエバは全裸であったが、禁断の樹の実を食べるまでは何も恥ずかしいとは思っていなかった。

楽園を追放される際、創造主ヤハウェはふたりに皮の衣を作って着せている。これは子羊の皮であり、救世主イエス・キリストの予型になっている。つまり、預言者の系譜を受け継ぐ正統伝承者の証だ。アダムメーソンでいうグランドマスターが受け継ぐレガリアである。王様がガウンやマントを王権の象徴として継承するようなものだ。彼らは「創造主ヤハウェの子：ベネ・ハ・ヤハウェ」である。

ノアの着衣がアダムが着せられた子羊の皮衣そのものかは定かではないが、直系の預言者としての証を意味していたとしたら、それが一時的ではあるにせよ、簒奪《さんだつ》されたことを意味していると解釈できる。不法な手段で手に入れたのが、まさにカナンだった。ハムが発見したときには、すでに証はなかった。カナンがもっていた証をヤフェトとセムが奪い返したとすれば、すべて辻褄が合ってくる。

かくも大それたことをしでかしたのは、もちろんカナン自身の意思ではない。そそのかされたのだ。堕天使ルシファーと獣人カインに誘惑され、悪魔に憑依されたのだ。このとき、①反御父：堕天使ルシファーと②反御子：獣人カインと③偽預言者カナンによって「死の樹」が形成されたのである。まさに、地上では滅んだはずの闇の秘密結社ベネ・ハ・ヘレルが甦ったのである。

秘密結社イルミナティ・ベネ・ハ・ヘレル

フリーメーソンとしては、まさにカインメーソンを受け継ぐカナンメーソンが誕生したといっていい。カナンメーソンは一族であるハムメーソンを中心にして、組織を拡大していった。秘密結社の中心には、常に偽預言者がいる。白魔術師に対する黒魔術師である。彼らが超常現象を引き起こす。

カナンメーソンもまた、フリーメーソンであり、建築に深い造詣があった。カインの末裔に技術者が多いのも、彼らが巨石建造物や金属精錬に長けていたからだ。フリーメーソンにとって、古代建造物「バベルの塔」を建設したクシュの王「ニムロド」やピラミッドを最初に建造した「イムホテップ」、ソロモン神殿建設を指揮したヒラム・アビフは偉大なグランドマスターとして尊敬されている。

しかし、ニムロドは創造主ヤハウェへの反逆者である。天まで届くバベルの塔は、神のようになろうとする強い意志の表れだ。ピラミッドを建設した古代エジプトでは、イスラエル人が奴隷とされていた。預言者モーセと対峙するエジプトの祭司は黒魔術師として描かれている。彼らのなかに、カナンメーソンが入り込んでいた可能性がある。

しばしば悪の秘密結社として名指しされるフリーメーソンだが、まさに光と闇がある。本流はベネ・ハ・ヤハウェであるアダムメーソンからノアメーソン、セムメーソン、ヘブルメーソンと続き、イエス・キリストが組織したエルサレム教団に至る。さらに、そこからユダヤ人原始キリスト教徒が秦氏《はたし》となって古代日本に渡来し、秘密組織「八咫烏《やたがらす》」となった。詳細はいずれ紹介するが、この日本にも当然ながら闇の秘密組織があり、彼らはカナンメーソンである。

ヤフェトメーソンの本流はヨーロッパ王家の奥の院にあり、奥義の継承者が今もイギリスのマン島にいる。ケルトの巨石遺跡を建造し、そこから石工集団としてのフリーメーソン、テンプル騎士団、そして近代フリーメーソンが亜流として誕生する。

近代フリーメーソンは伝説のグランドマスターとして、ソロモン神殿を建築した「ヒラム・アビフ」を崇敬する。彼はティルスの王ヒラムから派遣されてきたフェニキア人である。フェニキア人はカナンの末裔である。どうも、ここにカナンメーソンの影響が見て取れる。というのも、ヒラム伝説では、ヒラム・アビフはイエス・キリストの予型とされているのだ。『旧約聖書』には、そのような記述はない。

逆に、ティルスの王は預言者エゼキエルによって堕天使ルシファーの予型として位置づけられている。ヒラム王とヒラム・アビフは、御父エル・エルヨーンと御子イエス・キリストではなく、むしろ、堕天使ルシファーと反キリストの予型と見る神学者もいる。

牧師の小石豊氏はフランス語のフリーメーソン「フランマソン：FRANCSMACONS」は「フラムマソン」であるとし、これを英語で「ヒラムの子：HIRAM A SON」と解釈する。ヘブライ語では「ベネ・ハ・ヒラム」となろうか。小石氏にいわせれば、近代フリーメーソンは悪魔の秘密組織だ。

⬆かつて最高位の熾天使だったルシファー。

また、18世紀に、近代フリーメーソンの階級等を継承して生まれた政治結社が「イルミナティ」である。イルミナティとは「啓明」と翻訳されるが、これは当時の「啓蒙主義：リュミエール」の影響である。フランス語で

⬆イルミナティを創設したアダム・ヴァイスハウプト。

「ラ・リュミエール」とは光という意味だ。

光にも、ふたつある。どちらもカッバーラでは「明けの明星」として象徴される。明けの明星はイエス・キリストであり、かつルシファーをも意味する。イルミナティにも、光と闇がある。啓明結社イルミナティは10年もたたずに崩壊するが、これを再興させたのがカインメーソン、すなわちベネ・ハ・ヘレルだ。カインメーソンがイルミナティを乗っ取る形で、新たな秘密結社「イルミナティ・ベネ・ハ・ヘレル」が生まれた。いうなれば「カインイルミナティ」である。

カインイルミナティは現在も存在する。世にフリーメーソンやイルミナティ、ユダヤ、ディープステートなど、さまざまな陰謀組織が話題になるが、その奥の院にはカインイルミナティが存在する。ヨーロッパにおいてはロスチャイルド家が支配し、一方のアメリカにおいてはロックフェラー家が軍産複合体を母体とする「シークレット・ガバメント」を組織し、その上部組織「13人委員会」が支配する。13人委員会のメンバーは全部で12人、空席の座長席にはアドルフ・ヒトラーを依り代にした堕天使ルシファーが君臨している。

ルシファーを親分とする秘密結社イルミナティ・ベネ・ハ・ヘレルの最終的な目的は人間を不幸のどん底に落とすことであり、まさに人類絶滅を狙っている。いずれ、彼らは公然と姿を現すだろう。すでに計画は、ほぼ完了しつつある。近いうちに、地上を徘徊している獣人UMAカインも、公然と姿を現すだろう。

カインについて、『旧約聖書』は多くを語らない。ために、ユダヤ教やキリスト教、そしてイスラム教の世界では、さまざまな憶測と物語が創作された。ユダヤ教の伝承「アガダー」のひとつ『タンフマ・ベレシード』によれば、カインのしるしは「角」だったとされる。ノアの父であるレメクが晩年、カインを動物と誤って殺したとされる。「創世記」の通りなら、レメクはカインを殺したことで7倍の呪いを受けることになるが、もちろん、そうした事実はない。あくまでも寓話の類いだ。むしろ、カインが動物のような、そう、サルやゴリラのような姿をしていたことを暗示しているともいえよう。

ユダヤ教に限らず、キリスト教やイスラム教では、一般にカインはノアの大洪水以前に死んだか、もしくは溺死したとされる。現在、カインは地上に存在しないというのがテーゼである。とはいえ、カインが死んだという記述はどこにもない。天に上げられたエノクやエリヤ、それに死なないと噂された使徒ヨハネなど、不死状態になった預言者がいる以上、カインが不死身になったとしても、聖書学的にはけっしてありえない話ではない。

カッバーラにおいて永遠の生命をもたらすのが「生命の樹」であり、死をもたらすのは「死の樹」である。両者は鏡合わせの状態にある。生と死は表裏一体である。生きることが苦しみであり、時に死が救いになることもある。「生命の樹」の三本柱は絶対三神「御父と御子と聖霊」であり、「死の樹」の三本柱は絶対三魔「魔王と獣と偽預言者」である。御父と御子には肉体があり、聖霊にはない。反対に、魔王には肉体はないが、獣と偽預言者にはある。

カッバーラにおいて骨肉の体があること。これが重要な意味をもつ。この宇宙で、聖霊は純粋な霊体だが、次の宇宙では肉体をもつ。肉体をもつ以上、いつかは死に、復活して永遠不滅の存在となる。逆に、御父であるエル・エルヨーンも、かつては純粋に霊体だったが、前の宇宙において肉体を得て、救い主として死んだ後に復活し、この宇宙において永遠不滅の存在となった。

御子であるヤハウェは受肉して、イエス・キリストとなり、死んで復活して今がある。そう、前の宇宙において、ヤハウェは聖霊だったのである。次の宇宙において、イエス・キリストは御父となり、聖霊であるルーハ・ハ・コディシュは受肉した後、救い主として死んで復活体となる。同時に、新たなる霊体が召命されて聖霊となるのだ。

すべては崇高なる計画である。人類を救うための計画で、そこに必要とされたのが「自由意志」である。強制ではない。あくまでも本人が決める。これが原則である。御父にもっとも近かった光の天使ルシフェルも人類を救おうとした。が、彼は自由意志ではなく、強制的に全人類を救うべきだと主張した。一見すると筋が通っているようだが、ルシフェルの主張は御父によって退けられた。

神話における天界の大戦争とは、まさに、このことを示している。この宇宙が創造される際、御父以外は、みな霊体だった。言葉を換えるなら、御父によって創造された人類は天使の状態だったのである。自由意志による計画を支持する天使が3分の2、強制による計画を支持する天使が3分の1だった。最終判決で前者の計画が採用されたとき、後者の計画を支持した天使は天界から地上へと投げ落とされた。堕天使である。

ここでいう地上とは天体である。自ら光を放つことがない天体へと落とされ、その重力によって縛りつけられている。悪魔となった堕天使が住むのは、この地球内部、亜空間の最下層「レメゲトン」である。いずれ、霊界の実相と合わせて、地獄世界の実態を紹介したいと思う。

今回も共著者として全面協力していただいた三神たける氏はもとより、編集制作をしていただいた西智恵美さんには、この場を借りて御礼を申し上げたいと思う。

サイエンス・エンターテイナー　飛鳥昭雄

●編集制作●西智恵美
●写真提供●ムー編集部／ウィキペディア
●イラスト●久保田晃司
●ＤＴＰ制作●明昌堂

MU SUPER MYSTERY BOOKS

失われた獣人UMA「カイン」の謎

2025年1月5日第1刷発行

著者――飛鳥昭雄／三神たける
発行人――松井謙介
編集人――廣瀬有二
発行所――株式会社　ワン・パブリッシング
〒105-0003　東京都港区西新橋2-23-1
印刷所――日経印刷株式会社
製本所――日経印刷株式会社

●この本に関する各種お問い合わせ先
本の内容については、下記サイトのお問い合わせフォームよりお願いします。
https://one-publishing.co.jp/contact/

不良品（落丁、乱丁）については　Tel 0570-092555
業務センター　〒354-0045　埼玉県入間郡三芳町上富279-1

在庫・注文については書店専用受注センター　Tel 0570-000346

©ONE PUBLISHING

本書の無断転載、複製、複写（コピー）、翻訳を禁じます。
本書を代行業者等の第三者に依頼してスキャンやデジタル化することは、たとえ個人や家庭内の利用であっても、著作権法上、認められておりません。

ワン・パブリッシングの書籍・雑誌についての新刊情報・詳細情報は、
下記をご覧下さい。
https://one-publishing.co.jp/